高分子化学
导读与题解
第三版

贾红兵　主编

化学工业出版社

内容简介

本书是国家优秀教材、国家精品课程教材、普通高等教育"十二五"国家规划教材《高分子化学》（第五版）（潘祖仁主编）的配套辅助教材。每章内容都分成重点与难点、例题、思考题及参考答案、计算题及参考答案、提要五部分，第1、4章还增加了补遗部分。其中例题部分是根据各章内容精选出的具有典型代表意义的题型进行解答，侧重于解题思路和方法的训练；思考题和计算题两部分是全书的核心，均给出了相应的参考答案或必要的解析；提要部分可以帮助读者学习、检查是否掌握了各相关章节的关键概念。本次修订新增了近年来部分高校和研究所高分子化学的考研真题。各套试题间会有所重复，我们特别保留了这些重复试题，以强调他们的重要性。本书采用数字融合出版和活页装订的呈现形式，方便学生自测和阅读。

本书可供工科、理科、师范大学的师生使用，也可供大专、业余大学及科研、生产技术人员参考。

图书在版编目（CIP）数据

高分子化学导读与题解/贾红兵主编. —3 版. —北京：化学工业出版社，2022. 4（2025. 1重印）
ISBN 978-7-122-40776-4

Ⅰ. ①高… Ⅱ. ①贾… Ⅲ. ①高分子化学 Ⅳ. ①O63

中国版本图书馆 CIP 数据核字（2022）第 025367 号

责任编辑：王 婧 杨 菁   装帧设计：李子姮
责任校对：宋 玮

出版发行：化学工业出版社 （北京市东城区青年湖南街 13 号 邮政编码 100011）
印　　装：大厂回族自治县聚鑫印刷有限责任公司
787mm×1092mm　1/16　印张16¼　字数 386 千字　2025 年 1 月北京第 3 版第 2 次印刷

购书咨询：010-64518888　　　　　售后服务：010-64518899
网　　址：http://www.cip.com.cn

定　　价：49. 00元　　　　　　　　　　　　　　　版权所有　违者必究

前言

　　本书是国家级优秀教材、国家精品课程教材、普通高等教育"十二五"国家级规划教材《高分子化学》（第五版）（潘祖仁主编）的配套辅导教材，是在《高分子化学（第五版）导读与题解》的基础上进一步修订而成的。

　　本书修订时的指导思想未变，对内容上和出版形态进行了调整优化。全书的体系、章节编排顺序与《高分子化学》（第五版）相对应。每章内容都分成重点与难点、例题、思考题及参考答案、计算题及参考答案、提要五部分，第1、4章还增加了补遗部分。其中例题是根据各章内容精选出的具有典型代表意义的题型进行解答，侧重于解题思路和方法的训练，以便读者更好地理解概念、提高分析问题和解决问题的能力，全书所选例题的题型基本上包括了高分子化学习题中的各相关题型。思考题和计算题两部分是全书的核心，均给出了相应的参考答案和必要的解析，希望能对读者进一步理解和掌握高分子化学的基础知识和基本理论有所帮助。提要部分可以帮助读者检验对各相关章节关键概念的掌握情况。

　　本书第10章是近年来部分高校和研究所高分子化学的考研真题。各套试题间会有所重复，我们特别保留了这些重复试题，以强调他们的重要性。第三版修正了原有的错漏之处，在此感谢青岛大学郭霖教授和广大读者给予的宝贵意见。本书采用数字融合出版的呈现形式，活页装订，方便学生自测和阅读。

　　希望本书能给读者更大的帮助，限于编者的水平，书中错误和不妥之处，敬请读者批评指正。

贾红兵

2021 年 11 月

第一版序

科技在发展，社会在进步，人类文明步入高境界。发展、进步、高境界，不仅需要综合平衡，更需要核心和领军行业。目前，在科技领域中，电子信息、生物医药技术、新材料、能源、环境可以算得上核心和领军行业，而高分子科学与技术恰恰与这些核心行业息息相关。

高分子材料不仅仅与金属材料、无机非金属材料三足鼎立，而且其体积产量早已超过了各种金属的总和。电子信息材料可以算得上第四类材料，却也离不开功能高分子。忽视了高分子，生物医药新技术、能源、环境等都可能存在缺陷。

高分子学说的确立还不到 80 年，高分子化学应该是很年轻的学科，但发展迅猛，继无机、有机、分析、物化以后，已经发展成为第五门化学课程，为化学、化工、材料、轻工诸系科学生所广泛修读，其他行业技术人员也迫切要求弥补这方面基础知识的缺陷。

1986 年，《高分子化学》初版以来，相继修订了 3 次。第三版出版以后，开始意识到高分子化学应该是整个化学学科和物理、工程、材料、生物，乃至药物等许多学科基础的交叉和综合，已开始步入核心科学。于是考虑第四版的全面修订工作，出版以后，感觉到从体系调整、内容精选、文字图表公式表述、版面设置等方面看来，还比较成熟，这时就希望能有一本导读题解一类的配套用书。恰逢此时，南京理工大学贾红兵教授来信告知，根据多年的教学经验，正在编写配套学习导读与题解，并于完书后交我审读。

审读之余，感到各章分成重点、例题、思考题、计算题、提要五部分比较恰当，内容丰富，撰写细致。教材和题解的编写是很繁琐的工作，但科技的发展、社会的进步、人类文明的高境界都是几千年全世界难以数计的微小繁复细节累积而成。没有这些许细节，就没有这发展、进步和高境界的人类文明。唯有不屑于细节，才能成大。仅以此言作序。

潘祖仁

2008 年 6 月于浙江大学

目录

5　聚合方法   113

6　离子聚合   129

7　配位聚合   147

8　开环聚合   159

9　聚合物的化学反应   167

10　考研全真试题   181

1 绪论

1.1 本章重点与难点

1.1.1 重要术语和概念

高分子化合物（聚合物、高聚物、大分子、高分子），低聚物（齐聚物），结构单元数、重复单元数、聚合度、分子量，单体、单体单元、结构单元、重复单元、链节，热塑性聚合物、热固性聚合物，玻璃化温度、熔点，纤维、橡胶、塑料，缩聚反应、加聚反应，开环聚合、逐步聚合、连锁聚合。

1.1.2 典型聚合物代表

聚氯乙烯，聚苯乙烯，涤纶，尼龙-66，聚丁二烯，天然橡胶。

1.1.3 重要公式

数均分子量
$$\overline{M}_n \equiv \frac{\sum n_i M_i}{\sum n_i} = \frac{\sum m_i}{\sum (m_i / M_i)}$$

重均分子量
$$\overline{M}_w = \frac{\sum m_i M_i}{\sum m_i} = \frac{\sum n_i M_i^2}{\sum n_i M_i}$$

1.1.4 难点

聚合物结构式，聚合物的命名，结构单元和重复单元，连锁聚合和逐步聚合，分子量及其分散性。

1.2　例题

例【1-1】　写出下列聚合物的化学式，按性能和用途分类，并根据给出的分子量计算平均聚合度，分别以重复单元数和结构单元数表示。

项　目	聚苯乙烯	有机玻璃	涤纶	尼龙-610	聚异戊二烯
$\overline{M}_n/\times 10^4$	15	10	2.5	3	40
M_0（单体）	104	100	62（醇）166（酸）	116（胺）202（酸）	68

解　根据公式 $M_n = DP \cdot M_0$ 计算聚合物的重复单元数 DP，对加聚物 $DP = \overline{X}_n$，对 2-2 体系的缩聚物 $\overline{X}_n = 2DP$，聚合物的化学式、用途、平均聚合度见下表：

聚合物		$\overline{M}_n/\times 10^4$	$\overline{M}_0$	DP	$\overline{X}_n$	用途
聚苯乙烯	$-\!\!+\!CH_2CH(C_6H_5)\!+\!\!-_n$	15	104	1443	1443	塑料
有机玻璃	$-\!\!+\!CH_2C(CH_3)(COOCH_3)\!+\!\!-_n$	10	100	1000	1000	塑料
涤纶	$-\!\!+\!O(CH_2)_2OCO-\!\!\bigcirc\!\!-CO\!+\!\!-_n$	2.5	192	130	260	纤维
尼龙-610	$-\!\!+\!NH(CH_2)_6NHCO(CH_2)_8CO\!+\!\!-_n$	3	300	100	200	纤维
天然橡胶	$-\!\!+\!CH_2CH\!=\!C(CH_3)CH_2\!+\!\!-_n$	40	68	5882	5882	橡胶

【注意】 以重复单元数定义为聚合度时，多以 DP 表示；也可以将结构单元总数称作聚合度，以 $\overline{X}_n$ 表示。加聚物的 $DP = \overline{X}_n$，两种单体形成的缩聚物的 $\overline{X}_n = 2DP$。

例【1-2】　尼龙-610 是什么聚合物？其单体是什么？名称中"6"和"10"分别代表什么含义？写出该聚合物、单体单元、结构单元、重复单元的结构。

解　尼龙-610 学名聚癸二酰己二胺，由己二胺和癸二酸缩聚而成。名称中"6"代表二元胺的碳原子数，"10"代表二元酸的碳原子数。其分子式、结构单元、重复单元的结构如下：

$$-\!\!+\!NH(CH_2)_6NH\cdot CO(CH_2)_8CO\!+\!\!-_n$$

结构单元　　结构单元

重复单元

上述两单体缩聚成尼龙-610 时，部分原子缩合成低分子副产物析出，以致结构单元的元素组成不再与单体相同，因此不宜称作单体单元。

例【1-3】　试写出下列单体得到链状高分子的化学方程式。

(1) α-甲基苯乙烯　　　　(2) 偏二氰基乙烯　　　　(3) α-氰基丙烯酸甲酯

(4) 双酚 A＋环氧氯丙烷　　(5) 对苯二甲酸＋丁二醇　　(6) 己二胺＋己二酸

解

(1) α-甲基苯乙烯：　$nCH_2=C(CH_3)C_6H_5 \longrightarrow -\!\!+\!CH_2\underset{\underset{C_6H_5}{|}}{\overset{\overset{CH_3}{|}}{C}}\!+\!\!-_n$

（2）偏二氰基乙烯：

$$nCH_2=C(CN)_2 \longrightarrow \begin{array}{c} CN \\ | \\ -\!\!\!-CH_2C-\!\!\!- \\ | \\ CN \end{array}\!\!\!{}_n$$

（3）α-氰基丙烯酸甲酯：

$$nCH_2=C(CN) \atop COOCH_3 \longrightarrow \begin{array}{c} CN \\ | \\ -\!\!\!-CH_2C-\!\!\!- \\ | \\ COOCH_3 \end{array}\!\!\!{}_n$$

（4）双酚 A＋环氧氯丙烷：

$$(n+2)CH_2\!-\!CHCH_2Cl + (n+1)HO\!-\!\!\!\bigcirc\!\!\!-C(CH_3)_2\!-\!\!\!\bigcirc\!\!\!-OH \xrightarrow{NaOH}$$

$$CH_2\!-\!CHCH_2\!\!-\!\!\Big[O\!-\!\!\!\bigcirc\!\!\!-C(CH_3)_2\!-\!\!\!\bigcirc\!\!\!-OCH_2CHCH_2\Big]_n\!\!\!-\!O\!-\!\!\!\bigcirc\!\!\!-C(CH_3)_2\!-\!\!\!\bigcirc\!\!\!-OCH_2CH\!-\!CH_2$$

（5）对苯二甲酸＋丁二醇：

$$nHOOC\!-\!\!\!\bigcirc\!\!\!-COOH+(n+1)HO(CH_2)_4OH \longrightarrow HO(CH_2)_4O\!\!-\!\!\Big[\!\!\!\begin{array}{c}O\\\|\\C\end{array}\!\!\!-\!\!\!\bigcirc\!\!\!-COO(CH_2)_4O\Big]_n\!\!-\!H$$

（6）己二胺＋己二酸：

$$nH_2N(CH_2)_6NH_2 + nHOOC(CH_2)_4COOH \longrightarrow H\!-\!\!\Big[HN(CH_2)_6NHOC(CH_2)_4CO\Big]_n\!\!-\!OH+(2n-1)H_2O$$

例【1-4】 写出下列聚合物的名称、单体和合成方程式。

（1）$-\!\!\big[CH_2\!-\!C(CH_3)(COOCH_3)\big]\!\!{}_n$　　（2）$-\!\!\big[CH_2\!-\!CH(OH)\big]\!\!{}_n$

（3）$-\!\!\big[HN(CH_2)_6NHOC(CH_2)_8CO\big]\!\!{}_n$　　（4）$-\!\!\big[CH_2C(CH_3)\!=\!CHCH_2\big]\!\!{}_n$

（5）$-\!\!\big[NH(CH_2)_5CO\big]\!\!{}_n$　　（6）$-\!\!\Big[O\!-\!\!\!\bigcirc\!\!\!-\!\!\!\begin{array}{c}CH_3\\|\\C\\|\\CH_3\end{array}\!\!\!-\!\!\!\bigcirc\!\!\!-O\!-\!\!\!\begin{array}{c}O\\\|\\C\end{array}\Big]\!\!{}_n$

解　（1）聚甲基丙烯酸甲酯的单体为甲基丙烯酸甲酯。

$$nCH_2=C(CH_3)COOCH_3 \longrightarrow \begin{array}{c} CH_3 \\ | \\ -\!\!\!-CH_2C-\!\!\!- \\ | \\ COOCH_3 \end{array}\!\!\!{}_n$$

（2）聚乙烯醇的起始原料为醋酸乙烯酯。因为乙烯醇不稳定，很快转变成其互变异构体乙醛，所以聚乙烯醇只能由聚醋酸乙烯酯通过醇解制得，聚醋酸乙烯酯的单体为醋酸乙烯酯。

$$nCH_2=CH \atop OCOCH_3 \longrightarrow \begin{array}{c} -\!\!\!-CH_2CH-\!\!\!- \\ | \\ OCOCH_3 \end{array}\!\!\!{}_n \xrightarrow[CH_3OH]{H_2O} \begin{array}{c} -\!\!\!-CH_2CH-\!\!\!- \\ | \\ OH \end{array}\!\!\!{}_n$$

（3）聚癸二酰己二胺（尼龙-610）的单体为己二胺和癸二酸。

$$nNH_2(CH_2)_6NH_2+nHOOC(CH_2)_8COOH \longrightarrow H\!-\!\!\Big[NH(CH_2)_6NHCO(CH_2)_8CO\Big]_n\!\!-\!OH +(2n-1)H_2O$$

（4）聚异戊二烯的单体为异戊二烯。

$$nCH_2=C(CH_3)CH=CH_2 \longrightarrow -\!\!\big[CH_2\!-\!C(CH_3)=CHCH_2\big]\!\!{}_n$$

（5）聚己内酰胺的单体为己内酰胺或氨基己酸。

$$n\,\overset{\displaystyle\frown}{\underset{NH}{\diagdown}}C=O \longrightarrow \left[NH(CH_2)_5CO\right]_n$$

己内酰胺　　　　　　　　　聚己内酰胺

$$n\,NH_2(CH_2)_5COOH \longrightarrow \left[NH(CH_2)_5CO\right]_n$$

氨基己酸　　　　　　　　尼龙-6

（6）聚碳酸酯的单体为双酚 A 和光气。

$$n\,HO\!-\!\!\bigcirc\!\!-\!\!\underset{CH_3}{\overset{CH_3}{C}}\!\!-\!\!\bigcirc\!\!-\!OH + n\,COCl_2 \longrightarrow \left[O\!-\!\!\bigcirc\!\!-\!\!\underset{CH_3}{\overset{CH_3}{C}}\!\!-\!\!\bigcirc\!\!-\!O\!-\!\overset{O}{\overset{\|}{C}}\right]_n$$

例【1-5】 什么是三大合成材料？试举出三大合成材料中若干典型代表的名称、单体聚合的反应式，并指出它们分别属于连锁聚合还是逐步聚合。

解 三大合成材料是指由合成制得的塑料、橡胶和纤维。

（1）塑料的典型品种有聚乙烯、聚丙烯、聚氯乙烯、聚苯乙烯等。

$$n\,CH_2\!=\!CH_2 \xrightarrow{\text{连锁，加聚}} \left[CH_2CH_2\right]_n$$

乙烯　　　　　　　　　　聚乙烯

$$n\,CH_2\!=\!CHCH_3 \xrightarrow{\text{连锁，加聚}} \left[CH_2CH(CH_3)\right]_n$$

丙烯　　　　　　　　　　聚丙烯

$$n\,CH_2\!=\!CHCl \xrightarrow{\text{连锁，加聚}} \left[CH_2CHCl\right]_n$$

氯乙烯　　　　　　　　　聚氯乙烯

$$n\,CH_2\!=\!CHC_6H_5 \xrightarrow{\text{连锁，加聚}} \left[CH_2CH(C_6H_5)\right]_n$$

苯乙烯　　　　　　　　　聚苯乙烯

（2）合成纤维的主要品种有涤纶、尼龙-6、尼龙-66、腈纶等。

① 涤纶（聚对苯二甲酸乙二醇酯）：

$$n\,HO(CH_2)_2OH + n\,HOOC\!-\!\!\bigcirc\!\!-\!COOH \xrightarrow{\text{逐步聚合}} H\!\left[O(CH_2)_2O\overset{\|}{\underset{O}{C}}\!-\!\!\bigcirc\!\!-\!\overset{\|}{\underset{O}{C}}\right]\!OH + (2n-1)H_2O$$

② 尼龙-6：

$$n\,HN(CH_2)_5CO \xrightarrow[\text{或碱，连锁聚合}]{\text{水、酸，逐步聚合}} \left[NH(CH_2)_5CO\right]_n$$

己内酰胺　　　　　　　　　尼龙-6

③ 尼龙-66：

$$n\,H_2N(CH_2)_6NH_2 + n\,HOOC(CH_2)_4COOH \xrightarrow{\text{逐步，缩聚}}$$

己二胺　　　　　　　　己二酸

$$H\!\left[NH(CH_2)_6NHOC(CH_2)_4CO\right]_n\!OH + (2n-1)H_2O$$

尼龙-66

④ 腈纶（以丙烯腈为主单体，与其他少量单体共聚而成）：

$$n\,CH_2\!=\!CHCN + n\,CH_2\!=\!\underset{\overset{|}{COOCH_3}}{CH} \xrightarrow{\text{连锁，加聚}} \left[CH_2\underset{\overset{|}{CN}}{CH}CH_2\underset{\overset{|}{COOCH_3}}{CH}\right]_n$$

丙烯腈　　　　　　　　　　　　　聚丙烯腈

（3）合成橡胶主要品种有丁苯橡胶、顺丁橡胶等。

① 丁苯橡胶：

$$n\text{CH}_2=\text{CHCH}=\text{CH}_2+n\text{CH}_2=\text{CHC}_6\text{H}_5 \xrightarrow{\text{连锁,加聚}} \text{—}[\text{CH}_2\text{CH}=\text{CHCH}_2\text{CH}_2\text{CH}(\text{C}_6\text{H}_5)]_n\text{—}$$

② 顺丁橡胶：

$$n\text{CH}_2=\text{CHCH}=\text{CH}_2 \xrightarrow{\text{连锁,加聚}} \text{—}[\text{CH}_2\text{CH}=\text{CHCH}_2]_n\text{—}$$

　　　　　　　丁二烯　　　　　　　　　　　　　聚丁二烯

例【1-6】 按 IUPAC 和单体来源命名法写出下列聚合物的名称：

(1) $\text{—}[\text{NH}(\text{CH}_2)_6\text{NHCO}(\text{CH}_2)_4\text{CO}]_n\text{—}$　　　(2) $\text{—}[\text{OCH}_2\text{CH}_2]_n\text{—}$

(3) $\text{—}[\text{CH}_2\text{C}(\text{CH}_3)(\text{COOCH}_3)]_n\text{—}$　　(4) $\text{—}[\text{CH}_2\text{CH}(\text{OH})]_n\text{—}$

(5) $\text{—}[\text{CH}_2\text{CCl}=\text{CHCH}_2]_n\text{—}$　　　　(6) $\text{—}[\text{CH}_2\text{CH}(\text{C}_6\text{H}_5)]_n\text{—}$

(7) $\text{—}[\text{NH}(\text{CH}_2)_5\text{CO}]_n\text{—}$

(8) $\text{H}\text{—}[\text{O}(\text{CH}_2)_2\text{OOC}\text{—⟨苯环⟩—}\text{CO}]_n\text{—}\text{O}(\text{CH}_2)_2\text{OH}$

(9) $\text{—}[\text{O—⟨苯环⟩—}\overset{\overset{\text{CH}_3}{|}}{\underset{\underset{\text{CH}_3}{|}}{\text{C}}}\text{—⟨苯环⟩—O—}\overset{\overset{\text{O}}{||}}{\text{C}}]_n\text{—}$

解 列表如下：

聚合物	单体来源命名法	系统命名法
$\text{—}[\text{NH}(\text{CH}_2)_6\text{NHCO}(\text{CH}_2)_4\text{CO}]_n\text{—}$	尼龙-66	聚亚氨己二酰亚氨六亚甲基
$\text{—}[\text{OCH}_2\text{CH}_2]_n\text{—}$	聚环氧乙烷	聚氧亚乙基
$\text{—}[\text{CH}_2\text{C}(\text{CH}_3)(\text{COOCH}_3)]_n\text{—}$	聚甲基丙烯酸甲酯	聚[1-(甲氧羰基)-1-甲基亚乙基]
$\text{—}[\text{CH}_2\text{CH}(\text{OH})]_n\text{—}$	聚乙烯醇	聚(1-羟基亚乙基)
$\text{—}[\text{CH}_2\text{CCl}=\text{CHCH}_2]_n\text{—}$	氯丁橡胶	聚 2-氯代-1-亚丁烯基
$\text{—}[\text{CH}_2\text{CH}(\text{C}_6\text{H}_5)]_n\text{—}$	聚苯乙烯	聚(1-苯基亚乙基)
$\text{—}[\text{NH}(\text{CH}_2)_5\text{CO}]_n\text{—}$	聚己内酰胺	聚[亚氨基(1-氧代亚己基)]
$\text{—}[\text{O}(\text{CH}_2)_2\text{OOC⟨苯环⟩CO}]_n\text{—}$	聚对苯二甲酸乙二醇酯	聚(氧亚乙基氧对苯二甲酰)
$[\text{O—⟨苯环⟩—C(CH}_3)_2\text{—⟨苯环⟩—O—CO}]_n$	聚碳酸酯	聚羰二氧 1,4-亚苯基亚异丙基-1,4-亚苯基

例【1-7】 某聚苯乙烯试样的数据如下表，计算数均分子量和重均分子量、分子量分布指数。

组分	质量分数	平均相对分子质量
A	0.10	12000
B	0.19	21000
C	0.24	35000
D	0.18	49000
E	0.11	75000
F	0.08	102000
G	0.06	122000
H	0.04	146000

解　设聚合物的总量为100g，可以计算得到下表：

M_i	W_i	W_iM_i	W/g	$n_i=\dfrac{m_i}{M_i}$	$\bar{n}_i=\dfrac{n_i}{\sum n_i}$	$\bar{n}_iM_i$
12000	0.10	1200	10	8.3×10^{-4}	0.27	3240
21000	0.19	3990	19	9.0×10^{-4}	0.29	6090
35000	0.24	8400	24	6.9×10^{-4}	0.22	7700
49000	0.18	8820	18	3.7×10^{-4}	0.12	5880
75000	0.11	8250	11	1.5×10^{-4}	0.05	3750
102000	0.08	8160	8	7.9×10^{-5}	0.03	3060
122000	0.06	7320	6	4.9×10^{-5}	0.02	2440
146000	0.04	5840	4	2.8×10^{-5}	0.01	1460

$$\overline{M}_n=\frac{\sum n_iM_i}{\sum n_i}=\sum\bar{n}_iM_i=32300$$

$$\overline{M}_w=\sum\overline{W}_iM_i=51760$$

分子量分布用分子量分布指数 HI 和分子量分布曲线表示：

$$HI=\overline{M}_w/\overline{M}_n=1.60$$

例【1-8】　工业上习惯用简化名称，如聚氯、聚乙、聚苯、聚碳、有机玻璃、亚克力、塑料王、电木、电玉等，它们分别指何种聚合物（或树脂）？

解　"聚氯"指聚氯乙烯；"聚乙"指聚乙烯；"聚苯"指聚苯乙烯；"聚碳"指聚碳酸酯；"有机玻璃"指聚甲基丙烯酸甲酯；"亚克力"指丙烯酸类塑料（acrylic 的音译）；"塑料王"指聚四氟乙烯；"电木"指酚醛塑料；"电玉"指脲醛塑料。正规书刊不宜采用简称。

1.3　思考题及参考答案

思考题【1-1】　举例说明单体、单体单元、结构单元、重复单元、链节等名词的含义，以及它们之间的相互关系和区别。

解　单体是指能形成聚合物的低分子化合物或反应物，工业生产则称为原料。

单体单元是指与单体的元素组成相同，但电子结构改变的结构单元。

结构单元是单体聚合后发生变化而后构成聚合物结构的组合单元。

重复单元是指大分子链上化学组成和结构均可重复的最小单元，可能与结构单元相同，也可能由 2 个或多个结构单元组成。

重复单元或结构单元类似大分子链中的一个环节，故又俗称链节。

在烯类加聚物中，单体单元、结构单元、重复单元、链节相同，如：

$$\text{---}CH_2CH\text{---}_n$$
$$|$$
$$Cl$$

在缩聚物中，不采用单体单元术语，因为缩聚时部分原子缩合成低分子副产物析出，结构单元的元素组成不再与单体相同。如果用两种单体缩聚成缩聚物，则由两种结构单元构成重复单元。如：

$$\text{---}NH(CH_2)_6NH \cdot CO(CH_2)_4CO\text{---}_n$$

结构单元　　结构单元

重复单元

思考题【1-2】 举例说明低聚物、齐聚物、聚合物、高聚物、高分子、大分子等诸名词的含义，以及它们之间的关系和区别。

解 （1）低聚物、齐聚物、高聚物　根据分子量或聚合度大小的不同，聚合物中有低聚物和高聚物之分，但两者并无严格的界限，一般低聚物的分子量在几千以下，而高聚物的分子量总要上万。多数场合，聚合物就代表高聚物，不再标明"高"字。齐聚物指聚合度只有几至几十的聚合物，属于低分子的范畴。

（2）聚合物、高分子、大分子　高分子和大分子（macromolecule, large or big molecule）多半是分子量很大的化合物，另一方面，合成高分子多半是由许多结构单元重复键接而成的，因此可称作聚合物（polymer）。聚合物可以看作是高分子（macromolecule）的同义词。

有些场合，高分子和聚合物两个术语会有些区别，高分子有时专指一条大分子链，而聚合物则是许多大分子的聚集体。

思考题【1-3】 写出聚氯乙烯、聚苯乙烯、涤纶、尼龙-66、聚丁二烯和天然橡胶的结构式。选择其常用分子量，计算聚合度。

解

聚　合　物	$\overline{M}_n/\times 10^4$	M_0 结构单元分子量/$\times 10^4$	$\overline{DP}=n=\dfrac{\overline{M}_n}{M_0}$
聚氯乙烯　$\text{---}CH_2\text{--}CH\text{---}_n$，$Cl$	5～15	62.5	800～2400
聚苯乙烯　$\text{---}CH_2\text{--}CH\text{---}_n$，$C_6H_5$	10～30	104	962～2885
涤纶　$\text{---}OCH_2CH_2O\text{--}C\text{--}\bigcirc\text{--}C\text{---}_n$	1.8～2.3	192	94～120
尼龙-66　$\text{---}NH(CH_2)_6NHCO(CH_2)_4CO\text{---}_n$	1.2～1.8	226	53～80
聚丁二烯　$\text{---}CH_2CH\text{=}CHCH_2\text{---}_n$	25～30	54	4630～5556
天然橡胶　$\text{---}CH_2CH\text{=}CCH_2\text{---}_n$，$CH_3$	20～40	68	2941～5882

思考题【1-4】 举例说明和区别：缩聚、聚加成和逐步聚合，加聚、开环聚合和连锁聚合。

解 （1）缩聚、聚加成和逐步聚合　缩聚是单体多次缩合成聚合物的反应，除形成缩聚物外，还有低分子副产物生成。缩聚物和单体的元素组成并不相同，如己二胺和己二酸反应生成聚己二酰己二胺（尼龙-66）。

$$n\,NH_2(CH_2)_6NH_2+n\,HOOC(CH_2)_4COOH \longrightarrow$$
$$H\text{—}[NH(CH_2)_6NH\cdot CO(CH_2)_4CO]_n\text{—}OH+(2n-1)H_2O$$

聚加成反应，通过加成反应的反复进行，逐步生成高聚物的反应，如丁二醇和二异氰酸己酯生成聚氨酯。

$$nHO(CH_2)_4OH+nO\!=\!C\!=\!N(CH_2)_6N\!=\!C\!=\!O \xrightarrow{\text{分子间转移}} [O(CH_2)_4OOCNH(CH_2)_6NHCO]_n$$

丁二醇　　　　二异氰酸己酯　　　　　　　　　　聚氨酯

缩聚和聚加成都属于逐步机理，无一定的活性中心，每步反应的速率和活化能大致相同。大部分缩聚属于逐步聚合机理，但两者不是同义词。

（2）加聚、开环聚合和连锁聚合　多数烯类单体的加聚反应属于连锁聚合机理。加聚是烯类单体加成聚合的结果，无副产物产生，加聚物与单体的元素组成相同，如氯乙烯加聚生成聚氯乙烯。

$$nCH_2\!=\!\underset{Cl}{CH} \longrightarrow [CH_2\underset{Cl}{CH}]_n$$

开环聚合是指环状单体 σ 键断裂而后聚合形成线形聚合物的反应，目前可将开环聚合另列一类，与缩聚和加聚并列。开环聚合物与单体组成相同，无副产物产生，类似加聚；多数开环聚合物属于杂链聚合物，类似缩聚物，如己内酰胺开环聚合成聚己内酰胺。

$$n\underset{NH}{\overset{C=O}{\bigcirc}} \longrightarrow [NH(CH_2)_5CO]_n$$

己内酰胺　　　　　　　尼龙-6

大多数烯类加聚和杂环开环聚合多属连锁机理，由链引发、链增长、链终止等基元反应组成，各基元反应的活化能和速率常数并不相同。

思考题【1-5】　写出下列单体的聚合反应式，以及单体、聚合物的名称。

（1）$CH_2\!=\!CHF$　（2）$CH_2\!=\!C(CH_3)_2$　（3）$HO(CH_2)_5COOH$　（4）$\underset{CH_2\text{—}O}{\overset{CH_2\text{—}CH_2}{|}}$

（5）$NH_2(CH_2)_6NH_2+HOOC(CH_2)_4COOH$

解

（1）$CH_2\!=\!CHF \longrightarrow [CH_2CHF]_n$
　　氟乙烯　　　　　聚氟乙烯

（2）$CH_2\!=\!C(CH_3)_2 \longrightarrow [CH_2C(CH_3)_2]_n$
　　异丁烯　　　　　聚异丁烯

（3）$HO(CH_2)_5COOH \longrightarrow [O(CH_2)_5CO]_n$
　　ω-羟基己酸　　　聚己内酯

（4）$\overset{O}{\square} \longrightarrow [CH_2CH_2CH_2O]_n$
　　丁氧环　　　聚丁氧环

（5）$nNH_2(CH_2)_6NH_2+nHOOC(CH_2)_4COOH \longrightarrow$
　　己二胺　　　　　　己二酸

$$H\text{—}[NH(CH_2)_6NHCO(CH_2)_4CO]_n\text{—}OH+(2n-1)H_2O$$
尼龙-66

思考题【1-6】 按结构式写出聚合物和单体名称以及聚合反应式，说明属于加聚、缩聚还是开环聚合，连锁聚合还是逐步聚合？

（1）$\{CH_2C(CH_3)_2\}_n$　　　　　（2）$\{NH(CH_2)_6NHCO(CH_2)_4CO\}_n$

（3）$\{NH(CH_2)_5CO\}_n$　　　　　（4）$\{CH_2C(CH_3)=CHCH_2\}_n$

解　聚合反应方程式如下，并附有单体和聚合物的名称，以及聚合反应特性。

$$nCH_2=C(CH_3)_2 \xrightarrow{\text{连锁加聚}} \{CH_2C(CH_3)_2\}_n$$
异丁烯　　　　　　　　　　　聚异丁烯

$$nH_2N(CH_2)_6NH_2+nHOOC(CH_2)_4COOH \xrightarrow{\text{逐步缩聚}} H\{NH(CH_2)_6NHOC(CH_2)_4CO\}_nOH+(2n-1)H_2O$$
己二胺　　　　　　己二酸　　　　　　　　　　　　尼龙-66

$$nHN(CH_2)CO \xrightarrow[\text{水或酸催化逐步开环}]{\text{碱催化连锁开环}} \{NH(CH_2)_5CO\}_n$$
己内酰胺　　　　　　　　　　尼龙-6

$$nCH_2=C(CH_3)CH=CH_2 \xrightarrow{\text{连锁加聚}} \{CH_2-C(CH_3)=CHCH_2\}_n$$
异戊二烯　　　　　　　　　聚异戊二烯或天然橡胶

思考题【1-7】 写出下列聚合物的单体分子式和常用的聚合反应式：聚丙烯腈、天然橡胶、丁苯橡胶、聚甲醛、聚苯醚、聚四氟乙烯、聚二甲基硅氧烷。

解

$$CH_2=CHCN \longrightarrow \{CH_2CH\}_n$$
丙烯腈　　　　　　聚丙烯腈

$$CH_2=C(CH_3)CH=CH_2 \longrightarrow \{CH_2C(CH_3)=CHCH_2\}_n$$
异戊二烯　　　　　　　　聚异戊二烯

$$xCH_2=CHCH=CH_2+yCH_2=CHC_6H_5 \longrightarrow (CH_2CH=CHCH_2)_x(CH_2CH)_y$$
丁二烯　　　　　　苯乙烯　　　　　　　丁苯橡胶

$$H_2C=O \longrightarrow \{OCH_2\}_n$$
甲醛　　　　　聚甲醛

2,6-二甲基苯酚 $+O_2 \xrightarrow{\text{CuCl-吡啶}}$ 聚苯醚 $+H_2O$

$$CF_2=CF_2 \longrightarrow \{CF_2CF_2\}_n$$
四氟乙烯　　　　聚四氟乙烯

二甲基二氯硅烷 $\xrightarrow{H_2O,-HCl}$ 二甲基硅醇 $\xrightarrow{-H_2O}$ 八甲基环硅氧烷 $\xrightarrow{\text{碱或酸}}$ 聚二甲基二硅氧烷

思考题【1-8】 举例说明和区别线形结构和体形结构、热塑性聚合物和热固性聚合物、非晶态聚合物和结晶聚合物。

解 （1）线形结构和体形结构　大分子中结构单元键接成线形，所形成的大分子的形状成线形结构。加聚反应中烯类单体的 π 键的聚合、环状单体中杂环的开环聚合以及缩聚反应中 2-2 官能度体系的反应均能生成线形结构的高分子。例如聚苯乙烯（PS）、尼龙-66、聚丙烯（PP）、聚氯乙烯（PVC）、涤纶（PET）、聚丙烯腈（PAN）都是线形聚合物。

体形结构高分子可看成是线形大分子以化学键交联而成的体形结构，如酚醛塑料模制品、硫化橡胶，整个分子已键合成一个整体，已无单个大分子可言。

（2）热塑性聚合物和热固性聚合物　热塑性聚合物可溶于适当的溶剂中，加热时可熔融塑化，冷却时则固化成型，如涤纶、尼龙等，热塑性聚合物可以重复加工成型。

加热条件下发生了交联反应，形成了网状或体形结构，再加热时不能熔融塑化，也不溶于溶剂，这类聚合物称为热固性聚合物。热固性聚合物一经固化，就不能进行二次加工成型。如酚醛树脂、硫化橡胶。

（3）非晶态聚合物和结晶聚合物　单体以结构单元的形式通过共价键键接成大分子，大分子链再以次价键聚集成聚合物，聚合物的聚集态可以粗分为非晶态和结晶两类。许多聚合物处于非晶态，如聚氯乙烯、聚苯乙烯、聚甲基丙烯酸甲酯等，非晶态聚合物的重要参数是玻璃化温度（T_g）。有些聚合物部分结晶，有些高度结晶，但是结晶度很少达 100%，如尼龙-66、聚四氟乙烯。部分结晶或结晶聚合物的重要参数是熔点（T_m）。

聚合物结晶能力与大分子的化学结构有关，结晶程度与拉力和温度等外界因素有关。如线形聚乙烯分子结构简单规整，易紧密排列成结晶，结晶度可达 90%，带支链的聚乙烯结晶度就低得多（55%～65%）。聚氯乙烯、聚苯乙烯、聚甲基丙烯酸甲酯等带有体积较大的侧基，分子难以紧密堆砌，分子链处于无规线团状态，而呈非晶态。

思考题【1-9】 举例说明橡胶、纤维、塑料的结构-性能特征和主要差别。

解 下表为几种纤维、橡胶、塑料的结构与性能（聚合度、热转变温度、分子特性、聚集态、机械性能）。

	聚合物	聚合度	$T_g/℃$	$T_m/℃$	分子特性	聚集态	机械性能
纤维	涤纶	90～120	69	258	极性	晶态	高强高模量
	尼龙-66	50～80	50	265	强极性	晶态	高强高模量
橡胶	顺丁橡胶	约 5000	−108	—	非极性	高弹态	低强高弹性
	硅橡胶	5000～10000	−123	−40	非极性	高弹态	低强高弹性
塑料	聚乙烯	1500～10000	−125	130	非极性	晶态	中强低模量
	聚氯乙烯	600～1600	81	—	极性	玻璃态	中强中模量

从上表中不难看出纤维（涤纶、尼龙-66）具有较高的拉伸强度和高模量，并希望有较高的热转变温度（T_m、T_g），因此多选用带有极性基团（尤其是能够形成氢键）而结构简单的高分子，使其聚集成晶态，有足够高的熔点，便于烫熨。强极性或氢键可以造成较大的分子间力，因此，较低的聚合度或分子量就足以产生较大的强度和模量。

橡胶（顺丁橡胶、硅橡胶）的性能要求是高弹性，多选用非极性高分子，分子链柔顺，呈非晶型高弹态，特征是分子量或聚合度很高，玻璃化温度很低。

塑料性能要求介于纤维和橡胶之间，种类繁多，从接近纤维的硬塑料（如聚氯乙烯，也可拉成纤维）到接近橡胶的软塑料（如聚乙烯，玻璃化温度极低，类似橡胶）都有。高密度聚乙烯结构简单，结晶度高，才有较高的熔点（130℃）；较高的聚合度或分子量才能保证聚乙烯的强度。聚氯乙烯含有极性的氯原子，强度中等，但属于非晶型的玻璃态，玻璃化温度较低。使用范围受到限制。

思考题【1-10】 什么叫玻璃化温度？橡胶和塑料的玻璃化温度有何区别？聚合物熔点有何特征？

解 玻璃化温度是聚合物从玻璃态到高弹态的热转变温度。受外力作用，玻璃态时的形变较小，而高弹态时的形变较大，其转折点就是玻璃化温度，可用膨胀计或热机械曲线仪进行测定。

玻璃化温度是非晶态塑料的使用上限温度，所以塑料的玻璃化温度高于使用温度（如室温），另一方面，玻璃化温度是橡胶的使用下限温度。所以橡胶的玻璃化温度低于使用温度（如室温），综上，塑料的玻璃化温度高于橡胶的玻璃化温度。

熔点是晶态转变成熔体的热转变温度。高分子结构复杂，一般聚合物很难结晶完全，加上分子量具有一定的分布，因此往往无固定熔点，而是有一熔融范围，聚合物的熔点随分子量而变。熔点是晶态聚合物的使用上限温度。

1.4　计算题及参考答案

计算题【1-1】 求下列混合物的数均分子量、重均分子量和分子量分布指数。

（1）组分 A：质量＝10g，分子量＝30000；

（2）组分 B：质量＝5g，分子量＝70000；

（3）组分 C：质量＝1g，分子量＝100000。

解 数均分子量

$$\overline{M}_n = \frac{\sum n_i M_i}{\sum n_i} = \frac{\sum W_i}{\sum (W_i/M_i)} = \frac{1}{\sum(\overline{W}_i/M_i)}$$

$$= \frac{1}{\dfrac{10/16}{30000} + \dfrac{5/16}{70000} + \dfrac{1/16}{100000}} = 38582$$

重均分子量

$$\overline{M}_w = \sum \overline{W}_i M_i = \frac{10}{16} \times 30000 + \frac{5}{16} \times 70000 + \frac{1}{16} \times 100000 = 46875$$

分布指数

$$HI = M_w/M_n = 1.21$$

计算题【1-2】 等质量的聚合物 A 和聚合物 B 共混，计算共混物的 $\overline{M}_n$ 和 $\overline{M}_w$。

聚合物 A：$\overline{M}_n = 35000$，$\overline{M}_w = 90000$；聚合物 B：$\overline{M}_n = 15000$，$\overline{M}_w = 300000$。

解 假设聚合物 A、聚合物 B 分别为 1g，则：

$$n_1 = \frac{1}{35000} = 2.86 \times 10^{-5}$$

$$n_2 = \frac{1}{15000} = 6.67 \times 10^{-5}$$

$$\overline{M}_n = \frac{\sum n_i M_i}{\sum n_i} = \frac{2}{2.86 \times 10^{-5} + 6.67 \times 10^{-5}} = 20986$$

$$\overline{M}_{\mathrm{w}} = \Sigma \overline{W}_i M_i = \frac{1}{2} \times 90000 + \frac{1}{2} \times 300000 = 195000$$

1.5　提要

（1）高分子基本概念　高分子（大分子）与聚合物是同义词。聚合物由许多结构单元通过共价键重复键接而成，分子量高达 $10^4 \sim 10^7$。结构单元数定义为聚合度，聚合物的分子量是聚合度与结构单元分子量的乘积。单体是形成聚合物的化合物，通过聚合反应，转变成结构单元，进入大分子链。

（2）聚合物的分类　聚合物有多种分类方式。按化学结构，聚合物可以分成碳链聚合物、杂链聚合物、半无机聚合物和无机聚合物。

（3）聚合物的命名　聚合物多以单体名为基础进行习惯命名，严格的应该采用 IUPAC 系统命名。还会有商品名和俗名。

（4）聚合反应的类型　按单体-聚合物结构变化，聚合可分为缩聚、加聚、开环聚合三大类，而按聚合机理，则另分成逐步聚合和连锁聚合两大类，这两类的聚合速率、分子量随转化率的变化各不相同。

（5）聚合物的分子量　聚合物是同系物的混合物，分子量有一定的分布，用平均分子量来表征。根据平均方法的不同，常用的有数均分子量 $\overline{M}_{\mathrm{n}}$ 和重均分子量 $\overline{M}_{\mathrm{w}}$。黏均分子量 $\overline{M}_{\mathrm{w}}/\overline{M}_{\mathrm{n}}$ 的比值定义为分子量分布指数，可以用来表征分子量分布。

（6）大分子形状　大分子有线形、支链形和体形等形状。线形和支链形聚合物由 2 官能度单体来合成，其性能特征是可溶可熔，属于热塑性。体形或网状聚合物由多官能度单体来合成，聚合分预聚和后聚合两段，预聚物停留在线形、支链阶段，可溶、可熔、可塑化，进一步聚合，则交联固化变成不溶不熔，因此称作热固性。

（7）聚集态　聚合物可以处于非晶态（无定形）、部分结晶和晶态。非晶态聚合物又可以分为玻璃态、高弹态、黏流态三种力学态。应力、形变、温度、时间是影响力学态的四因素。

（8）热转变温度　玻璃化温度是非晶态和晶态聚合物的重要热转变温度，而晶态聚合物则另有熔点，由于结晶不完全，而有一熔融范围。

（9）聚合物材料和机械强度　聚合物材料基本上可分为结构材料和功能材料两大类。合成树脂塑料、纤维和橡胶，即所谓的三大合成材料，多用作结构材料。功能材料范围很广。机械强度是各种材料必备的基本条件，可用拉伸强度、断裂伸长率、模量来表征。

（10）高分子化学的发展和学科背景　可以从聚合物种类、聚合反应、聚合方法等来考察发展。聚合物种类从天然高分子，经化学改性，到合成高分子；从结构高分子到功能高分子。聚合反应从缩聚、自由基聚合、离子聚合、配位聚合，到各种新型聚合，催化剂和引发剂相应发展。聚合方法也有多种。

以前认为高分子化学是有机、物化等学科的延伸，现在应该认识到高分子化学不再是某一传统化学学科的分支，而是整个化学学科和物理、工程、生物、药物等学科基础的交叉和综合，开始步入核心科学。

1.6　补遗

1.6.1　高分子合成化学的重要发展

1800 年以前是棉麻丝毛等天然高分子直接使用或稍做处理后使用的年代。

19 世纪，天然高分子进行化学改性，如天然橡胶的硫化、纤维素的硝化和赛璐珞的制备。

20 世纪初期，人工合成了酚醛树脂和塑料。限于技术经验，较少系统理论。

20 世纪 30 年代是高分子合成化学形成的初期阶段。1929 年，Staudinger 提出大分子概念；20 世纪 30 年代通过缩聚和自由基聚合，合成了大量缩聚物（如聚酰胺、聚酯）和加聚物（如聚氯乙烯、聚苯乙烯、聚醋酸乙烯、聚甲基丙烯酸甲酯等），确立了这两类聚合的机理。Carothers 将聚合反应分成缩聚和加聚两类。

20 世纪 40 年代，确立了共聚合和乳液聚合的机理。生产了更多的缩聚物和加聚物，如丁苯橡胶、聚四氟乙烯、有机硅、丁基橡胶等。1950 年前后，涤纶和腈纶生产工业化。

20 世纪 50 年代，Ziegler 和 Natta 发明了配位聚合，合成了低密度聚乙烯和等规聚丙烯，开拓了新领域。20 世纪 80 年代，还发展了茂金属引发体系。1956 年 Szwarc 发现了活性阴离子聚合，为以后活性阳离子聚合和活性自由基聚合的开拓提供了思路。配位聚合和离子聚合推动了溶液聚合技术，研制成功多种聚烯烃和合成橡胶，如顺丁橡胶、异戊橡胶、乙丙橡胶、SBS 等。

20 世纪 60 年代，通用高分子向工程塑料和特种高分子方向发展，如聚甲醛、聚碳酸酯、聚砜、聚苯醚、聚酰亚胺等。

20 世纪 70~80 年代，进一步向功能高分子方向发展，具有更多物理功能和化学功能的高分子层出不穷。液晶高分子也是这一时期开发成功的高性能聚合物。通用高分子的高性能化和功能化将是长期不衰的重要研究方向。

1.6.2　获得诺贝尔奖的高分子科学家及其主要贡献

（1）Staudinger 建立了高分子学说，1953 年获诺贝尔化学奖。

（2）Ziegler 和 Natta 发明了新的催化剂，使乙烯低压聚合制备高密度聚乙烯和丙烯定向聚合制备全同聚丙烯，实现工业化。1963 年他们分享了当年的诺贝尔化学奖。

（3）Flory 在缩聚反应理论、高分子溶液的统计热力学和高分子链的构象统计等方面做出了一系列杰出的贡献，进一步完善了高分子学说。1974 年获诺贝尔化学奖。

（4）De Gennes 把现代凝聚态物理学的新概念如软物质、标准度、复杂流体、分形、魔梯、图样动力学、临界动力学等嫁接到高分子科学的研究中来。他的这些概念丰富了高分子学说，并于 1991 年获诺贝尔物理学奖。

（5）Heeger、MacDiarmid 和 Shirakawa 在导电高分子方面做出了特殊贡献，2000 年获诺贝尔化学奖。

2 逐步聚合

○○ ——•—— ○○ ○ ○○ ——•—— ○ ○ ○○ ○

2.1 本章重点与难点

2.1.1 重要术语和概念

缩聚反应，逐步聚合，平衡缩聚（或可逆缩聚），不平衡缩聚（或不可逆缩聚），线形缩聚，体形缩聚，均缩聚，混缩聚，共缩聚，Flory 等活性理论，反应程度，官能团物质的量系数（或摩尔系数、当量系数），支化系数，凝胶化，凝胶点，凝胶，官能度，平均官能度，甲阶预聚物，乙阶预聚物，丙阶预聚物，无规预聚物，结构预聚物，固化剂。

2.1.2 典型聚合物代表

涤纶聚酯，不饱和聚酯，醇酸树脂，聚碳酸酯，尼龙-66，尼龙-6，Kevlar，聚酰亚胺，聚氨酯，环氧树脂，聚苯醚，聚芳砜，聚苯硫醚，聚硫橡胶，碱催化酚醛树脂，酸催化酚醛树脂，脲醛树脂，蜜胺树脂。

2.1.3 重要公式

（1）反应程度

$$p = \frac{N_0 - N}{N_0} = 1 - \frac{N}{N_0}$$

（2）聚酯动力学方程

外加酸催化　　　$$\frac{1}{1-p} = \overline{X}_n = k' c_0 t + 1$$

自催化　　　$$\frac{1}{(1-p)^2} = \overline{X}_n^2 = 2k c_0^2 t + 1$$

$$\frac{1}{(1-p)^{3/2}} = \overline{X}_n^{3/2} = \frac{3}{2} k c_0^{3/2} t + 1$$

（3）聚合度与平衡常数的关系（两基团数相等）

密闭体系　　$\overline{X}_n=\dfrac{1}{1-p}=\sqrt{K}+1$

开放体系　　$\overline{X}_n=\dfrac{1}{1-p}=\sqrt{\dfrac{K}{pn_w}}\approx\sqrt{\dfrac{K}{n_w}}$

（4）线形缩聚物的聚合度

$$\overline{X}_n=\dfrac{1+r}{1+r-2rp}$$

$$\overline{X}_n=\dfrac{2}{2-p\overline{f}}$$

（5）平均官能度

两基团数相等　　$\overline{f}=\dfrac{\sum N_i f_i}{\sum N_i}$

两基团数不等　　$\overline{f}=\dfrac{2N_A f_A}{N_A+N_B}$

（6）凝胶点

Carothers 法　　$p_c=\dfrac{2}{\overline{f}}$

Flory 统计法　　$p_c=\dfrac{1}{[r+r\rho(f-2)]^{1/2}}$

（7）分子量及其分布

$$\overline{X}_n=\dfrac{1}{1-p}$$

$$\overline{X}_w=\dfrac{1+p}{1-p}$$

$$\dfrac{\overline{X}_w}{\overline{X}_n}=1+p\approx 2$$

2.1.4　难点

等活性理论，反应程度与转化率，线形缩聚反应分子量的控制，平均官能度计算，Flory 统计法计算凝胶点。

2.2　例题

例【2-1】　对苯二甲酸（N_A mol）和乙二醇（N_B mol）反应得到聚酯，试求：

（1）$N_A=N_B=1$ mol，数均聚合度为 100 时的反应程度 p；

（2）当平衡常数 $K=4$ 时，要求生成的数均聚合度为 100 时，体系中的水量（mol）；

（3）若 $N_A=1.02$，$N_B=1.00$，求 $p=0.99$ 时的数均聚合度。所得聚合物链端基是什么基团，具体占多少比例？

解　（1）当 $N_A=N_B=1mol$ 时，由题意知两官能团摩尔比 $r=1$，于是：

$$\overline{X}_n=\frac{1+r}{1+r-2rp}=\frac{1}{1-p}=100$$

$$p=0.99$$

（2）当平衡常数 $K=4$，$\overline{X}_n=100$，体系中生成的水量 n_w 为：

$$\overline{X}_n=\sqrt{\frac{K}{pn_w}}\approx\sqrt{\frac{K}{n_w}}=100$$

$$n_w=\frac{K}{\overline{X}_n^2}=4\times10^{-4}$$

（3）当 $N_A=1.02$，$N_B=1.00$ 时，本题属于 2-2 官能度体系，其中某种单体稍过量的情况，相应的官能团的摩尔比 $r=N_B/N_A=1/1.02=0.980$

当 $p=0.99$ 时，数均聚合度为：

$$\overline{X}_n=\frac{1+r}{1+r-2rp}=\frac{1+0.980}{1+0.980-2\times0.980\times0.99}\approx50$$

当 $p=0.99$ 时，所得聚合物端基是—OH 和—COOH。

端羧基数 $=2（N_A-N_Bp）=2\times（1.02-0.99）=0.06$

端羟基数 $=2（N_B-N_Bp）=2\times（1.00-0.99）=0.02$

—COOH 含量 $=0.06/(0.06+0.02)=75\%$，—OH 含量 $=0.02/(0.06+0.02)=25\%$。

例【2-2】　由等物质的量的己二酸和己二胺合成聚酰胺，要求分子量为 10000，反应程度为 99.5%，问需加多少苯甲酸？

解　本题计算线形缩聚物的聚合度，属于 2-2 官能度体系加上少量的单官能团进行端基封锁的情况。

己二酸和己二胺生成尼龙-66 的分子式为 —[NH(CH$_2$)$_6$NH·CO(CH$_2$)$_4$CO]$_n$，重复单元的平均分子量为 226，则分子量为 10000 的尼龙-66 的结构单元数：

$$\overline{X}_n=\frac{10000}{226}\times2=88.5$$

（1）**方法一**　根据 $\overline{X}_n=\frac{1+r}{1+r-2rp}$ 和 $p=99.5\%$ 得：

$$\overline{X}_n=\frac{1+r}{1+r-2rp}=\frac{1+r}{1+r-1.99r}=88.5$$

$$r=0.987$$

假设己二酸和己二胺的起始物质的量为 1mol，苯甲酸的加入量为 N mol，则：

$$r=\frac{N_A}{N_A+2N}=\frac{2}{2+2N}=0.987$$

$$N=0.013$$

（2）**方法二**　采用 Carothers 法，当 $p=99.5\%$ 时：

$$\overline{X}_n = \frac{2}{2-p\overline{f}} = \frac{2}{2-0.995\overline{f}} = 88.5$$

$$\overline{f} = 1.987$$

假设己二酸和己二胺的起始物质的量为 1mol，苯甲酸的加入量为 N mol，则：

	己二酸	:	苯甲酸	:	己二胺
官能度	2	:	1	:	2
物质的量	1	:	N	:	1
基团数	2	:	N	:	2
合计		$2+N$	:		2

此体系属于 2-2 官能度体系加上少量的单官能团进行端基封锁的情况，因此羧基过量，按氨基进行计算，根据：

$$\overline{f} = \frac{2 \times 2}{1+1+N} = 1.987$$

$$N = 0.013$$

例【2-3】 将己二酸和己二胺制成尼龙-66 盐，而后缩聚制备尼龙-66，反应温度为 235℃，平衡常数 $K=432$，问：

(1) 制备成尼龙-66 盐的目的是什么？

(2) 如封闭体系，聚合度最大可达多少？

(3) 如开放体系并且体系中小分子水的含量为 7.2×10^{-3}，求可能达到的反应程度和平均聚合度？

(4) 如开放体系，要得到 $\overline{X}_n = 200$ 的聚合物，体系的水应该控制在多少？

(5) 若用醋酸作端基封锁剂控制尼龙-66 的分子量，要得到分子量为 12300 的产品，配方中尼龙-66 盐和醋酸的质量比为多少？（假设 $p=1$）

(6) 若用己二酸过量控制尼龙-66 的分子量，尼龙-66 盐的酸值为 $4.3 \mathrm{mgKOH \cdot g^{-1}}$ 尼龙-66 盐时，求产物的平均分子量？（假设 $p=1$）

解 (1) 己二酸和己二胺预先相互中和制成尼龙-66 盐的目的在于保证反应的羧基和氨基数相等并且尼龙-66 盐易于纯化。

(2) 密闭体系下，$\overline{X}_n = \dfrac{1}{1-p} = \sqrt{K} + 1 = \sqrt{432} + 1 = 21.8 \approx 22$

(3) 开放体系下，$\overline{X}_n = \sqrt{\dfrac{K}{p n_w}} \approx \sqrt{\dfrac{K}{n_w}} = \sqrt{\dfrac{432}{7.2 \times 10^{-3}}} = 245$

$$\overline{X}_n = \frac{1}{1-p} = 245$$

$$p = 0.996$$

(4) 开放体系下，$\overline{X}_n = \sqrt{\dfrac{K}{p n_w}} \approx \sqrt{\dfrac{K}{n_w}} = \sqrt{\dfrac{432}{n_w}} = 200$

$$n_w = 1.08 \times 10^{-2}$$

(5) 尼龙-66 盐的结构为 $\mathrm{NH_3^+(CH_2)_6 NH_3 OOC(CH_2)_4 COO^-}$，分子量为 262。尼

龙-66 的重复单元 $-\!\!\left[\text{NH(CH}_2)_6\text{NH}\cdot\text{CO(CH}_2)_4\text{CO}\right]_n$ 的平均分子量为 226：

$$\overline{X}_n = \frac{12300}{226} \times 2 = 108.8$$

假设二元胺的反应程度 $p=1$，则：

$$\overline{X}_n = \frac{1+r}{1+r-2rp} = \frac{1+r}{1-r} = 108.8$$

$$r = 0.982$$

假设尼龙-66 盐为 1mol，醋酸为 x mol。则：

$$r = \frac{N_a}{N_b+2x} = \frac{1}{1+2x} \approx 0.982$$

$$x = 0.0092$$

尼龙-66 盐和醋酸的质量比 $= 262 : (0.0092 \times 60) = 262 : 0.552$

（6）假设 $-\text{NH}_2$ 的物质的量 $N_a=1$，则 $-\text{COOH}$ 的物质的量为 N_b，当己二胺的 $p=1$ 时，由于尼龙-66 盐的酸值为 $4.3\text{mgKOH}\cdot\text{g}^{-1}$。

$$\text{酸值} = \frac{(N_b-N_a) \times M_{\text{KOH}}}{\dfrac{N_a}{2} \times M_{66}} = \frac{(N_b-1) \times 56}{\dfrac{1}{2} \times 262} = 4.3 \times 10^{-3}$$

$$N_b = 1.01$$

$$r = \frac{N_a}{N_b} = \frac{1}{1.01} = 0.99$$

产物的平均分子量：

$$\overline{X}_n = \frac{1+r}{1-r} = \frac{1+0.99}{1-0.99} = \frac{1.99}{0.01} = 199$$

$$\overline{M}_n = 199 \times 113 = 22487$$

例【2-4】 邻苯二甲酸酐与丙三醇缩聚，判断下列三种体系能否交联。若可以交联，计算凝胶点：（1）邻苯二甲酸酐：丙三醇 $=3:2$；（2）邻苯二甲酸酐：丙三醇 $=1.5:0.98$；（3）邻苯二甲酸酐：丙三醇 $=2:2.1$。

解 凝胶点的估算有两种方法：Carothers 法和 Flory 的统计法。

（1）邻苯二甲酸酐：丙三醇 $=3:2$

采用 Carothers 法：

	邻苯二甲酸酐	:	丙三醇
官能度	2	:	3
物质的量	3	:	2
基团数	6	:	6

羧基数与羟基数相等，故：

$$\overline{f} = \frac{\sum N_i f_i}{\sum N_i} = \frac{6+6}{2+3} = 2.4$$

此体系的平均官能度大于 2，所以该体系可以发生交联反应，其凝胶点为：

$$p_c = \frac{2}{f} = \frac{2}{2.4} = 0.833$$

采用 Flory 统计法，$r=1$，$\rho=1$，$f=3$，则：

$$p_c = \frac{1}{[r+r\rho(f-2)]^{1/2}} = \frac{1}{\sqrt{2}} = 0.707$$

实际的凝胶点在 0.707～0.833 之间。

（2）邻苯二甲酸酐 : 丙三醇 = 1.5 : 0.98

采用 Carothers 法：

	邻苯二甲酸酐	:	丙三醇
官能度	2	:	3
物质的量	1.5	:	0.98
基团数	3	:	2.94

羧基数过量，以羟基数计算，故 $\bar{f} = \dfrac{2\sum N_A f_A}{N_A + N_B} = \dfrac{2\times 2.94}{1.5 + 0.98} = 2.371$

此体系的平均官能度大于 2，所以该体系可以发生交联反应，其凝胶点为：

$$p_c = \frac{2}{\bar{f}} = \frac{2}{2.371} = 0.844$$

采用 Flory 统计法，$r=2.94/3=0.98$，$\rho=1$，$f=3$，则：

$$p_c = \frac{1}{[r+r\rho(f-2)]^{1/2}} = \frac{1}{[0.98+0.98(3-2)]^{1/2}} = \frac{1}{\sqrt{1.96}} = 0.714$$

实际的凝胶点在 0.714～0.844 之间。

（3）邻苯二甲酸酐 : 丙三醇 = 2 : 2.1

采用 Carothers 法：

	邻苯二甲酸酐	:	丙三醇
官能度	2	:	3
物质的量	2	:	2.1
基团数	4	:	6.3

羟基数过量，以羧基数计算，故：

$$\bar{f} = \frac{2\sum N_A f_A}{N_A + N_B} = \frac{2\times 4}{2 + 2.1} = 1.951$$

此体系的平均官能度小于 2，所以该体系不会发生交联反应。

例【2-5】 已知醇酸树脂配方为亚麻油酸 : 邻苯二甲酸酐 : 丙三醇 : 丙二醇的物质的量为 0.8 : 1.8 : 1.2 : 0.4，判断该体系是否会发生交联，并求凝胶点。

解 本题可以采用 Carothers 法计算凝胶点。

	亚麻油酸	:	邻苯二甲酸酐	:	丙三醇	:	丙二醇
官能度	1	:	2	:	3	:	2
物质的量	0.8	:	1.8	:	1.2	:	0.4
基团数	0.8	:	3.6	:	3.6	:	0.8
合计		4.4		:		4.4	

反应的羟基与羧基基团数相等，因此体系的平均官能度为：

$$\bar{f}=\frac{(1\times0.8+2\times1.8)+(3\times1.2+2\times0.4)}{0.8+1.8+1.2+0.4}\approx2.1$$

由于体系的平均官能度大于2，因此该体系能发生交联，凝胶点为：

$$p_c=\frac{2}{\bar{f}}=\frac{2}{2.1}\approx0.95$$

例【2-6】 用乙二胺使1000g环氧树脂（环氧值0.2）固化，固化剂按化学计量计算，求固化剂用量应该为多少？并求此固化反应的凝胶点。

解 （1）乙二胺的分子式为 $NH_2CH_2CH_2NH_2$，其分子量为60，官能度为4。环氧树脂的官能度为2。

根据环氧值的定义，1000g环氧树脂中的环氧基团的物质的量为 $(1000/100)\times0.2=2mol$，环氧树脂的物质的量为1mol。

当用乙二胺等物质固化时，1mol的环氧树脂需要0.5mol的乙二胺，故1000g环氧树脂所需乙二胺的物质的量为0.5mol，质量为 $0.5\times60=30g$。

（2）凝胶点的计算 采用 Carothers 法：

	环氧树脂	:	己二胺
官能度	2	:	4
物质的量	1	:	0.5
基团数	2	:	2

$$\bar{f}=\frac{2+2}{1+0.5}=\frac{8}{3}$$

$$p_c=\frac{2}{\bar{f}}=\frac{3}{4}=0.75$$

采用 Flory 统计法：

$$p_c=\frac{1}{[r+r\rho(f-2)]^{1/2}}$$

$r=1$，$\rho=1$，$f=4$，则：

$$p_c=\frac{1}{[r+r\rho(f-2)]^{1/2}}=\frac{1}{[1+(4-2)]^{1/2}}=0.58$$

固化反应的凝胶点在0.58~0.75之间。

例【2-7】 写出下列聚合物（涤纶聚酯、不饱和聚酯、醇酸树脂、聚碳酸酯、聚氨酯、聚酰亚胺、环氧树脂、聚苯醚、聚芳砜、聚苯硫醚、聚醚醚酮）合成时所用原料、合成方程式。

解 涤纶聚酯合成时所用原料为：对苯二甲酸和乙二醇。

$$n\text{HOOC}\langle\bigcirc\rangle\text{COOH}+n\text{HOCH}_2\text{CH}_2\text{OH}\rightleftharpoons\text{HO}\text{⫟OC}\langle\bigcirc\rangle\text{COO(CH}_2)_2\text{O⫟}_n\text{H}+(2n-1)\text{H}_2\text{O}$$

不饱和聚酯合成时所用原料为：马来酸酐和醇。

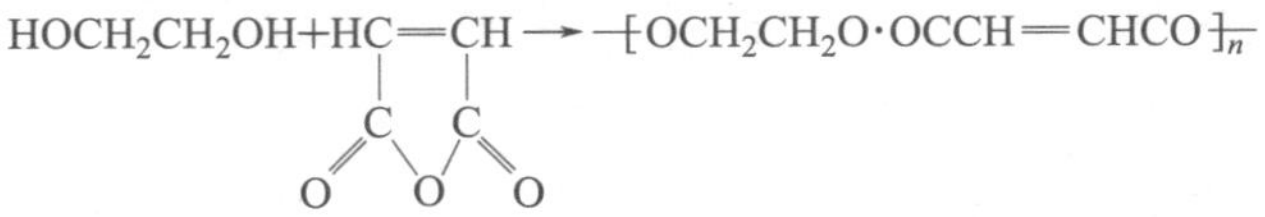

$$HOCH_2CH_2OH + HC\!=\!CH \longrightarrow \left[OCH_2CH_2O \cdot OCCH\!=\!CHCO \right]_n$$

醇酸树脂合成时所用基本原料为：甘油和邻苯二甲酸酐。

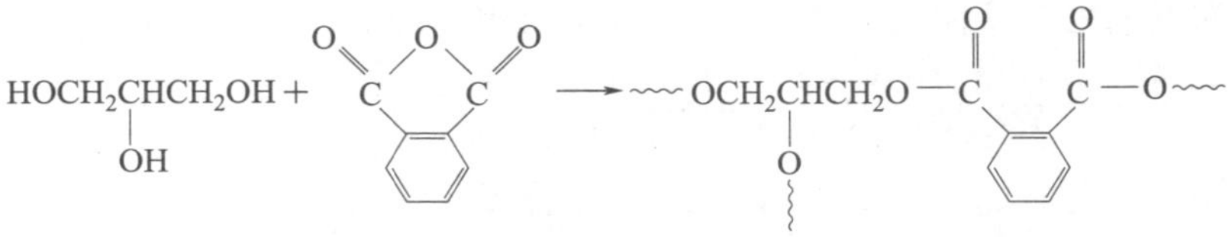

$$HOCH_2CHCH_2OH + \underset{OH}{} \longrightarrow \sim\sim OCH_2CHCH_2O\!-\!C\!\cdots\!C\!-\!O\sim\sim$$

聚氨酯合成时所用原料为：二（多）异氰酸酯和二（多）元醇。

$$nOCNRNCO + nHOROH \longrightarrow \left(CONHRNHCO \cdot ORO \right)_n$$

聚碳酸酯合成时所用原料为：双酚 A 和光气，反应时采用界面聚合，或者双酚 A 和碳酸二苯酯，采用熔融缩聚。

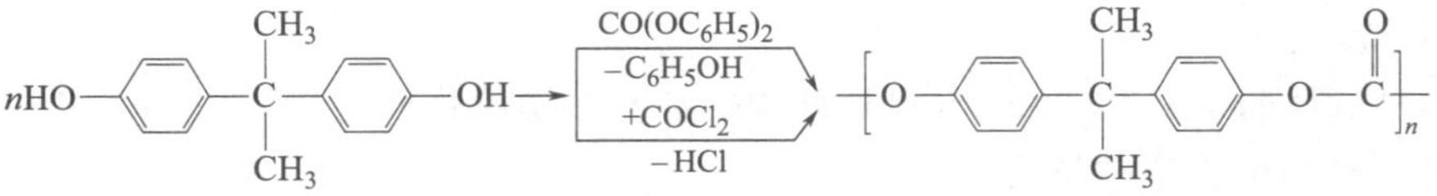

$$nHO\!-\!\!\bigcirc\!\!-\!\!\underset{CH_3}{\overset{CH_3}{C}}\!\!-\!\!\bigcirc\!\!-\!OH \xrightarrow[\substack{-C_6H_5OH \\ +COCl_2 \\ -HCl}]{CO(OC_6H_5)_2} \left[O\!-\!\bigcirc\!-\!\underset{CH_3}{\overset{CH_3}{C}}\!-\!\bigcirc\!-\!O\!-\!\overset{O}{C} \right]_n$$

聚酰亚胺合成时所用原料为：二酐和二胺。

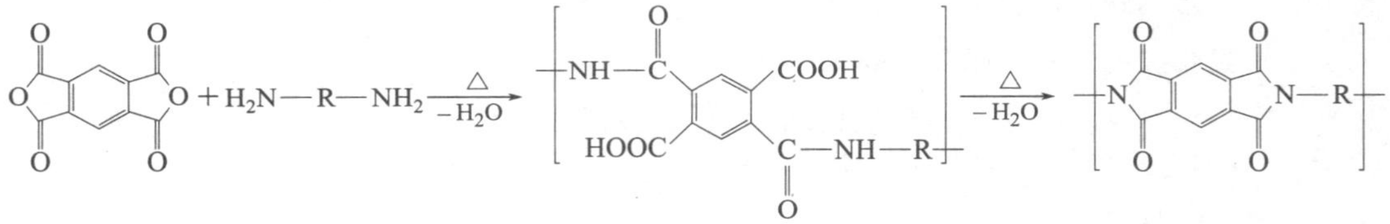

聚酰亚胺反应式

环氧树脂合成时所用原料为：双酚 A 和环氧氯丙烷。

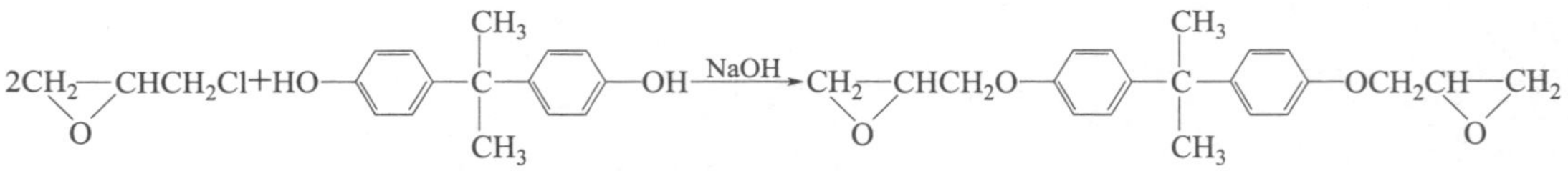

$$2CH_2\!-\!CHCH_2Cl + HO\!-\!\bigcirc\!-\!\underset{CH_3}{\overset{CH_3}{C}}\!-\!\bigcirc\!-\!OH \xrightarrow{NaOH} CH_2\!-\!CHCH_2O\!-\!\bigcirc\!-\!\underset{CH_3}{\overset{CH_3}{C}}\!-\!\bigcirc\!-\!OCH_2CH\!-\!CH_2$$

聚苯醚合成时所用原料为：2,6-二甲基苯酚为单体，以亚铜盐-三级胺类（吡啶）为催化剂。

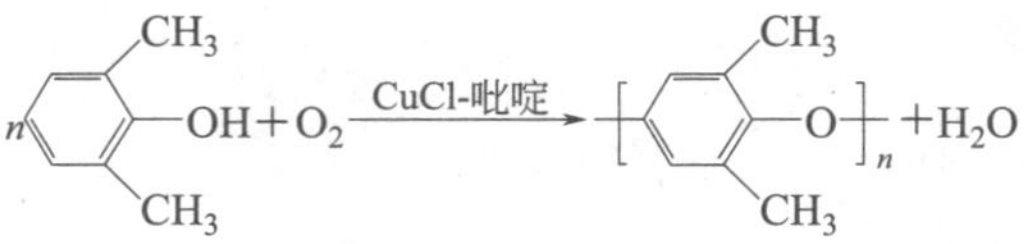

$$n\!\bigcirc\!-\!OH + O_2 \xrightarrow{CuCl-吡啶} \left[\bigcirc\!-\!O \right]_n + H_2O$$

聚芳砜合成时所用原料为：双酚 A 钠盐和 4,4'-二氯二苯砜。

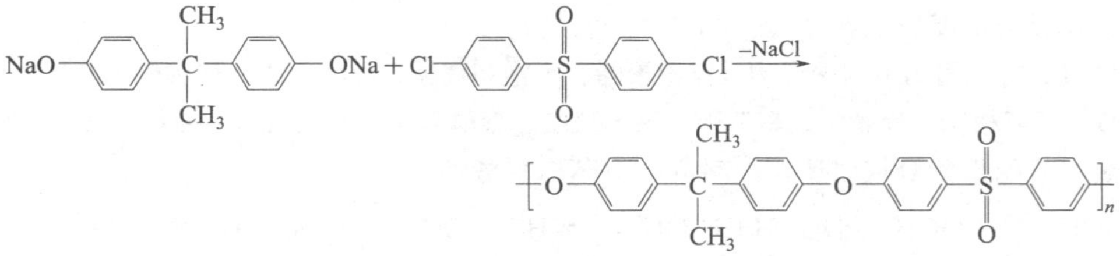

聚芳砜反应式

聚苯硫醚合成时所用原料为：p-二氯苯与硫化钠。

$$n\text{Cl}\!-\!\!\bigcirc\!\!-\!\text{Cl} \xrightarrow[\text{S+Na}_2\text{CO}_3]{\text{Na}_2\text{S或}} \left[\!\!-\!\!\bigcirc\!\!-\!\text{S}\!-\!\right]_n$$

聚醚醚酮聚合成时所用原料为：$\text{HO}\!-\!\bigcirc\!-\!\text{OH}$和$\text{F}\!-\!\bigcirc\!-\!\text{CO}\!-\!\bigcirc\!-\!\text{F}$。

合成反应为：

$$n\text{HO}\!-\!\bigcirc\!-\!\text{OH}+n\text{F}\!-\!\bigcirc\!-\!\text{CO}\!-\!\bigcirc\!-\!\text{F} \xrightarrow[\text{Ph}_2\text{SO}_2]{\text{M}_2\text{CO}_3} \left[\!-\!\bigcirc\!-\!\text{O}\!-\!\bigcirc\!-\!\overset{\overset{\text{O}}{\|}}{\text{C}}\!-\!\bigcirc\!-\!\text{O}\!-\!\right]_n$$

2.3　思考题及参考答案

思考题【2-1】　简述逐步聚合和缩聚、缩合和缩聚、线形缩聚和体形缩聚、自缩聚和共缩聚的关系和区别。

解　(1) 逐步聚合和缩聚　逐步聚合反应中无活性中心，通过单体中不同官能团之间相互反应而逐步增长，每步反应的速率和活化能大致相同。

缩聚是指带有两个或两个以上官能团的单体间连续、重复进行的缩合反应，缩聚物为主产物，同时还有低分子副产物产生，缩聚物和单体的元素组成并不相同。

逐步聚合和缩聚归属于不同的分类。按单体-聚合物组成结构变化来看，聚合反应可以分为缩聚、加聚和开环三大类。按聚合机理，聚合反应可以分成逐步聚合和连锁聚合两类。大部分缩聚属于逐步聚合机理，但两者不是同义词。

(2) 缩合和缩聚　缩合反应是指两个或两个以上有机分子相互作用后以共价键结合成一个分子，并常伴有失去小分子（如水、氯化氢、醇等）的反应。

缩聚反应是缩合聚合的简称，是指带有两个或两个以上官能团的单体间连续、重复进行的缩合反应，主产物为大分子，同时还有低分子副产物产生。

1-1、1-2、1-3 等体系都有一种原料是单官能度，只能进行缩合反应，不能进行缩聚反应，缩合的结果，只能形成低分子化合物。醋酸与乙醇的酯化是典型的缩合反应，2-2、2-3 等体系能进行缩聚反应，生成高分子。

(3) 线形缩聚和体形缩聚　根据生成的聚合物的结构进行分类，可以将缩聚反应分为线形缩聚和体形缩聚。

线形缩聚是指参加反应的单体含有两个官能团，形成的大分子向两个方向增长，得到线形缩聚物的反应，如涤纶聚酯、尼龙等。线形缩聚的首要条件是需要 2-2 或 2 官能度体系作原料。

体形缩聚是指参加反应的单体至少有一种含两个以上官能团，并且体系的平均官能度大于 2，在一定条件下能够生成三维交联结构聚合物的缩聚反应。如采用 2-3 官能度体系（邻苯二甲酸酐和甘油）或 2-4 官能度体系（邻苯二甲酸酐和季戊四醇）聚合，除了按线形方向缩聚外，侧基也能缩聚，先形成支链，进一步形成体形结构。

(4) 自缩聚和共缩聚　根据参加反应的单体种类进行分类，可以将缩聚反应分为自缩聚、混缩聚和共缩聚。

自缩聚（均缩聚）：通常为 aAb 型的单体进行的缩聚反应，其中 a 和 b 是可以反应的官能团。如羟基酸或氨基酸的缩聚。

混缩聚：通常为 aAa 和 bBb 的单体之间进行的缩聚反应，其中 a 和 b 是可以反应的官能团。如己二酸和己二胺合成尼龙-66 的反应。

共缩聚：通常将 aAc 型的单体（a 和 c 是不能反应的官能团，a 和 c 可以相同）加入到其他单体所进行的自缩聚或混缩聚反应中进行的聚合反应。共缩聚反应通常用于聚合物的改性。例如以少量丁二醇、乙二醇与对苯二甲酸共缩聚，可以降低涤纶树脂的结晶度和熔点，增加柔性，改善熔纺性能。

思考题【2-2】 列举逐步聚合的反应基团类型和不同官能度的单体类型 5 例。

解 （1）逐步聚合的反应基团类型如下表所示：

反应类型	聚合物	反应的基团
缩聚	聚酰胺	羧基和氨基
	聚酯	羧基和羟基
	聚碳酸酯	酰氯（—COCl）和羟基
聚加成	聚氨酯	异氰酸基和羟基
芳核取代	聚砜	羟基和氯
氧化偶合	聚苯醚	羟基
开环聚合	尼龙-6	羧基和氨基

（2）不同官能度的单体的反应如下表，从表中可以看出，单体的官能度和官能团数目并不一定相等，如苯酚的官能团是羟基，但苯酚和甲醛进行缩聚反应时，反应的基团为处于羟基邻对位上的氢，在不同的反应机理下，官能度等于 2 或 3。二元胺和二元酸进行缩聚反应时，氨基的官能度是 2，二元胺参与环氧树脂固化时，官能度为 4，因此确定单体的官能度时必须首先明确反应机理。

单体（官能度）	单体（官能度）	聚合物
对苯二甲酸（$f=2$）	乙二醇（$f=2$）	涤纶
邻苯二甲酸酐（$f=2$）	甘油（$f=3$）	聚邻苯二甲酸甘油酯
苯酚（$f=3$）	甲醛（$f=2$）	热固性酚醛树脂
二元胺（$f=2$）	二元酸（$f=2$）	聚酰胺
二元胺（$f=4$）	环氧树脂（$f=2$）	固化的环氧树脂

思考题【2-3】 己二酸与乙醇、乙二醇、甘油、苯胺、己二胺这几种化合物反应，哪些能形成聚合物？

解 己二酸（$f=2$）为 2 官能度单体，因此能与己二酸形成聚合物的化合物有：乙二醇（$f=2$）、甘油（$f=3$）、己二胺（$f=2$）。其中与乙二醇（$f=2$）、己二胺（$f=2$）形成线形缩聚物，与甘油（$f=3$）形成体形缩聚物。

思考题【2-4】 写出并描述下列缩聚反应所形成的聚酯结构。（b）～（d）聚酯结构与反应物配比有无关系？

(1) HO—R—COOH

(2) HOOC—R—COOH+HO—R′—OH

(3) HOOC—R—COOH+R″(OH)₃

(4) HOOC—R—COOH+HO—R′—OH+R″(OH)₃

解　（1）得到结构为 -[ORCO]_n 的线形高分子。

（2）当酸和醇等摩尔比时，得到结构为 -[OCRCOOR′O]_n 的线形聚合物。

（3）设二元酸与三元醇的摩尔比为 x，当 $1<x<2$ 时得到交联结构的高分子；$x<1$ 或 $x>2$ 时，得到支化高分子。

（4）设二元酸、二元醇、三元醇的摩尔比为 x、y、1 时，当 $1<x-y<2$ 时得到交联结构的高分子；当 $x-y\leqslant1$ 时，所得产物是端基主要为羟基的支化分子；当 $x-y\geqslant2$ 时，得到端基主要为羧基的支化分子。

思考题【2-5】　下列多对单体进行线形缩聚：己二酸和己二醇、己二酸和己二胺、己二醇和对苯二甲酸、乙二醇和对苯二甲酸、己二胺和对苯二甲酸，简明点出并比较缩聚物的性能特征。

解　上述五对单体分别得到聚己二酸己二醇酯、聚己二酰己二胺（尼龙-66）、聚对苯二甲酸己二醇酯、聚对苯二甲酸乙二醇酯、聚对苯二甲酰己二胺。

聚己二酸己二醇酯比聚己二酰己二胺的熔点低，强度小，其原因是前者缩聚物之间没有氢键；

聚己二酸己二醇酯比聚对苯二甲酸己二醇酯的熔点低、强度小，其原因是后者分子链中引入了苯环；

聚己二酸己二醇酯比聚对苯二甲酸乙二醇酯的熔点低、强度小，其原因是后者分子链中引入了苯环，而且后者的乙二醇比己二醇的碳原子数小；

聚对苯二甲酸己二醇酯比聚对苯二甲酰己二胺的熔点低，强度小，其原因是后者分子链中有酰胺键，分子链间有氢键。

思考题【2-6】　讨论下列两组反应物进行缩聚或环化反应的可能性。（1）氨基酸 $H_2N(CH_2)_m COOH$；（2）乙二醇与二元酸 $HO(CH_2)_2OH+HOOC(CH_2)_m COOH$。

解　线形缩聚时，需考虑单体及其中间产物的成环倾向。一般情况下，五、六元环的结构比较稳定。

（1）氨基酸 $H_2N(CH_2)_m COOH$：当 $m=1$ 时经双分子缩合成六元环，$m=3$、4 时易分子内缩合成稳定的五、六元环；$m\geqslant5$ 主要进行缩聚反应，形成线形聚酰胺。

（2）乙二醇与二元酸 $HO(CH_2)_2OH+HOOC(CH_2)_m COOH$：不易成环，能生成聚合物。

思考题【2-7】　简述线形缩聚的逐步机理，以及转化率和反应程度的关系。

解　以二元酸和二元醇的缩聚为例，两者第一步缩聚，形成二聚体羟基酸。二聚体羟基酸的端羟基或端羧基可以与二元酸或二元醇反应，形成三聚体。二聚体也可以自缩聚，形成四聚体。含羟基的任何聚体和含羧基的任何聚体都可以相互缩聚，如此逐步进行下去，分子量逐渐增加，最后得到高分子量聚酯，通式如下：n 聚体+m 聚体 $\rightleftharpoons$ $(n+m)$ 聚体+水。

聚合反应进行的程度可用转化率 C 来表示。转化率定义为反应掉的单体量占单体初始量的百分比。反应程度 p 的定义为参加了反应的基团数与起始基团数的比值。

从线形缩聚的机理可看出，在缩聚早期，单体的转化率就很高，在整个聚合过程中实际参加反应的是官能团而不是整个分子，因此转化率并无实际意义，改用基团的反应程度来表述反应的深度更确切。

思考题【2-8】　简述缩聚中的消去、化学降解、链交换等副反应对缩聚有哪些影响，说明其有无可利用之处。

答　缩聚通常在较高的温度下进行，往往伴有基团消去、化学降解、链交换等副反应。

基团消去反应是指单体中的官能团的脱除，从而导致单体及其缩聚的中间产物丧失反应能力。如温度高于 300℃时二元酸受热脱去羧酸，二元胺在高温下进行分子间或分子内的脱胺反应等。消去反应通常会引起原料基团数比的变化，从而影响到产物的分子量和性能，这类副反应必须避免。

化学降解反应是指缩聚物分子链与小分子化合物之间的反应。在聚酯和聚酰胺的合成反应中，聚合物分子链中的酯基和酰胺键容易与水、醇、羧酸和胺等化合物反应，使聚合物产生水解、醇解、酸解和胺解等降解反应。化学降解的结果使聚合物分子量降低，聚合时应设法避免。一般合成缩聚物的单体往往是缩聚物的降解剂，因此为了减弱化学降解等副反应的影响，必须考虑原料单体的纯度，尽可能降低有害物质。

另一方面，应用化学降解的原理可使废聚合物降解成单体或低聚物，易于回收利用。例如，废涤纶聚酯与过量乙二醇共热，可以醇解成对苯二甲酸乙二醇酯低聚物；废酚醛树脂与过量苯酚共热，可以酚解成低分子酚醛。

链交换反应是发生在两个大分子链之间的副反应，同种线形缩聚物受热时，通过链交换反应，将使分子量分布变窄。两种不同缩聚物共热，通过链交换反应可形成嵌段共聚物，如聚酯与聚酰胺共热形成聚酯-聚酰胺嵌段共聚物。

思考题【2-9】　简单评述官能团的等活性概念（分子大小对反应活性的影响）的适用性和局限性。

答　官能团等活性概念是 Flory 在 20 世纪 30 年代提出的，其要点包括：单官能团化合物的分子链达到一定长度后，其官能团的反应活性与分子链的长度无关。适用条件为：①聚合体系为真溶液；②官能团的邻近基团及空间环境相同；③体系黏度不妨碍缩聚反应生成的小分子的排除；④在低转化率下适用。

思考题【2-10】　自催化和酸催化的聚酯化动力学行为有何不同？二级、二级半、三级反应的理论基础是什么？

答　酸催化是聚酯化反应的关键历程。在无外加酸的情况下，羧酸本身能够提供质子化的催化剂，形成自催化反应。当羧酸不电离时，羧酸经双分子络合起质子化和催化作用，此时 2 分子羧酸和 1 分子羟基参加缩聚，聚酯化动力学行为属于三级反应；当羧酸部分电离时，小部分的羧酸电离出 H^+，参与质子化，聚酯化动力学行为属于二级半反应。

在外加酸催化的情况下，聚合速率由酸催化和自催化两部分组成。在缩聚过程中，外加酸或氢离子浓度几乎不变，而且远远大于低分子羧酸自催化的影响，因此，可以忽略自催化的速率。此时聚酯化动力学行为应该属于二级反应。

思考题【2-11】 在平衡缩聚条件下，聚合度与平衡常数、副产物残留量之间有何关系？

答 在线性平衡缩聚条件下，聚合度与平衡常数、副产物残留量之间有下列关系：$\overline{X}_n = \sqrt{K/(pn_w)}$，式中，$n_w$ 为生成小分子副产物的残留量；K 为平衡常数；p 为反应程度。因此，对于不同平衡常数的反应，对副产物残留量的要求不同。

平衡常数小，如聚酯化反应，$K \approx 4$，低分子副产物水的存在限制了分子量的提高，要得到分子量高的聚合物，须在高度减压条件下脱除小分子，减少小分子的残留量。

平衡常数中等，如聚酰胺化反应，$K \approx 300 \sim 400$，水对分子量有所影响。聚合早期，可在水介质中进行；聚合后期，须在一定的减压条件下脱水，提高反应程度。

平衡常数很大，$K > 1000$，允许小分子的残留量较大，如合成酚醛树脂。

思考题【2-12】 影响线形缩聚物聚合度的因素有哪些？两单体非等化学计量，如何控制聚合度？

答 （1）影响线形缩聚物聚合度的因素有：

① 反应程度 p　缩聚物的聚合度随反应程度的增加而增加；

② 平衡常数 K　对于可逆缩聚反应，平衡常数对反应程度产生影响，进一步影响聚合度，密闭体系中聚合度与平衡常数有下列定量关系：$\overline{X}_n = 1/(1-p) = \sqrt{K} + 1$，敞开体系中聚合度、残留小分子及平衡常数之间有下列定量关系：$\overline{X}_n = \sqrt{K/(pn_w)} \approx \sqrt{K/n_w}$；

③ 基团的摩尔比　反应基团的摩尔比影响反应程度，进一步影响聚合度；

④ 反应条件　如反应温度、反应器内压力、催化剂、单体纯度和浓度、搅拌、惰性气体等。

（2）两单体非等化学计量，通过控制原料单体的摩尔比来控制聚合度，可按下式进行计算：

$$\overline{X}_n = \frac{1+r}{1+r-2rp}, \quad r = \frac{N_a}{N_b} < 1$$

式中，N_a、N_b 为 a、b 的起始基团数；$\overline{X}_n$ 为数均聚合度；r 为基团数比；p 为反应程度。

思考题【2-13】 如何推导线形聚合物的数均聚合度、重均聚合度、聚合度分布指数？

答 根据官能团等活性理论，Flory 从统计法的角度认为，生成 x 聚体的概率为 $x-1$ 次的成键概率（p）乘以最后一个官能团未成键的概率（$1-p$），即形成 x 聚体的概率 $p^{x-1}(1-p)$ 应该等于聚合产物混合体系中 x 聚体的摩尔分数 N_x/N，即：

$$N_x = Np^{x-1}(1-p)$$

参照数均分子量的定义，数均聚合度可以写成：

$$\overline{X}_n = \frac{\sum x N_x}{\sum N_x} = \frac{\sum x N_x}{N} = \sum_{x=1}^{+\infty} x \frac{N_x}{N} = \sum_{x=1}^{+\infty} x p^{x-1}(1-p) = \frac{1-p}{(1-p)^2} = \frac{1}{1-p}$$

同理，重均聚合度可以写成：

$$W_x = \frac{x N_x}{N_0} = x p^{x-1}(1-p)^2$$

$$\overline{X}_w = \sum x\, \frac{W_x}{W} = \sum x^2 p^{x-1}(1-p)^2 = \frac{1+p}{1-p}$$

聚合度分布指数：

$$\frac{\overline{X}_w}{\overline{X}_n} = 1 + p \approx 2$$

思考题【2-14】 缩聚反应的热力学参数和动力学参数有何特征？

答 缩聚的聚合热不大（$10 \sim 25 kJ \cdot mol^{-1}$），活化能却较高（$40 \sim 100 kJ \cdot mol^{-1}$）。相反，乙烯基单体加聚的聚合热较高（$50 \sim 95 kJ \cdot mol^{-1}$），而活化能却较低（$15 \sim 40 kJ \cdot mol^{-1}$）。为了保证合理的速率，缩聚多在较高的温度（$150 \sim 275℃$）下进行。

思考题【2-15】 体形缩聚时有哪些基本条件？平均官能度如何计算？

答 体形缩聚的基本条件是至少有一单体含两个以上官能团，并且体系的平均官能度大于 2。

平均官能度的计算分两种情况：

（1）反应的官能团物质的量相等，单体混合物的平均官能度定义为每一分子平均带有的基团数。

$$\overline{f} = \frac{\sum N_i f_i}{\sum N_i}, \quad 官能度 N_i 为 f_i 的单体的分子数。$$

（2）反应的官能团物质的量不等，平均官能度应以非过量基团数的 2 倍除以分子总数来求取。

$$\overline{f} = (2 \times 不过量的官能团总数)/参加反应的总物质量$$

思考题【2-16】 聚酯化和聚酰胺化的平衡常数有何差别，对缩聚条件有何影响？

答 （1）聚酯化反应　平衡常数小，$K \approx 4$，低分子副产物水的存在限制了聚合物分子量的提高，对聚合反应的条件要求较高，反应须在高温和高真空条件下进行，体系中水的残留量应尽量低，这样才能得到高聚合度的聚合物。

（2）聚酰胺化反应　平衡常数中等，$K \approx 300 \sim 400$，水对分子量有所影响，对聚合反应的条件要求相对温和。聚合早期，可在水介质中进行；聚合后期，须在一定的减压条件下脱水，提高反应程度。

思考题【2-17】 简述不饱和聚酯的配方原则和固化原理？

答 不饱和聚酯是主链中含有双键的聚酯，属于结构预聚物，不饱和聚酯由酸和醇合成得到，其固化剂是苯乙烯。固化原理是聚酯主链中的双键与苯乙烯发生自由基共聚合反应，使聚酯链发生交联，形成体形结构。如马来酸酐与乙二醇的缩聚，可形成最简单的不饱和聚酯，反应式如下：

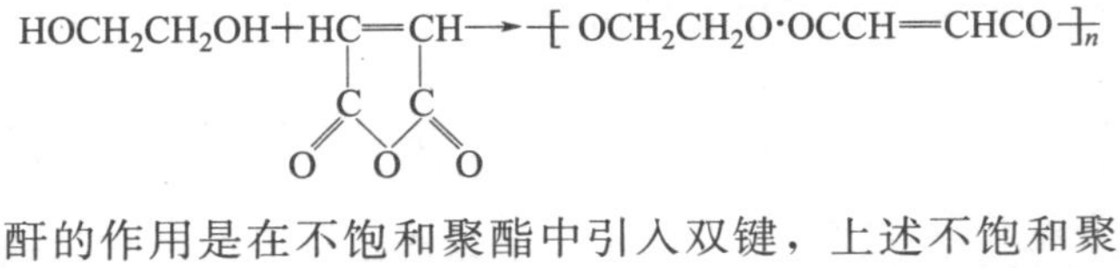

$$HOCH_2CH_2OH + \underset{\underset{O}{\overset{\|}{C}}}{HC} = \underset{\underset{O}{\overset{\|}{C}}}{CH} \longrightarrow \{OCH_2CH_2O \cdot OCCH = CHCO\}_n$$

原料中马来酸酐的作用是在不饱和聚酯中引入双键，上述不饱和聚酯中的双键和固化剂（苯乙烯）在引发剂作用下发生共聚进行交联，交联固化后得到的聚合物性脆。可用饱和苯酐代替部分马来酸酐，用一缩二乙二醇、丙二醇或 1,3-丁二醇代替部分乙二醇，进行共缩聚。通过饱和苯酐和不饱和酸酐的比例控制不饱和聚酯的不饱和度以及所生成材料的交联密度。除了以上单体外，还有多种二元酸（如富马酸、间苯二酸、己二酸、丁二酸等）可供选用，改变单体种类和配比，以及苯乙烯量，就可制得多种不饱和聚酯品种。

思考题【2-18】 比较合成涤纶聚酯的两条技术路线及其选用原则。说明涤纶树脂聚合度的控制方法和分段聚合的原因。

答 涤纶聚酯（PET）是聚对苯二甲酸乙二醇酯的商品名，由对苯二甲酸与乙二醇缩聚而成。可采用两条技术路线合成。

（1）酯交换法或间接酯化　这是传统生产方法，由甲酯化、酯交换、终缩聚三步组成，分段的原因在于：①对苯二甲酸难精制，无法精确定量，导致难以精确控制两单体的等基团比，无法进行聚合度的控制；②甲酯化、酯交换反应不需考虑等基团比，终缩聚中利用苯二甲酸乙二醇的自缩聚，根据乙二醇的馏出量，自然地调节两基团数的比，逐步逼近等物质的量，略使乙二醇过量，封锁分子两端，达到预定聚合度；③平衡常数小，需高温减压条件下反应，才能获得高分子量聚合。

（2）直接酯化　对苯二甲酸提纯技术解决以后，这是优先选用的经济方法。对苯二甲酸与过量乙二醇在200℃下先酯化成低聚合度（例如 $x=1\sim4$）聚苯二甲酸乙二醇酯，而后在280℃下终缩聚成高聚合度的最终聚酯产品（$n=100\sim200$）。随着缩聚反应程度的提高，体系黏度增加。在工程上，将缩聚分段在两反应器内进行更为有利。前段预缩聚，后段终缩聚。

思考题【2-19】 工业上聚碳酸酯为什么选用双酚A作单体？比较聚碳酸酯的两条合成路线、产物的分子量及其控制。

答 聚碳酸酯（PC）是碳酸的聚酯类，聚碳酸酯可由二元醇与光气缩聚而成。

工业上应用的聚碳酸酯主要由双酚A[2,2′-双（羟苯基）丙烷]和光气来合成，其主链含有苯环和四取代的季碳原子，刚性和耐热性增加。$T_m=265\sim270℃$，$T_g=149℃$，可在 $15\sim130℃$ 内保持良好的机械性能，冲击性能和透明性良好，尺寸稳定，耐蠕变，其性能优于涤纶聚酯，是重要的工程塑料。

聚碳酸酯（PC）有两条合成路线。

（1）酯交换法　双酚A与碳酸二苯酯进行熔融缩聚，进行酯交换反应，产物分子量不超过30000。酯交换法分两个阶段进行，起始碳酸二苯酯过量，经酯交换反应，排出苯酚，由苯酚排出量调节两基团数比，控制分子量。

（2）光气直接法　双酚A和氢氧化钠配成双酚钠水溶液作为水相，光气有机溶液为另一相，以胺类为催化剂进行界面缩聚。光气直接法得到的分子量较高。界面缩聚是不可逆反应，不严格要求两基团数相等，一般光气过量，加少量单官能团物质如苯酚进行端基封锁，控制分子量。

思考题【2-20】 简述和比较聚酰胺-66（尼龙-66）和聚酰胺-6（尼龙-6）的合成方法。

答 聚酰胺-66由己二酸和己二胺缩聚而成。聚酰胺化有两个特点：一是氨基活性比较高，不需要催化剂；另一是平衡常数较大（～400），可在水介质中预缩聚。己二酸和己二胺可预先相互中和成聚酰胺66盐，保证羧酸和氨基数相等。在聚酰胺66盐中另加少量单官能团物质如醋酸（0.2%～0.3%，质量分数）或使己二酸微过量进行缩聚，由端基封锁来控制分子量。66 盐不稳定，温度稍高时，盐中己二胺易挥发，己二酸易脱羧，将使反应的官能团比例失调。为防止上述损失，可在密闭系统中在低温下预先聚合到一定的反应程度，升温进一步缩聚，最后减压完成最终缩聚。反应方程如下：

$$NH_2(CH_2)_6NH_2+HOOC(CH_2)_4COOH \longrightarrow [NH_3^+(CH_2)_6NH_3^+ \ ^-OOC(CH_2)_4COO^-]$$

$$n[NH_3^+(CH_2)_6NH_3^+ \ ^-OOC(CH_2)_4COO^-]+CH_3COOH \longrightarrow$$

$$CH_3CO \text{—}[NH(CH_2)_6NH \cdot CO(CH_2)_4CO]_n \text{—} OH+2nH_2O$$

聚酰胺-6 是氨基酸类聚酰胺，工业上由己内酰胺开环聚合而成。己内酰胺可以用碱或水（酸）开环。按逐步机理开环，伴有三种反应：

① 己内酰胺水解成氨基酸：

$$H_2O+O=C \overset{NH}{\underset{}{\diagup\diagdown}} (CH_2)_5 \longrightarrow NH_2(CH_2)_5COOH$$

② 氨基酸自缩聚：

$$\text{—}COOH+H_2N\text{—} \rightleftharpoons \text{—}CONH\text{—}+H_2O$$

③ 氨基上氮向己内酰胺亲电进攻而开环，不断增长。

$$\text{—}NH_2+O=C \overset{NH}{\underset{}{\diagup\diagdown}} (CH_2)_5 \longrightarrow \text{—}NHCO(CH_2)_5NH_2$$

己内酰胺水催化聚合过程中，通常加入 0.2%～0.5% 的乙酸和乙二胺，乙酸作端基封锁剂，控制聚合度，乙二胺参与共聚，改进己内酰胺的染色性能（增加了缩聚物中氨基的含量）。

思考题【2-21】 合成聚酰亚胺时，为什么要采用两步法？

答 聚酰亚胺一般是二酐和二胺的缩聚物，可以由芳二酐和脂二胺或芳二胺缩聚而成。目前最常用的芳二酐是均苯四甲酸酐，与二元胺缩聚的第一步先形成聚酰胺，第二步才闭环成聚酰亚胺，形成稳定五元环的倾向，有利于聚酰亚胺的形成。

思考题【2-22】 为什么聚氨酯合成多采用异氰酸酯路线？列举两种二异氰酸酯和两种多元醇。试写出异氰酸酯和羟基、氨基、羧基的反应式。软、硬聚氨酯泡沫塑料的发泡原理有何差异？

答 聚氨酯是带有 —NH—$\overset{O}{\overset{\|}{C}}$O— 特征基团的杂链聚合物，全名聚氨基甲酸酯，是氨基甲酸（NH_2COOH）的酯类或碳酸的酯-酰胺衍生物。合成聚氨酯的起始原料是光气，光气和二元醇反应形成二氯代甲酸酯，和二元胺反应形成二异氰酸酯；二氯代甲酸酯和二异氰酸酯分别再和二元醇或二元胺反应，形成聚氨酯。由于二异氰酸酯比二氯代甲酸酯容易制得，所以聚氨酯合成多采用异氰酸酯路线。

聚氨酯由两种原料组成，一种是二（或多）异氰酸酯，起着硬段的作用，如下式的 2,4-/2,6-甲苯二异氰酸酯（TDI）、六亚甲基二异氰酸酯（HDI）、萘二异氰酸酯

（NDI）等。

$$2,4\text{-TDI} \qquad 2,6\text{-TDI} \qquad HDI \qquad NDI$$

另一原料是多元醇，起着软段的作用。二元醇 HOROH 用于制备线形聚氨酯，除丁二醇外，用得较多的是聚醚二醇和聚酯二醇，分子量从几百到几千。聚醚二醇是以乙二醇为起始剂，由环氧乙烷、环氧丙烷开环聚合而成。聚酯二醇则由二元酸（己二酸）和过量二元醇（乙二醇或丁二醇）缩聚而成，分子量约 $3000\sim5000$。如以甘油（$f=3$）、季戊四醇（$f=4$）、甘露醇（$f=6$）等作起始剂，使环氧乙烷、环氧丙烷开环聚合，则形成相应的多元醇，可用来制备交联聚氨酯。聚硅氧烷也可以用作多元醇。

二异氰酸酯和二元醇的加成反应如下：

$$n\text{OCN—R—NCO}+n\text{HOROH}\longrightarrow \text{(CONHRNHCO·ORO)}_n$$

醇羟基的氢加到异氰酸基的氮原子上，无副产物，称作聚加成反应，属于逐步机理。

二异氰酸酯和二元胺的反应如下：

$$n\text{OCN—R—NCO}+n\text{H}_2\text{NRNH}_2\longrightarrow \text{(CONHRNHCO·NHRNH)}_n$$

二异氰酸酯和羧基的反应如下：

$$\text{—N=C=O}+\text{RCOOH}\longrightarrow \text{(NHCO·OCOR)}\longrightarrow \text{—NHCOR}+CO_2$$

聚氨酯可用来制备泡沫塑料。软泡沫塑料通常先由聚醚二醇或聚酯二醇与二异氰酸酯反应成异氰酸封端的预聚物，加水，形成脲基团并使分子量增加，同时释放 CO_2，发泡。硬泡沫塑料则由多羟基预聚物制成。侧羟基与二异氰酸酯反应，产生交联变硬。硬泡沫一般以低沸点卤代烃或氟利昂代用品发泡剂为主。

思考题【2-23】 简述环氧树脂的合成原理和固化原理。

答 环氧树脂具有如 $\overset{\text{—CH—CH}_2}{\underset{O}{\diagdown\diagup}}$ 、$\overset{\text{—CH—CH}}{\underset{O}{\diagdown\diagup}}$ 等环氧特征基团，环氧基团开环可进行线形聚合，也可交联而固化。

在碱催化条件下，双酚 A 和环氧氯丙烷先聚合成下列低分子中间体。

$$2\text{CH}_2\text{—CHCH}_2\text{Cl}+\text{HO—}\bigcirc\text{—C(CH}_3)_2\text{—}\bigcirc\text{—OH}\xrightarrow{\text{NaOH}}\text{CH}_2\text{—CHCH}_2\text{O—}\bigcirc\text{—C(CH}_3)_2\text{—}\bigcirc\text{—OCH}_2\text{CH—CH}_2$$

然后不断开环闭环逐步聚合成环氧树脂，分子量不断增加，同时脱除 HCl。综合式如下：

$$(n+2)\text{CH}_2\text{—CHCH}_2\text{Cl}+(n-1)\text{HO—}\bigcirc\text{—C(CH}_3)_2\text{—}\bigcirc\text{—OH}\xrightarrow{\text{NaOH}}$$

$$\text{CH}_2\text{—CHCH}_2\left[\text{O—}\bigcirc\text{—C(CH}_3)_2\text{—}\bigcirc\text{—OCH}_2\underset{OH}{\text{CHCH}_2}\right]_n\text{O—}\bigcirc\text{—C(CH}_3)_2\text{—}\bigcirc\text{—OCH}_2\text{CH—CH}_2$$

上式中 n 一般在 $0\sim12$ 之间，分子量相当于 $340\sim3800$，个别 n 可达 19（$M=7000$）。

环氧树脂分子中的环氧端基和羟侧基都可以成为交联的基团，胺类和酸酐是常用的交联剂或催化剂。如乙二胺、二亚乙基三胺等含有活泼氢，可使环氧基直接开环交联，属于室温固化催化剂。

酸酐可以和侧羟基进行反应而交联，为高温固化剂。

思考题【2-24】 简述聚芳砜的合成原理。

答 聚砜是主链上含有砜基团（—SO_2—）的杂链聚合物，比较重要的聚砜是芳族聚砜，多称作聚芳醚砜，简称聚芳砜。商业上最常用的聚砜由双酚 A 钠盐和 $4,4'$-二氯二苯砜经亲核取代反应而成。

聚砜的制备过程大致如下：将双酚 A 和氢氧化钠浓溶液就地配制双酚 A 钠盐，所产生的水分经二甲苯蒸馏带走，温度约 $160℃$，除净水分，防止水解，这是获得高分子量聚砜的关键。以二甲基亚砜为溶剂，用惰性气体保护，使双酚钠与二氯二苯砜进行亲核取代反应，即成聚砜。商品聚砜的分子量为 $20000\sim40000$。

思考题【2-25】 比较聚苯醚和聚苯硫醚的结构、主要性能和合成方法。

答 工业上的聚苯醚（PPO）以 2,6-二甲基苯酚为单体，以亚铜盐-三级胺类（吡啶）为催化剂，在有机溶剂中，经氧化偶合反应而成。

聚苯醚是耐高温塑料，可在 $190℃$ 下长期使用，其耐热性、耐水解、机械性能、耐蠕变性都比聚甲醛、聚酰胺、聚碳酸酯、聚砜等工程塑料好，可用来制作耐热机械零部件。

工业上有应用价值的聚苯硫醚由苯环和硫原子交替而成，属于结晶型聚合物，$T_g=$

85℃，$T_m = 285$℃，耐溶剂，可在 220℃ 以上长期使用。缺点是韧性不够，有一定的脆性。

聚苯硫醚与聚苯醚结构性能有点相似，但制法却不相同。商业上聚苯硫醚多由 p-二氯苯与硫化钠经 Wurtz 反应来合成，反应属离子机理，但具逐步特性，反应式如下：

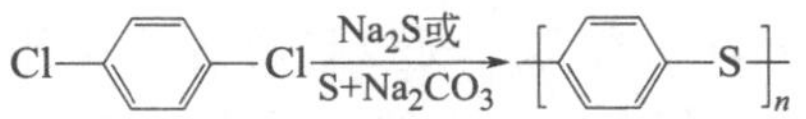

$$Cl\text{—}\boxed{}\text{—}Cl \xrightarrow[S+Na_2CO_3]{Na_2S或} \left\{\boxed{}\text{—}S\right\}_n$$

思考题【2-26】 从原料配比、预聚物结构、预聚条件、固化特性等方面来比较碱催化和酸催化酚醛树脂。

答　（1）碱催化酚醛树脂　在碱存在下，苯酚处于共振稳定的阴离子状态，邻、对位阴离子与甲醛进行亲核加成，先形成邻、对位羟甲基酚。在甲醛过量的条件下，例如苯酚-甲醛摩尔比 6∶7 或两活性基团数比为 9∶7 时，苯酚与甲醛进行多次加成，形成一羟甲基酚、二羟甲基酚、三羟甲基酚的混合物。羟基酚进一步相互缩合，形成由亚甲基桥连接的多元酚醇。经过系列加成缩合反应，就形成由二、三环的多元酚醇组成的低分子量酚醛树脂，多元酚醇再稍加缩聚，可形成固态的碱催化酚醛树脂（resoles）。碱性酚醛树脂中的反应基团无规排布，因而称作无规预聚物。进一步加热可以直接交联固化。

（2）酸催化酚醛树脂　在苯酚过量的条件下，例如苯酚和甲醛摩尔比为 6∶5（两基团数比为 9∶5）的酸催化缩聚反应，与碱催化时有很大的不同。甲醛的羰基先质子化，而后在苯酚的邻、对位进行亲电芳核取代，形成邻、对羟甲基酚。进一步缩合成亚甲基桥，邻-邻、对-对或邻-对随机连接。酸催化酚醛树脂称作 novolacs，是热塑性的结构预聚物，需要加入甲醛或六亚甲基四胺才能交联。形成的交联结构如下：

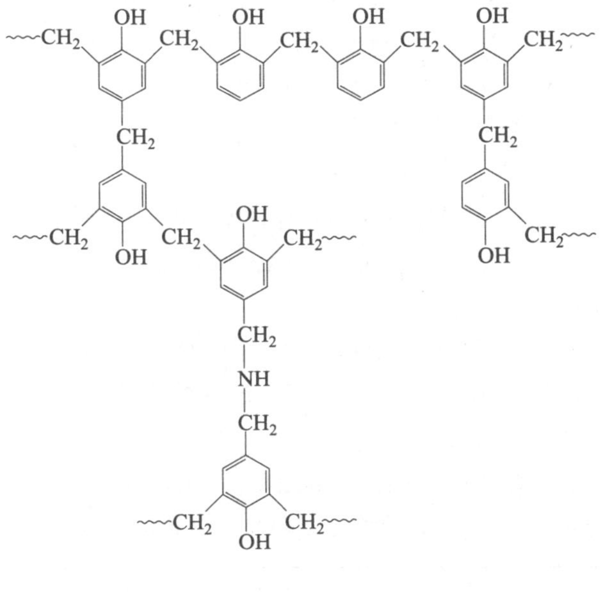

2.4　计算题及参考答案

计算题【2-1】 通过碱滴定法和红外光谱法，同时测得 21.3g 聚己二酰己二胺试

样中含有 2.50×10^{-3} mol 羧基。根据这一数据，计算得数均分子量为 8520。计算时需做什么假定？如何通过实验来确定可靠性？如该假定不可靠，怎样由实验来测定正确的值？

解 $\overline{M}_n = 21.3/(2.5 \times 10^{-3}) = 8520$，计算时假设大分子的总数为 2.50×10^{-3}，题中给出的条件是 2.50×10^{-3} mol 的羧基。所以计算过程中用到的假设是：聚己二酰己二胺由二元胺和二元酸反应制得，每个大分子链上平均只含一个羧基，并且羧基数和氨基数相等。

可以通过测定大分子链端基的—COOH 和—NH$_2$ 物质的量以及大分子的物质的量来验证确定假设的可靠性，如果大分子的物质的量等于—COOH 和—NH$_2$ 和的一半时，就可以验证此假设的可靠性。

如果假设不可靠，如体系反应物为二元胺、二元酸、单官能团物质 ⬡—COOH，端基检测应包括—COOH、—NH$_2$、⬡ 三部分，则大分子的物质的量应该为 —COOH、—NH$_2$、⬡ 的物质的量的总和除以 2。

计算题【2-2】 羟基酸 HO—$(CH_2)_4$—COOH 进行线形缩聚，测得产物的质均分子量为 18400g/mol，试计算：(1) 羧基已经酯化的百分数；(2) 数均聚合度 $\overline{X}_n$；(3) 结构单元数。

解 (1) 已知 $\overline{M}_w = 18400$，$M_0 = 100$。

则
$$\overline{X}_w = \overline{M}_w/M_0 = 18400/100 = 184$$
$$\overline{X}_w = (1+p)/(1-p)$$
$$p = (X_w - 1)/(X_w + 1) = (184 - 1)/(184 + 1) = 0.989$$

因此，已酯化羟基百分数等于 98.9%。

(2) 根据
$$\overline{M}_w/\overline{M}_n = 1 + p = 1 + 0.989 = 1.989$$
$$\overline{M}_n = 18400/1.989 = 9251$$
$$\overline{X}_n = \overline{M}_n/M_0 = 9251/100 = 92.51$$

(3) 本题中结构单元数 $= X_n = 92.51$

计算题【2-3】 等物质的量己二胺和己二酸进行缩聚，反应程度 p 为 0.500、0.800、0.900、0.950、0.970、0.980、0.990、0.995，试求数均聚合度 $\overline{X}_n$、DP 和数均分子量 $\overline{M}_n$，并作 $\overline{X}_n$-p 关系图。

解 等物质的量己二胺和己二酸进行缩聚时生成尼龙-66，重复单元的摩尔质量为 226，不同反应程度下的 $\overline{X}_n$、DP 和数均分子量 $\overline{M}_n$ 如下表所示：

p	0.500	0.800	0.900	0.950	0.970	0.980	0.990	0.995
$\overline{X}_n = 1/(1-p)$	2	5	10	20	33.3	50	100	200
$DP = \overline{X}_n/2$	1	2.5	5	10	16.65	25	50	100
$\overline{M}_n = 113\overline{X}_n + 18$	244	583	1148	2278	3781	5668	11318	22618

$\overline{X}_n$-p 关系图如下：

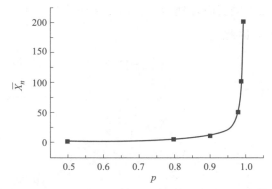

计算题【2-4】　等物质的量二元醇和二元酸经外加酸催化缩聚，试证明从开始到 $p=0.98$ 所需的时间与 p 从 0.98 到 0.99 的时间相近。计算自催化和外加酸催化聚酯化反应时不同程度 p 下 $\overline{X}_n$、c/c_0 与时间 t 值的关系，用列表作图来说明。

解　外加酸催化时二元酸和二元醇反应得：$\overline{X}_n = k'c_0 t + 1$

当 $p=0.98$ 时，$\overline{X}_n = 1/(1-p) = 50$，所需反应时间：$t_1 = 49/k'c_0$

当 $p=0.99$ 时，$\overline{X}_n = 1/(1-p) = 100$，所需反应时间 $t_2 = 99/k'c_0$

所以 $t_2 \approx 2t_1$，故 p 由 0.98 到 0.99 所需时间与从开始至 $p=0.98$ 所需得时间相近。

自催化和外加酸催化聚酯化反应时不同程度 p 下 $\overline{X}_n$、c/c_0 与时间 t 值的关系见下表：

项　　目	自催化聚酯化反应		外加酸催化聚酯化反应
	三级反应	二级半反应	二级反应
速率方程	$-\dfrac{\mathrm{d}c}{\mathrm{d}t} = kc^3$	$-\dfrac{\mathrm{d}c}{\mathrm{d}t} = kc^{\frac{5}{2}}$	$-\dfrac{\mathrm{d}c}{\mathrm{d}t} = k'c^2$
c/c_0	$\dfrac{1}{c^2} - \dfrac{1}{c_0^2} = 2kt$	$\dfrac{1}{c^{\frac{3}{2}}} - \dfrac{1}{c_0^{\frac{3}{2}}} = \dfrac{3}{2}kt$	$\dfrac{1}{c} - \dfrac{1}{c_0} = k't$
反应程度	$\dfrac{1}{(1-p)^2} = 2kc_0^2 t + 1$	$\dfrac{1}{(1-p)^{\frac{3}{2}}} = \dfrac{3}{2}kc_0^{\frac{3}{2}} t + 1$	$\dfrac{1}{1-p} = k'c_0 t + 1$
聚合度	$\overline{X}_n^{\,2} = 2kc_0^2 t + 1$	$(\overline{X}_n)^{\frac{3}{2}} = \dfrac{3}{2}kc_0^{\frac{3}{2}} t + 1$	$\overline{X}_n = k'c_0 t + 1$

计算题【2-5】　由 1mol 丁二醇和 1mol 己二酸合成 $M_n = 5000$ 聚酯，试作下列计算：(1) 两基团数完全相等，忽略端基对 M_n 的影响，求终止缩聚的反应程度 p；(2) 在缩聚过程中，如果有 0.5%（摩尔分数）丁二醇脱水成丁二烯而损失，求到达同一反应程度时的 M_n；(3) 如何补偿丁二醇脱水损失，才能获得同一 M_n 的缩聚物？(4) 假定原始混合物中羧基为 2mol，其中 1.0% 为乙酸，无其他因素影响两基团数比，求获得同一数均聚合度所需的反应程度 p。

解　（1）丁二醇和己二酸反应得到的聚合物的结构式为：$\begin{array}{c}\vdash\!OC(CH_2)_4COO(CH_2)_4O\dashv_n\end{array}$，重复单元的分子量为 200，因此：

$$\overline{X}_n=\left(\frac{5000}{200}\right)\times 2=50$$

两基团数完全相等时：

$$\overline{X}_n=\frac{1}{1-p}$$

$$p=\frac{\overline{X}_n-1}{\overline{X}_n}=\frac{50-1}{50}=0.98$$

终止缩聚时的反应程度 p 为 0.98。

（2）如果有 0.5% 丁二醇脱水，则：

$$r=\frac{1\times(1-0.5\%)}{1}=0.995$$

$$\overline{X}_n=\frac{1+r}{1+r-2rp}=\frac{1+0.995}{1+0.995-2\times0.995\times0.98}=44.53$$

所以得到的聚合物的分子量为：

$$\overline{M}_n=\left(\frac{\overline{X}_n}{2}\right)\times200=4453$$

（3）可以通过提高反应程度、补偿丁二醇脱水损失，从而获得同一 $\overline{M}_n$ 的缩聚物。

根据

$$\overline{X}_n=\frac{1+r}{1+r-2rp}=\frac{1+0.995}{1+0.995-2\times0.995\times p}=50$$

得　　　　　　　　　　　　　$p=0.982$

当反应程度增加到 0.982 时，可以补偿丁二醇脱水损失，从而获得同一 $\overline{M}_n$ 的缩聚物。

（4）若混合物中羧基为 2mol，其中 1.0% 为醋酸，要获得 $M_n=5000$ 时，所需的反应程度 p 可以根据下述方法进行计算。

$$\bar{f}=\frac{2\times2}{1+0.99+0.02}=1.99$$

$$\overline{X}_n=\frac{2}{2-\bar{f}p}=50$$

得　　　　　　　　　　　　　$p=0.985$

计算题【2-6】　166℃ 乙二醇与己二酸缩聚，测得不同时间下的羧基反应程度如下：

时间 t/min	12	37	88	170	270	398	596	900	1370
羧基反应程度 p	0.2470	0.4975	0.6865	0.7894	0.8500	0.8837	0.9084	0.9273	0.9406

（1）求对羧基浓度的反应级数，判断自催化或酸催化；

（2）求速率常数，以浓度 $[COOH]$（$mol\cdot kg^{-1}$ 反应物）计，$[OH]_0=[COOH]_0$。

解 （1）可采用试差法进行计算，假设该反应为外加酸催化反应，则 $1/(1-p)=k'c_0t+1$。

以 $1/(1-p)$ 对时间 t 作图，如下图所示，从图中可见，$1/(1-p)$ 和时间之间不存在线性关系，由此可见该反应不是酸催化反应。

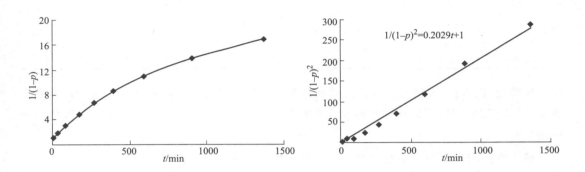

（2）假设该反应为自催化反应中的三级反应，则 $1/(1-p)^2=2kc_0^2t+1$。

以 $1/(1-p)^2$ 对 t 作图，如上图所示，从图中可见，$1/(1-p)^2$ 和时间之间存在线形关系，由此可见原假设正确，该反应是自催化反应三级反应。图中直线的斜率为 $2kc_0^2$。

已知：$[OH]_0=[COOH]_0=c_0$，则 $2kc_0^2=0.2029$

$$k=\left(\frac{0.1014}{c_0^2}\right) \text{kg}^2 \cdot \text{mol}^{-2} \cdot \text{s}^{-1}$$

计算题【2-7】 在酸催化和自催化聚酯化反应中，假定 $k'=10^{-1}\text{kg} \cdot \text{eq}^{-1} \cdot \text{min}^{-1}$，$k=10^{-3}\text{kg}^2 \cdot \text{eq}^{-2} \cdot \text{min}^{-1}$，$[N_a]_0=10\text{eq} \cdot \text{kg}^{-1}$（eq 为当量），反应程度 $p=0.2$、0.4、0.6、0.8、0.9、0.95、0.99、0.995，试计算：（1）基团 a 未反应的概率 $[N_a]/[N_a]_0$；（2）数均聚合度 $\overline{X}_n$；（3）所需的时间 t。

解 从反应速率常数的单位可以得知酸催化为 2 级反应，自催化为 3 级反应。不同反应程度下基团的未反应概率、数均聚合度及所需的反应时间根据下列公式计算，结果如下表所示。

（1）基团 a 未反应的概率：
$$\frac{[N_a]}{[N_a]_0}=1-p$$

（2）数均聚合度：
$$\overline{X}_n=\frac{1}{1-p}$$

（3）酸催化所需的时间：
$$t=\frac{\dfrac{1}{1-p}-1}{k'c_0}$$

自催化所需的时间：
$$t=\frac{\dfrac{1}{(1-p)^2}-1}{2kc_0^2}$$

p	$[N_n]/[N_n]_0$	$\overline{X}_n$	$t/\min$	
			酸催化	自催化
0.2	0.8	1.25	0.25	2.8125
0.4	0.6	1.67	0.67	8.89
0.6	0.4	2.5	1.5	26.25
0.8	0.2	5	4	120
0.9	0.1	10	9	495
0.95	0.05	20	19	1995
0.99	0.01	100	99	49995
0.995	0.005	200	199	199995

计算题【2-8】　等物质的量乙二醇和对苯二甲酸在 280℃下封管内进行缩聚，平衡常数 $K=4$，求最终 $\overline{X}_n$。另在排除副产物水的条件下缩聚欲得 $\overline{X}_n=100$，问体系中残留水分有多少？

解　在密闭体系中，平衡常数 $K=4$ 时，$\overline{X}_n=\sqrt{K}+1=3$

在排水体系中，欲得 $\overline{X}_n=100$，有：

$$\overline{X}_n=\frac{1}{1-p}=\sqrt{\frac{K}{pn_w}}\approx\sqrt{\frac{K}{n_w}}=100$$

$$n_w=4\times10^{-4}\ \mathrm{mol\cdot L^{-1}}$$

体系中残留水分为 $4\times10^{-4}\mathrm{mol\cdot L^{-1}}$。

计算题【2-9】　等物质的量二元醇和二元酸缩聚，另加醋酸 1.5%，$p=0.995$ 或 0.999 时，聚酯的聚合度为多少？

解　设二元醇的物质的量为 1mol，二元酸的物质的量为 1mol，则醋酸的物质的量为 0.015mol。可采用以下两种方法计算聚合度。

【方法一】 当 $p=0.995$ 时，$q=1.5/100=0.015$

$$\overline{X}_n=\frac{q+2}{q+2-2p}=\frac{0.015+2}{0.015+2-2\times0.995}=80.6$$

【方法二】

	二元酸	:	醋酸	:	二元醇
官能度	2	:	1	:	2
物质的量	1	:	0.015	:	1
基团数	2	:	0.015	:	2
合计	2.015			:	2

羧基总物质的量为 2.015mol，羟基总物质的量为 2mol，由于羧基过量，因此以羟基进行计算，该体系的平均官能度为：

$$\overline{f}=\frac{2\times2}{1+1+0.015}=1.985$$

$$\overline{X}_n=\frac{2}{2-p\overline{f}}=\frac{2}{2-0.995\times1.985}=80.2$$

2

同理，当 $p=0.999$ 时，$q=\dfrac{1.5}{100}=0.015$

$$\overline{X}_n=\frac{0.015+2}{0.015+2-2\times0.999}=118.5$$

$$\overline{X}_n=\frac{2}{2-p\bar{f}}=\frac{2}{2-0.999\times1.985}=117.8$$

计算题【2-10】　尼龙-1010 是根据尼龙-1010 盐中过量的癸二酸来控制分子量，如果要求分子量为 20000，问 1010 盐的酸值应该是多少？（以 $mgKOH\cdot g^{-1}$ 计）

解　尼龙-1010 重复单元的分子量为 338，有：

$$\overline{X}_n=\frac{2\times10^4}{\dfrac{338}{2}}=118.3$$

假设反应程度 $p=1$，有 $\overline{X}_n=(1+r)/(1+r-2rp)=(1+r)/(1-r)$

$$118.3=\frac{1+r}{1-r}\qquad r=0.983$$

尼龙-1010 盐的结构为 $NH_3^+(CH_2)_{10}NH_3^{+\ -}OOC(CH_2)_8COO^-$，分子量为 374。
由于癸二酸过量，设癸二胺的物质的量为 1mol，则癸二酸的物质的量为：

$$\frac{1}{0.983}=1.017mol$$

则酸值 $=\dfrac{(N_b-N_a)\times M_{KOH}}{N_a\times\dfrac{M_{1010}}{2}}=\dfrac{(1.0173-1)\times56}{0.5\times374}=5.18\times10^{-3}=5.18\ mg\cdot g^{-1}1010$ 盐

计算题【2-11】　己内酰胺在封管内进行开环聚合。按 1mol 己内酰胺计，加有水 0.0205mol，醋酸 0.0205mol，测得产物的端羧基 19.8mmol，端氨基 2.3mmol。从端基数据，计算数均分子量。

解　水能使己内酰胺开环聚合成尼龙-6，其中氨端基与羧端基数相等，并与参加反应的水分子数相等。测得氨基酸为 0.0023mol，因此 $H_2O=-NH_2=-COOH=0.0023mol$。

$$H_2O+x\ \underset{NH}{\overset{}{\diagup\diagdown}}C=O\longrightarrow H[NH(CH_2)_5CO]_x OH$$

醋酸对己内酰胺开环聚合有催化作用，更主要的是能与尼龙-6 的氨端基反应，形成乙酰端基而封端，乙酰端基数与这样形成的羧基数相等。综合结果如下式：

$$CH_3COOH+y\ \underset{NH}{\overset{}{\diagup\diagdown}}C=O\longrightarrow CH_3CO[NH(CH_2)_5CO]_y OH$$

测定的羧基总数 $=0.0198mol$，因此由上述反应形成的羧基数与乙酰端基数、参加反应的醋酸分子数都相等，有 $-COOH=CH_3CO-=CH_3COOH=0.0198-0.0023=0.0175mol$。

合成所得的尼龙-6 的分子数与总羧基数相等（0.0198mol）。己内酰胺分子数 $=x+y=1mol$。各原子团的分子量或原子量如下：$NH(CH_2)_5CO=113$，$H=1$，$OH=17$，$CH_3CO=43$。因此尼龙-6 的数均聚合度为：

$$\overline{M}_n = \frac{m}{\sum n_i} = \frac{1 \times 113 + 0.0023 \times (17+1) + 0.0175 \times (43+17)}{0.0198} = 5762$$

未参加反应的残留水 $= 0.0205 - 0.0023 = 0.0182\text{mol}$

未参加反应的残留醋酸 $= 0.0205 - 0.0175 = 0.003\text{mol}$

氨基和羧基测定值也可能有误差。

计算题【2-12】　等物质的量己二胺和己二酸缩聚，$p = 0.99$ 和 0.995，试画出数量分布曲线和质量分布曲线，并计算数均聚合度和质均聚合度，比较两者分子量分布的宽度。

解　根据 Flory 分布函数：

聚合度为 x 的聚合物的数均分布函数为：$\dfrac{N_x}{N} = p^{(x-1)}(1-p)$

聚合度为 x 的聚合物的质量分布函数为：$m_x = x p^{(x-1)}(1-p)^2$

不同反应程度下数均聚合度分布曲线和质均聚合度分布曲线如图所示，从图中可见反应程度越高，其分子量分布越宽些。

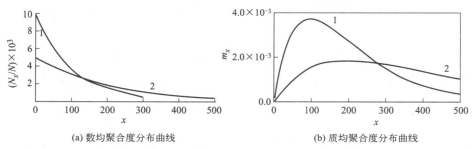

(a) 数均聚合度分布曲线　　　　　　(b) 质均聚合度分布曲线

曲线 1：$p = 0.99$；曲线 2：$p = 0.995$

不同反应程度下数均聚合度、质均聚合度及分子量分布指数如下：

$$p = 0.99 \text{ 时}, \overline{X}_n = \frac{1}{1-p} = 100, \overline{X}_w = \frac{1+p}{1-p} = 199, \frac{\overline{X}_w}{\overline{X}_n} = 1.99$$

$$p = 0.995 \text{ 时}, \overline{X}_n = \frac{1}{1-p} = 200, \overline{X}_w = \frac{1+p}{1-p} = 399, \frac{\overline{X}_w}{\overline{X}_n} = 1.995$$

计算题【2-13】　邻苯二甲酸酐与甘油或季戊四醇缩聚，两种基团数相等，试求：①平均官能度；②按 Carothers 法求凝胶点；③按统计法求凝胶点。

解　(1) 邻苯二甲酸酐与甘油缩聚体系

① 平均官能度

	邻苯二甲酸酐	:	甘油
官能度	2	:	3
物质的量	3	:	2
基团数	6	:	6

$$\bar{f} = \frac{2 \times 3 + 3 \times 2}{3+2} = 2.4$$

② 按 Carothers 法求凝胶点

$$p_c = \frac{2}{\bar{f}} = \frac{2}{2.4} = 0.83$$

③ 按统计法求凝胶点

按 Flory 统计法进行计算：$r=1$，$\rho=1$，$f=3$

$$p_c=\frac{1}{[r+r\rho(f-2)]^{\frac{1}{2}}}=0.707$$

（2）邻苯二甲酸酐与季戊四醇缩聚体系

① 平均官能度

	邻苯二甲酸酐	:	季戊四醇
官能度	2	:	4
物质的量	2	:	1
基团数	4	:	4

$$\bar{f}=\frac{2\times2+4\times1}{2+1}=2.67$$

② 按 Carothers 法求凝胶点

$$p_c=\frac{2}{\bar{f}}=0.75$$

③ 按统计法求凝胶点

按 Flory 统计法进行计算：$r=1$，$\rho=1$，$f=4$

$$p_c=\frac{1}{[r+r\rho(f-2)]^{\frac{1}{2}}}=0.577$$

计算题【2-14】 分别按 Carothers 法和 Flory 统计法计算下列混合物的凝胶点：

（1）邻苯二甲酸酐和甘油摩尔比为 1.50∶0.98；

（2）邻苯二甲酸酐、甘油、乙二醇的摩尔比为 1.50∶0.99∶0.002；

（3）邻苯二甲酸酐、甘油、乙二醇的摩尔比为 1.50∶0.500∶0.700。

解 （1）邻苯二甲酸酐和甘油摩尔比为 1.50∶0.98 的体系

	邻苯二甲酸酐	:	甘油
官能度	2	:	3
物质的量	1.5	:	0.98
基团数	3	:	2.94

采用 Carothers 法计算时，由于羧基过量，故按羟基进行计算，体系平均官能度为：

$$\bar{f}=\frac{2\times3\times0.98}{1.5+0.98}=2.371$$

按 Carothers 法计算凝胶点为：

$$p_c=\frac{2}{\bar{f}}=0.844$$

采用 Flory 统计法进行计算时，$r=\frac{3\times0.98}{2\times1.5}=\frac{2.94}{3.0}=0.98$，$\rho=1$，$f=3$

$$p_c=\frac{1}{[r+r\rho(f-2)]^{\frac{1}{2}}}=0.714$$

（2）邻苯二甲酸酐、甘油、乙二醇的摩尔比为 $1.50 : 0.99 : 0.002$ 的体系

	邻苯二甲酸酐	:	甘油	:	乙二醇
官能度	2	:	3	:	2
物质的量	1.5	:	0.99	:	0.002
基团数	3.0	:	2.97	:	0.004
合计	3.0	:		2.974	

采用 Carothers 法计算时，由于羧基过量，故按羟基进行计算，体系平均官能度为：

$$\bar{f} = \frac{2 \times 2.974}{1.5 + 0.99 + 0.002} = 2.387$$

按 Carothers 法：

$$p_c = \frac{2}{f} = \frac{2}{2.387} = 0.838$$

采用 Flory 统计法进行计算时，$f = 3$

$$r = \frac{3 \times 0.99 + 2 \times 0.002}{2 \times 1.5} = \frac{2.974}{3.0} = 0.991$$

$$\rho = \frac{3 \times 0.99}{3 \times 0.99 + 2 \times 0.002} = 0.999$$

$$p_c = \frac{1}{[r + r\rho(f-2)]^{\frac{1}{2}}} = 0.71$$

（3）邻苯二甲酸酐、甘油、乙二醇的摩尔比为 $1.50 : 0.500 : 0.700$ 的体系

	邻苯二甲酸酐	:	甘油	:	乙二醇
官能度	2	:	3	:	2
物质的量	1.5	:	0.5	:	0.7
基团数	3.0	:	1.5	:	1.4
合计	3.0	:		2.9	

采用 Carothers 法计算时，由于羧基过量，故按羟基进行计算，体系平均官能度为：

$$\bar{f} = \frac{2 \times 2.9}{1.5 + 0.500 + 0.700} = 2.148$$

按 Carothers 法：

$$p_c = \frac{2}{f} = \frac{2}{2.148} = 0.931$$

采用 Flory 统计法进行计算时，$f = 3$

$$r = \frac{3 \times 0.500 + 2 \times 0.700}{2 \times 1.5} = \frac{2.9}{3.0} = 0.967$$

$$\rho = \frac{3 \times 0.5}{3 \times 0.500 + 2 \times 0.700} = 0.517$$

$$p_c = \frac{1}{[r + r\rho(f-2)]^{\frac{1}{2}}} = 0.826$$

计算题【2-15】 用乙二胺或二亚乙基三胺使 1000g 环氧树脂（环氧值 0.2）固化，固

化剂按化学计量计算，再多加 10％，问两种固化剂用量应该为多少？

解　乙二胺的分子式为 $NH_2CH_2CH_2NH_2$，其分子量为 60，1mol 乙二胺中含 4mol 可以反应的活泼氢。

根据环氧值的定义，1000g 环氧树脂中的环氧基团的物质的量为（1000/100）× 0.2＝2mol。

因为 1mol 的环氧基团与 1mol 的氢反应，1mol 乙二胺中含 4mol 活泼氢，故所需乙二胺的物质的量＝2/4＝0.5mol。

当固化剂按化学计量计算，再多加 10％时，所需乙二胺用量为 $0.5×60×110\%=33g$。

同理，所需二亚乙基三胺（$H_2NCH_2CH_2NHCH_2CH_2NH_2$，分子量 103）用量＝$\dfrac{2}{5}×103×110\%=45g$。

计算题【2-16】　AA、BB、A_3 混合体系进行缩聚，$N_{A0}=N_{B0}=3.0$，A_3 中 A 基团数占混合物中 A 总数（ρ）的 10％，试求 $p=0.970$ 时的 $\overline{X}_n$ 及 $\overline{X}_n=200$ 时的 p。

解　$N_{A0}=N_{B0}=3.0$，A_3 中 A 基团数占混合物中 A 总数（ρ）的 10％，则 A_3 中 A 基团数为 0.3mol，A_3 的分子数为 0.1mol，AA 中 A 基团数为 2.7mol，分子数为 1.35mol。

	AA	:	A_3	:	BB
官能度	2	:	3	:	2
物质的量	1.35	:	0.1	:	1.5
基团数	2.7	:	0.3	:	3
合计		3	:	3	

采用 Carothers 计算，此时为等基团数：

$$\overline{f}=\frac{N_Af_A+N_Bf_B+N_Cf_C}{N_A+N_B+N_C}=\frac{3+3}{1.5+1.35+0.1}=2.034$$

$$\overline{X}_n=\frac{2}{2-\overline{f}p}=\frac{2}{2-0.97×2.034}=74$$

当 $\overline{X}_n=200$ 时：

$$\overline{X}_n=\frac{2}{2-p\overline{f}}=\frac{2}{2-2.034p}=200$$

$$p=0.978$$

计算题【2-17】　2.5mol 邻苯二甲酸酐、1mol 乙二醇、1mol 甘油体系进行缩聚，为控制凝胶点需要，在聚合过程中定期测定树脂的熔点、酸值（$mgKOH·g^{-1}$ 试样）、溶解性能。试计算反应至多少酸值时会出现凝胶。

解

	邻苯二甲酸酐	:	甘油	:	乙二醇
官能度	2	:	3	:	2
物质的量	2.5	:	1	:	1
基团数	5	:	3	:	2
合计		5	:	5	

反应的官能团等物质的量：

$$\bar{f} = \frac{1 \times 2 + 1 \times 3 + 2.5 \times 2}{1 + 1 + 2.5} = \frac{10}{4.5} = 2.22$$

按 Carothers 方程计算，$p_c = \dfrac{2}{\bar{f}} = 0.9$

按 Flory 方程计算时，$f = 3$，$r = 1$，$\rho = \dfrac{N_0 f_0}{N_0 f_0 + N_a f_0} = \dfrac{3 \times 1}{3 \times 1 + 2 \times 1} = 0.6$

$$p_c = \frac{1}{[r + \rho r (f-2)]^{\frac{1}{2}}} = 0.7906$$

因此该体系的凝胶点为：$[0.7906, 0.9]$

以 $p_c = 0.9$ 计，起始反应羧基物质的量为 $2.5 \times 2 = 5\text{mol}$，反应掉的羧基物质的量为 $2.5 \times 2 \times 0.9 = 4.5\text{mol}$，剩余羧基物质的量为 0.5mol，体系总重 524g，每克树脂含羧基物质的量约为 $0.5/524 = 9.5 \times 10^{-4}\,\text{mol} \cdot \text{g}^{-1}$，需要的 KOH 的克数即酸值为 $9.5 \times 10^{-4} \times 56.1 \times 10^3 = 53.3\,(\text{mgKOH/g 试样})$。

以 $p_c = 0.7906$ 可作相似的计算，得体系酸值为 $112.1\,(\text{mgKOH} \cdot \text{g}^{-1}\text{ 试样})$。

因此该体系出现凝胶点的酸值介于 $[53.3, 112.1]\,(\text{mgKOH} \cdot \text{g}^{-1}\text{ 试样})$。

【注】酸值是指中和 1g 树脂中游离酸所需的 KOH 毫克数，通常表示为 $\text{mgKOH} \cdot \text{g}^{-1}$ 试样。

计算题【2-18】　醇酸树脂的配方为：1.21mol 季戊四醇、0.50mol 邻苯二甲酸酐、0.49mol 丙三羧酸 $C_3H_5(COOH)_3$，能否不产生凝胶而反应完全？

解

	邻苯二甲酸酐	:	丙三羧酸	:	季戊四醇
官能度	2	:	3	:	4
物质的量	0.5	:	0.49	:	1.21
基团数	1.0	:	1.47	:	4.84
合计		2.47		:	4.84

总羧基数为 2.47，总羟基数为 4.84，故羟基数过量，体系的平均官能度为：

$$\bar{f} = \frac{2 \times 2.47}{1.21 + 0.5 + 0.49} = 2.245 > 2$$

$$p_c = \frac{2}{2.245} = 0.89$$

该体系在反应过程中会产生凝胶，控制反应程度小于 0.89 时，反应不产生凝胶。

2.5　提要

（1）缩聚反应　缩聚是缩合聚合的简称，属于官能团单体经过多次缩合而聚合成聚合物的反应。单体分子中官能团数称作官能度。2 或 2-2 官能度单体体系进行线形缩聚，分子量是其重要控制指标。多官能度单体进行体形缩聚，凝胶点是控制指标。

许多合成聚合物是缩聚物，如纤维素、蛋白质等天然高分子，硅酸盐等无机高分子也是缩聚物。

（2）**线形缩聚机理** 线形缩聚与成环是竞争反应，有成六元环倾向的单体不利于线形缩聚。线形缩聚具有逐步机理特征，有些还可逆平衡。逐步特征反映在：缩聚过程早期单体聚合成二、三、四聚体等齐聚物，齐聚物之间可以进一步相互反应，在短时间内，单体转化率很高，基团的反应程度却很低，聚合度缓慢增加，直至反应程度很高（>98%）时，聚合度才增加到希望值。在缩聚过程中，体系由分子量递增的系列中间产物组成。对于平衡常数小的缩聚反应，须加温减压，促使反应向缩聚物方向移动，提高反应程度，保证高聚合度。

（3）**线形缩聚中的副反应** 有因热分解的基团消去反应，水解、醇解、氨解等化学降解逆反应，分子链间的交换反应等副反应，影响缩聚的正常进行。

（4）**官能团等活性概念** 在同系列单体中，碳原子数为1～3时，活性有所降低；继续增大后，活性不变，这称作等活性概念，每步反应的活化能和速率常数也不变，成为处理缩聚动力学的基础。直至最后，分子量增得很大后，链段运动都困难，活性才减弱。

（5）**线形聚酯化动力学** 分成不可逆和可逆两种条件。在不可逆条件下，外加酸作催化剂，聚酯化动力学为二级反应；无外加酸自催化的条件下，动力学行为主要是三级反应，也可能出现二级半反应，随转化率而变。速率常数随温度而增加，符合 Arrhenius 规律。可逆条件下，须考虑副产物的存在对缩聚速率的影响。

二级反应：$-\dfrac{\mathrm{d}c}{\mathrm{d}t}=k'c^2$ $\qquad \dfrac{1}{1-p}=\overline{X}_n=k'c_0 t+1$

三级反应：$-\dfrac{\mathrm{d}c}{\mathrm{d}t}=kc^3$ $\qquad \dfrac{1}{(1-p)^2}=\overline{X}_n^2=2kc_0^2 t+1$

二级半反应：$-\dfrac{\mathrm{d}c}{\mathrm{d}t}=kc^{5/2}$ $\qquad \dfrac{1}{(1-p)^{3/2}}=(\overline{X}_n)^{3/2}=\dfrac{3}{2}kc_0^{3/2}t+1$

（6）**线形缩聚物的聚合度** 平衡常数 K、反应程度 p、基团数比 r 是影响缩聚物聚合度的三大因素。在充分保证平衡向缩聚方向移动和足够反应程度的条件下，两基团数比就成为聚合度的控制因素。

反应程度的影响： $\qquad \overline{X}_n=\dfrac{1}{1-p}$

平衡常数的影响：

完全平衡 $\qquad \overline{X}_n=\dfrac{1}{1-p}=\sqrt{K}+1$

部分平衡 $\qquad \overline{X}_n=\dfrac{1}{1-p}=\sqrt{\dfrac{K}{pn_w}}\approx\sqrt{\dfrac{K}{n_w}}$

反应程度和基团数比的综合影响：$\overline{X}_n=\dfrac{1+r}{1+r-2rp}$

2-2 官能度体系或 2 官能度体系加单官能度物质： $r=\dfrac{N_a}{N_b+2N_b'}$

2-2 官能度体系中某单体过量： $r=\dfrac{N_a}{N_b}$

（7）**线形缩聚物的分子量分布** 用统计法可以推导出分子量数量分布函数和质量分布函数，进一步可求出数均分子量、质均分子量和分子量分布指数。

$$N_x = N_0 p^{x-1}(1-p)^2 \qquad\qquad \overline{X}_n = \frac{1}{1-p}$$

$$W_x = \frac{xN_x}{N_0} = xp^{x-1}(1-p)^2 \qquad \overline{X}_w = \frac{1+p}{1-p}$$

$$\frac{\overline{X}_w}{\overline{X}_n} = 1+p \approx 2$$

（8）体形缩聚和凝胶点　凝胶点是体形缩聚中开始产生交联的临界反应程度，可由体系黏度突变来测定，用 Carothers 法理论预测结果比实测值大，而用 Flory 统计法的理论预测结果则比实测值小。

Carothers 法：$p_c = \dfrac{2}{f}$

Flory 统计法：$p_c = \dfrac{1}{[r + r\rho(f-2)]^{\frac{1}{2}}}$

（9）逐步聚合热力学和动力学特征　缩聚的聚合热小，活化能高，降低温度有利于平衡向聚合方向移动。聚合速率常数与温度关系服从 Arrhenius 规律，为了保证一定的聚合速率，须在适当高的温度下聚合。

（10）逐步聚合方法　有熔融聚合、溶液聚合、界面聚合、固相聚合四种方法，以前两种方法为主，固相聚合为辅，工业上界面聚合只限于聚碳酸酯的合成。

（11）聚酯　聚酯有许多品种。涤纶聚酯是最主要的品种，属于半芳族聚酯。有两种合成方法：①高纯对苯二甲酸可与乙二醇直接酯化；②一般先与甲醇进行甲酯化，而后缩聚。两种方法的后期都需要在高温、高度减压条件下脱除乙二醇，以提高反应程度，保证聚合度。

脂族聚酯主要用作聚氨酯的预聚物和生物可降解产品。全芳族聚酯属于高性能聚合物，有些是溶致性液晶高分子。不饱和聚酯是由马来酸酐、邻苯二甲酸酐、二元醇共聚而成的结构预聚物，再加苯乙烯稀释，即成树脂商品，进一步用来制备增强塑料。醇酸树脂是甘油、邻苯二甲酸酐、干性油缩聚而成，属于无规预聚物，主要用作溶剂型涂料。

（12）聚碳酸酯　工业上常用的双酚 A 聚碳酸酯有 2 种合成方法：一是酯交换法，由双酚 A 与碳酸二苯酯经酯交换反应而成，原理与涤纶的合成相似；另一是界面缩聚法，由双酚 A 的钠盐水溶液与光气的二氯甲烷溶液在两相界面上反应而成，三级胺作催化剂和氯化氢吸收剂，少量苯酚用作封端剂，控制分子量。

（13）聚酰胺　聚酰胺的品种很多，其中尼龙-66 产量最大。以己二胺和己二酸为单体，先中和成 66 盐，而后缩聚而成，缩聚后期也需要减压脱水，只是比合成涤纶聚酯时的要求低。尼龙-6 由己内酰胺开环聚合而成，纤维用品种以水和酸作引发剂，模内浇铸尼龙则以碱金属作引发剂。尼龙-2 到尼龙-13 都曾被研究过，由内酰胺开环聚合或氨基酸缩聚来合成。芳族聚酰胺是高性能聚合物，有些是溶致性液晶高分子，合成条件比较苛刻。

（14）聚酰亚胺和高性能聚合物　在特殊场合下应用的耐高温聚合物可称为高性能聚合物，包括聚酰亚胺类、聚苯并咪唑类，以及一些梯形聚合物，这类聚合物主链中往往兼有芳杂环和酰胺类极性基团，增加了刚性和分子间力。一般需要 4 官能度单体。聚合分成 2 阶段：先预聚，使其中 2 官能团缩聚成可溶可熔的线-环预聚物，经成型，再使残留官能团反应，交联固化。

（15）聚氨酯　是氨基甲酸的酯类，通常由二异氰酸酯和二（或多）元醇来合成，是聚加成反应的代表，属于逐步机理，但反应迅速。聚氨酯应用面甚广，包括涂料、黏结剂、弹性纤维、弹性体、软硬泡沫。二异氰酸酯和二元胺反应则成聚脲，可制弹性纤维。

（16）环氧树脂　环氧树脂由环氧氯丙烷和双酚 A 来合成，属于结构预聚物，分子链中含有环氧端基和侧羟基，可用伯胺在室温交联固化，用叔胺催化中温固化，或用酸酐高温固化。环氧树脂主要用作黏结剂和制备增强塑料。

（17）聚苯醚　由 2,6-二甲基苯酚经氧化偶合而成，三级胺类作催化剂。聚苯醚可在 190℃ 长期使用，通常与聚苯乙烯类共混，用作工程塑料。

（18）聚芳砜　由双酚 A 和二氯二苯砜经傅-克缩聚反应而成，$T_g=190℃$，含砜基团（—SO_2—），耐氧化，属于优良的工程塑料。合成聚砜和聚碳酸酯用的双酚 A 的纯度要求高，不应含有单酚和三酚。

（19）聚苯硫醚　商业上多由 p-二氯苯与硫化钠经 Wurtz 反应来合成，反应属离子机理，但具逐步特性。聚苯硫醚属于结晶性聚合物，$T_g=85℃$，$T_m=285℃$，耐溶剂，可在 220℃ 长期使用。

（20）酚醛树脂　碱、酸两类催化剂均可使苯酚和甲醛加成缩聚，相应有两类预聚物，但反应机理有些差别。碱催化时，酚/醛摩尔比约 6:7，醛量较多，足可以交联。先形成系列酚醇的无规预聚物，即 resoles，控制在凝胶点前某一反应程度，所谓 A 阶段或 B 阶段，加酸中和冷却，防止交联。而后用作黏结剂和层压制品，加热后再交联固化，即成 C 阶段。酸催化酚醛树脂是热塑性结构预聚物，即 novolacs，酚/醛摩尔比约 6:5，酚过量，醛较少，不足以交联，树脂合成阶段，不至于固化。树脂与木粉填料、六甲基四胺（相当于甲醛）等混合，用来制备模塑粉，再热压成型。

（21）氨基树脂　主要有脲醛树脂和三聚氰胺树脂两种，由尿素或三聚氰胺与甲醛加成缩合而成，聚合宜在微碱性条件下进行，以防交联。氨基树脂可用作黏结剂，制备浅色塑料制品。

（22）结构预聚物、无规预聚物　结构预聚物本身一般不能交联固化。第二阶段成型时，须加催化剂或其他反应性的物质。如环氧树脂、酸催化酚醛树脂等。无规预聚物通常为体型缩聚反应在线形聚合阶段后期结束反应后得到的产物，进一步加热就可以完成交联固化过程。如脲醛树脂、碱催化酚醛树脂。

3 自由基聚合

3.1 本章重点与难点

3.1.1 重要术语和概念

聚合上限温度，聚合热，引发剂，诱导期，半衰期，引发剂效率，诱导分解，笼蔽效应，偶合终止，歧化终止，自动加速效应，动力学链长，链转移剂，阻聚剂，自由基寿命，可控和"活性"自由基聚合，原子转移自由基聚合。

3.1.2 重要公式

① 聚合上限温度：

$$T_c = \frac{\Delta H}{\Delta S}$$

② 引发剂分解动力学：

$$\ln \frac{[I]}{[I_0]} = -k_d t \qquad t_{1/2} = \frac{\ln 2}{k_d} = \frac{0.693}{k_d}$$

③ 微观聚合动力学方程：

$$R_p = k_p \left(\frac{f k_d}{k_t}\right)^{1/2} [I]^{1/2} [M]$$

$$\ln \frac{[M]_0}{[M]} = \ln \frac{1}{1-C} = k_p \left(\frac{f k_d}{k_t}\right)^{1/2} [I]^{1/2} t$$

④ 动力学链长：

$$\nu = \frac{k_p}{(2k_t)^{1/2}} \times \frac{[M]}{R_i^{1/2}} = \frac{k_p}{2(f k_d k_t)^{1/2}} \times \frac{[M]}{[I]^{1/2}}$$

⑤ 平均聚合度 $\bar{X}_n$：

$$\frac{1}{\bar{X}_n} = \frac{\frac{C}{2} + D}{\nu} + C_M + C_I \frac{[I]}{[M]} + C_S \frac{[S]}{[M]}$$

偶合终止

$$\frac{1}{\bar{X}_n} = \frac{1}{2\nu} + C_M + C_I \frac{[I]}{[M]} + C_S \frac{[S]}{[M]}$$

歧化终止

$$\frac{1}{\bar{X}_n} = \frac{1}{\nu} + C_M + C_I \frac{[I]}{[M]} + C_S \frac{[S]}{[M]}$$

3.1.3　难点

自由基聚合反应历程、聚合反应速度、分子量及其分布、自动加速效应、阻聚和缓聚。

3.2　例题

例【3-1】　下列单体分别能进行何种类型的聚合反应？并解释原因。

CH_2＝$CHOR$　　　CH_2＝$C(CH_3)_2$　　　CH_2＝$CHCl$　　　CH_2＝CCl_2

CH_2＝$CHNO_2$　　　CH_2＝$CH(C_6H_5)$　　　CH_2＝$CHCH_3$

解　CH_2＝$CHOR$，只能进行阳离子聚合，因为—OR 基是推电子基团，并且具有较强的推电性。

CH_2＝$C(CH_3)_2$ 只能进行阳离子聚合，因为两个甲基都是推电子基团，有利于双键电子云密度增加和阳离子的进攻。

CH_2＝$CHCl$ 只能进行自由基聚合，因为 Cl 原子是吸电子基团，也有共轭效应，但均较弱。

CH_2＝CCl_2 能进行自由基聚合和阴离子聚合，因为两个—Cl 使诱导效应增强。

CH_2＝$CHNO_2$ 只能进行阴离子聚合，因为—NO_2 的吸电性过强。

CH_2＝$CH(C_6H_5)$ 能进行自由基、阳离子、阴离子聚合，因为共轭体系中电子流动性较大，易诱导极化。

CH_2＝$CHCH_3$ 不能进行自由基、阳离子、阴离子聚合，只能进行配位聚合，因为一个甲基（—CH_3）供电性弱，不足以使丙烯进行阳离子聚合。

例【3-2】　指出下列单体聚合反应热（$-\Delta H$）的大小顺序：乙烯、丙烯、异丁烯、苯乙烯、α-甲基苯乙烯、氯乙烯、四氟乙烯，并解释原因。

解　烯类单体中取代基的位阻效应、共轭效应、基团的电负性以及氢键对聚合热有较大的影响。①取代基的共轭效应使聚合热降低；②取代基的位阻效应使聚合热降低；③与乙烯相比，强电负性的取代基（—F、—Cl）使聚合热升高。

从③以及 F 的电负性大于 Cl 的电负性，得到四氟乙烯、氯乙烯、乙烯聚合反应热（$-\Delta H$）的大小顺序：四氟乙烯＞氯乙烯＞乙烯。

苯环具有共轭效应，甲基具有超共轭效应，苯环的位阻大于甲基，结合①、②得到聚合反应热（$-\Delta H$）的大小顺序为：乙烯＞丙烯＞苯乙烯＞异丁烯＞α-甲基苯乙烯。

综合得到聚合反应热（$-\Delta H$）的大小顺序为：四氟乙烯＞氯乙烯＞乙烯＞丙烯＞异丁烯＞苯乙烯＞α-甲基苯乙烯。

例【3-3】　用 ^{14}C 放射性同位素制备的 AIBN 引发合成的聚苯乙烯的平均聚合度为 1.52×10^4。测得 AIBN 在闪烁器中的放射性计数为 $9.81\times10^7 mol^{-1}\cdot min^{-1}$。而 3.22g 聚苯乙烯的放射活性计数为 $203 min^{-1}$。试根据计算确定这一聚合反应的动力学链终止方式。

解　双基终止包括偶合和歧化两种方式。偶合终止中一个大分子带两个引发剂的残基，歧化终止中一个大分子带一个引发剂的残基，因此可以通过大分子中所含有的引发剂的残基数来确定聚合反应的终止方式。

根据题意，聚苯乙烯的平均聚合度为 1.52×10^4，则 3.22g 聚苯乙烯中大分子的个数为 $3.22/(104 \times 1.52 \times 10^4) \times 6.02 \times 10^{23} = 2.04 \times 10^{-6} \times 6.02 \times 10^{23} = 1.2 \times 10^{18}$ 个 PS 的分子。因为 AIBN 残基的放射性计数为 $9.81 \times 10^7 \text{mol}^{-1} \cdot \text{min}^{-1}$，则放射活性计数为 203min^{-1} 时含有的 AIBN 分子的计数为 $203/(9.81 \times 10^7) \times 6.02 \times 10^{23} = 1.246 \times 10^{18}$ 个，换算成 AIBN 残基数应为 $2 \times 1.246 \times 10^{18} = 2.49 \times 10^{18}$ 个。

从以上数据得知，一个大分子中含有一个 2 个引发剂的残基，所以聚苯乙烯的终止为偶合终止。

例【3-4】　以 BPO 为引发剂，四氯化碳为溶剂，苯乙烯单体聚合生成聚苯乙烯的基本反应以及可能的副反应。

解　引发：

增长：

终止：

可能出现的其他副反应如下。

（1）引发阶段由于笼蔽效应，引发剂可能发生二次分解：

如单体浓度小，溶剂量小，则过氧化二苯甲酰的损失加大。

（2）链增长阶段的竞争反应　对于苯乙烯，在 60℃ 下，$C_I = 0.048 \sim 0.055$，$C_S = 9 \times 10^{-3}$，$C_M = 8.5 \times 10^{-5}$，所以活性链对引发剂、四氯化碳和单体的链转移反应均会出现。其中活性链对四氯化碳溶剂的转移占优势，这是因为 C_I 虽大，但引发剂浓度很小。各反应式如下。

诱导分解：

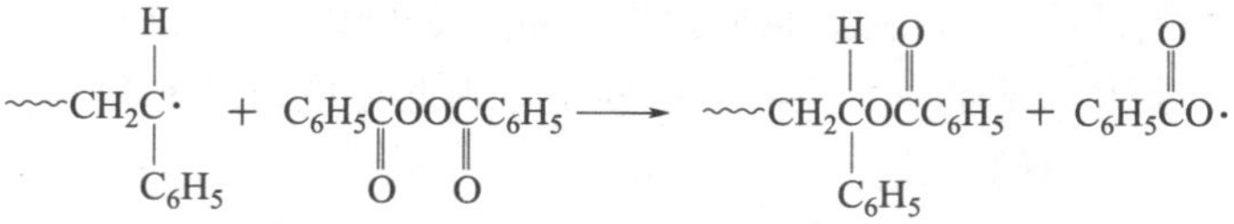

链转移：

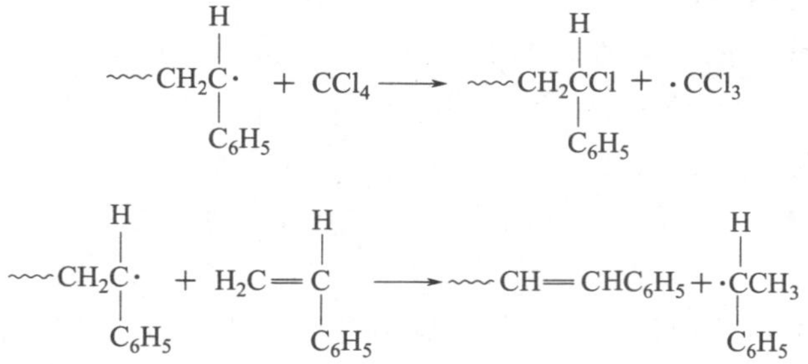

例【3-5】 将数均分子量为 100000 的聚醋酸乙烯酯水解成聚乙烯醇。采用高碘酸氧化聚乙烯醇中的 1,2-二醇键，得到的新聚乙烯醇的 $\overline{X}_n = 200$，计算聚醋酸乙烯酯中头-头结构及头-尾结构的百分数。

解 根据题意有：

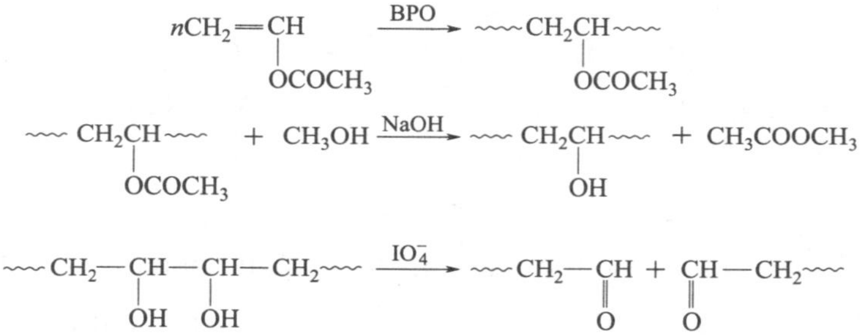

醋酸乙烯酯的分子量＝86.09

聚醋酸乙烯酯的聚合度：$\overline{X}_n = \dfrac{100000}{86.09} = n = 1162$

采用高碘酸氧化后，聚合度由 1162 降到 200，那么一个聚乙烯醇分子被断成 1162/200＝5.81 根链，即一个聚乙烯醇分子具有 4.81 连接点（化学键），则：

头-头结构的百分数＝4.81/1162×100%＝0.4%

头-尾结构的百分数＝1−0.4%＝99.6%

例【3-6】 苯乙烯 60℃ 在苯中聚合，以 BPO 为引发剂，在 60℃ 时 BPO 的 $k_d = 2 \times 10^{-6} \, \mathrm{s}^{-1}$，在 80℃ 时 BPO 的 $k_d = 2.5 \times 10^{-5} \, \mathrm{s}^{-1}$。求：（1）写出 BPO 的分解方程式；（2）求 BPO 在 60℃ 和 80℃ 下的半衰期；（3）求分解活化能；（4）BPO 为何种类型的引发剂。

解 （1）BPO 的分解方程式如下：

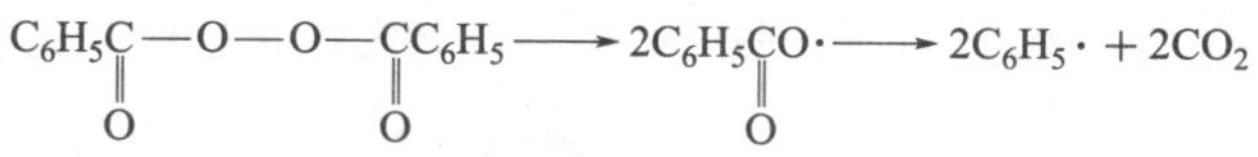

（2）BPO 在 60℃ 和 80℃ 下的半衰期分别为：

$$(t_{1/2})_{60}=\frac{\ln 2}{k_d}=\frac{0.693}{2\times 10^{-6}}=346574s=96.27h$$

$$(t_{1/2})_{80}=\frac{\ln 2}{k_d}=\frac{0.693}{2.5\times 10^{-5}}=27720s=7.7h$$

（3）分解速率常数与分解活化能之间符合 Arrhenius 公式，即：

$$k_d=A_d e^{-\frac{E_d}{RT}}$$

$$\ln k_d=\ln A_d-\frac{E_d}{RT}$$

$$\frac{E_d}{R}=\ln\frac{k_1}{k_2}\times\frac{T_1 T_2}{T_1-T_2}=\ln\frac{2\times 10^{-6}}{2.5\times 10^{-5}}\times\frac{353\times 333}{333-353}=2.526\times\frac{353\times 333}{20}=14846.4$$

$$E_d=14846.4\times 8.31=123373.9J/mol\approx 123.4kJ/mol$$

（4）从半衰期可以看出，BPO 为低活性引发剂。

例【3-7】 苯乙烯在 60℃下、AIBN 存在下引发聚合。测得 $R_p=0.255\times 10^{-4}$ mol · L^{-1} · s^{-1}，$\overline{X}_n=2460$，偶合终止，忽略向单体链转移，问：（1）动力学链长；（2）引发速率？

解 根据平均聚合度的计算公式：

$$\frac{1}{\overline{X}_n}=\frac{C/2+D}{\nu}+C_M+C_I\frac{[I]}{[M]}$$

由于偶合终止，$C=1$，$D=0$，AIBN 引发时诱导分解忽略，故 $C_I=0$，忽略向单体链转移，上式变为：

$$\overline{X}_n=2\nu=2460，\nu=1230$$

根据 $\nu=\dfrac{R_p}{R_i}$，得 $R_i=\dfrac{R_p}{\nu}=\dfrac{0.255\times 10^{-4}}{1230}\approx 2.07\times 10^{-8}$ mol · L^{-1} · s^{-1}

例【3-8】 苯乙烯在 60℃以苯为溶剂、AIBN 为引发剂进行聚合。已知：$k_p=145L$ · mol^{-1} · s^{-1}，$k_t=0.20\times 10^7 L$ · mol^{-1} · s^{-1}，在只有双基偶合终止和无链转移情况下，当单体浓度 $[M]=6.0mol$ · L^{-1}、$\overline{X}_n=2000$ 时，试求：（1）稳态的 R_i 值；（2）若溶液中同时有 CCl_4，其浓度为 $[S]=0.1mol$ · L^{-1}，对四氯化碳的链转移常数 $C_S=90\times 10^{-4}$，求在同样单体浓度时的数均聚合度（忽略向单体转移）。

解 （1）稳态的 R_i 值：

偶合终止时，$\overline{X}_n=2\nu=2000$，$\nu=1000$

$$\nu=\frac{k_p}{(2k_t)^{1/2}}\times\frac{[M]}{R_i^{1/2}}$$

$$R_i=\frac{k_p^2[M]^2}{2k_t\nu^2}=\frac{145\times 145\times 6\times 6}{2\times 0.2\times 10^7\times 1000\times 1000}=1.89\times 10^{-7}$$

（2）链转移存在下的数均聚合度：

$$\frac{1}{\overline{X}_n}=\frac{1}{2\nu}+C_M+C_S\frac{[S]}{[M]}=\frac{1}{2\times 1000}+90\times 10^{-4}\times\frac{0.1}{6}=6.5\times 10^{-4}$$

$$\overline{X}_n = 1538.5$$

例【3-9】　氯乙烯以 AIBN 为引发剂在 50℃下进行悬浮聚合，该温度下引发剂的半衰期 $t_{1/2} = 74h$，引发剂浓度为 $0.01\,mol \cdot L^{-1}$，引发效率 $f = 0.75$，$k_p = 12300L \cdot mol^{-1} \cdot s^{-1}$，$k_t = 21 \times 10^9 L \cdot mol^{-1} \cdot s^{-1}$，$C_M = 1.35 \times 10^{-3} L \cdot mol^{-1} \cdot s^{-1}$，氯乙烯单体的密度为 $0.859g \cdot mL^{-1}$，计算：（1）反应 10h 引发剂的残留浓度；（2）初期聚合反应速度；（3）转化率达 10% 所需要的反应时间；（4）初期生成的聚合物的聚合度；（5）若其他条件不变，引发剂浓度变为 $0.02\,mol \cdot L^{-1}$ 时，初期反应速度、初期聚合度；（6）从上述计算中得到何种启发。

解　（1）反应 10h 引发剂的残留浓度：

$$\ln \frac{[I]}{[I_0]} = -k_d t$$

$$[I] = [I_0] e^{-k_d t} = 0.01 \times e^{-\frac{0.693}{74} \times 10} = 9.1 \times 10^{-3} mol \cdot L^{-1}$$

（2）初期聚合反应速度：

单体浓度　$[M] = \dfrac{0.859 \times 1000}{62.5} = 13.7\,mol \cdot L^{-1}$，

$$k_d = \frac{0.693}{t_{1/2}} = \frac{0.693}{74 \times 3600} = 2.6 \times 10^{-6}$$

$$R_p = k_p \left(\frac{fk_d}{k_t}\right)^{1/2} [I]^{1/2} [M] = 12300 \left(\frac{0.75 \times 2.6 \times 10^{-6}}{21 \times 10^9}\right)^{1/2} 0.01^{1/2} \times 13.7 = 1.62 \times 10^{-4}$$

（3）转化率达 10% 所需要的反应时间，可以采用下列公式进行计算：

$$\ln \frac{1}{1-C} = k_p \left(\frac{fk_d}{k_t}\right)^{1/2} [I]^{1/2} t$$

$$\ln \frac{1}{1-0.1} = 12300 \left(\frac{0.75 \times 2.6 \times 10^{-6}}{21 \times 10^9}\right)^{1/2} 0.01^{1/2} t$$

$$t \approx 8892s \approx 2.47h$$

（4）初期生成的聚合物的聚合度：

设双基终止为偶合终止，$\dfrac{1}{\overline{X}_n} = \dfrac{\frac{C}{2} + D}{\nu} + C_M$

$$\nu = \frac{R_p}{R_i} = \frac{R_p}{2fk_d[I]} = \frac{1.62 \times 10^{-4}}{2 \times 0.75 \times 2.6 \times 10^{-6} \times 0.01} = 4153$$

$$\frac{1}{\overline{X}_n} = \frac{\frac{C}{2} + D}{\nu} + C_M = \frac{1}{4153 \times 2} + 1.35 \times 10^{-3}$$

$$= 1.2 \times 10^{-4} + 1.35 \times 10^{-3}$$

$$= 1.47 \times 10^{-3}$$

$$\overline{X}_n = 680$$

（5）若其他条件不变，引发剂浓度变为 $0.02\,mol \cdot L^{-1}$ 时，初期反应速度、初期聚合度：

$$R_p = k_p \left(\frac{fk_d}{k_t}\right)^{1/2} [I]^{1/2} [M] = 12300 \left(\frac{0.75 \times 2.6 \times 10^{-6}}{21 \times 10^9}\right)^{1/2} 0.01^{1/2} \times 13.7$$

$$=1.62\times10^{-4}$$

$$\frac{R_{p2}}{R_{p1}}=\frac{[I]_2^{1/2}}{[I]_1^{1/2}}=\frac{0.02^{1/2}}{0.01^{1/2}}\sqrt{2}=1.414$$

$$R_{p2}=2.29\times10^{-4}$$

$$\nu=\frac{R_{p2}}{R_i}=\frac{\sqrt{2}R_{p1}}{2fk_d[I]}=\frac{\sqrt{2}\times1.62\times10^{-4}}{2\times0.75\times2.6\times10^{-6}\times0.02}=2936.7$$

$$\frac{1}{\overline{X}_n}=\frac{1}{2936.7\times2}+1.35\times10^{-3}$$

$$=1.7\times10^{-4}+1.35\times10^{-3}$$

$$=1.52\times10^{-3}$$

$$\overline{X}_n=658$$

（6）从计算中可以看出：①当引发剂的半衰期较长时（引发剂的活性较低），引发剂的残留率较大；②聚合时间应该与半衰期具有相同的数量级；③PVC 聚合以向单体的链转移为主，聚合度主要取决于向单体的链转移常数；④PVC 聚合中，通常采用引发剂调节聚合反应速度，采用温度调节分子量。

例【3-10】　若在 1000mL 甲基丙烯酸甲酯中加入 0.242g 过氧化苯甲酰，于 60℃下聚合，反应 1.5h 得聚合物 30g，测得其数均分子量为 831500，已知 60℃过氧化苯甲酰的半衰期为 48h，引发效率 $f=0.8$，$C_I=0.02$，$C_M=0.1\times10^{-4}$，甲基丙烯酸甲酯的密度为 0.93g·mL^{-1}，过氧化苯甲酰分子量为 242。计算：（1）甲基丙烯酸甲酯在 60℃下的 k_p^2/k_t 值；（2）动力学链长 ν；（3）歧化终止和偶合终止所占的比例。

解　（1）甲基丙烯酸甲酯的密度为 0.93g·mL^{-1}。

甲基丙烯酸甲酯的物质的量浓度　$[M]=\dfrac{0.93}{100}\times1000=9.3\text{mol·L}^{-1}$

引发剂浓度　$[I]=\dfrac{0.242/242}{1000}\times1000=0.001\text{mol·L}^{-1}$

$$t_{1/2}=48\text{h}=1.728\times10^5\text{s}$$

分解速率常数　$k_d=\dfrac{0.693}{t_{1/2}}=\dfrac{0.693}{1.728\times10^5}=4\times10^{-6}$

1000mL 甲基丙烯酸甲酯的质量为 $0.93\times1000=930$g，反应 1.5h 得聚合物 30g，根据质量守恒，反应掉单体量 30g，则反应 1.5h 的转化率为 30/930=3.22%，根据：

$$\ln\frac{[M]_0}{[M]}=\ln\frac{1}{1-C}=k_p\left(\frac{fk_d}{k_t}\right)^{1/2}[I]^{1/2}t$$

$$\ln\frac{1}{1-0.0322}=k_p\left(\frac{0.8\times0.001\times4\times10^{-6}}{k_t}\right)^{1/2}\times1.5\times3600$$

$$0.03273=\frac{k_p}{k_t^{1/2}}\times5.66\times10^{-5}\times1.5\times3600$$

$$\frac{k_p}{k_t^{1/2}}=0.1071$$

$$\frac{k_p^2}{k_t}=0.011\text{L}\cdot\text{mol}^{-1}\cdot\text{s}^{-1}$$

（2）动力学链长 ν：

$$R_i=2fk_d[\text{I}]$$

$$R_p=k_p\left(\frac{fk_d}{k_t}\right)^{1/2}[\text{I}]^{1/2}[\text{M}]$$

$$\nu=\frac{R_p}{R_i}=\frac{k_p\left(\frac{fk_d}{k_t}\right)^{1/2}[\text{I}]^{1/2}[\text{M}]}{2fk_d[\text{I}]}=\frac{k_p[\text{M}]}{2(fk_dk_t[\text{I}])^{1/2}}$$

$$=\frac{0.1071\times9.3}{2(0.8\times4\times10^{-6}\times10^{-3})^{1/2}}=8799$$

（3）歧化终止和偶合终止所占的比例：

$$\frac{1}{\overline{X}_n}=\frac{\frac{C}{2}+D}{\nu}+C_M+C_I\frac{[\text{I}]}{[\text{M}]}$$

$$\overline{X}_n=\frac{831500}{100}=8315$$

$$\begin{cases}\dfrac{1}{8315}=\dfrac{\frac{C}{2}+D}{8799}+0.1\times10^{-4}+0.02\times\dfrac{1\times10^{-3}}{9.3}\\C+D=1\end{cases}$$

$$C=0.098,D=0.902$$

偶合终止所占比例为 9.8%，歧化终止所占的比例为 90.2%。

例【3-11】　单体 Z 采用引发剂 W 在 60℃下进行本体聚合，已知单体的浓度 $[\text{M}]=8.3\text{mol}\cdot\text{L}^{-1}$，实验中测定反应为偶合终止，并且反应速度和引发剂浓度之间存在 $R_p=4\times10^{-4}[\text{I}]^{1/2}$ 关系，R_p 和 $\overline{X}_n$ 之间存在如下表所示的关系。试计算：C_M、$k_p/k_t^{1/2}$、fk_d，向引发剂转移重要吗？若重要，如何计算 C_I？

$R_p\times10^3/(\text{mol}\cdot\text{L}^{-1}\cdot\text{s}^{-1})$	0.005	0.01	0.02	0.05	0.1	0.15
$\overline{X}_n$	8350	5550	3330	1317	592	358

解　由于反应速度和引发剂浓度之间存在下列关系 $R_p=4\times10^{-4}[\text{I}]^{1/2}$，故该单体的终止为双基偶合终止，本体聚合中，分子量与聚合度存在下列关系：

$$\frac{1}{\overline{X}_n}=\frac{k_tR_p}{k_p^2[\text{M}]^2}+C_M+C_I\frac{k_tR_p^2}{fk_dk_p^2[\text{M}]^3}$$

根据题意，可以得到 $1/\overline{X}_n$ 和 R_p 关系，如下表及图所示。

$R_p\times10^6/(\text{mol}\cdot\text{L}^{-1}\cdot\text{s}^{-1})$	5	10	20	50	100	150
$(1/\overline{X}_n)\times10^4$	1.2	1.8	3.0	7.6	16.9	27.0

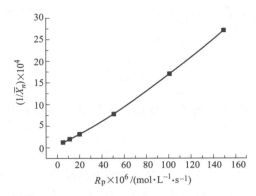

从 $\dfrac{1}{\overline{X}_n}$-$R_p$ 图上可以看出，在 R_p 较低的情况下，上述图形为一直线，截距 $C_M = 5.97 \times 10^{-5}$。

$$\text{斜率} = \frac{k_t}{k_p^2[M]^2} = 12.6 \qquad \frac{k_p}{k_t^{1/2}} = 3.4 \times 10^{-2}$$

$$R_p = k_p \left(\frac{fk_d}{k_t}\right)^{1/2} [I]^{1/2}[M] = 4 \times 10^{-4}[I]^{1/2}$$

将 $k_p/k_t^{1/2}$，$[M]$ 代入上式，得：

$$fk_d = \left(\frac{4 \times 10^{-4}}{3.4 \times 10^{-2} \times 8.3}\right)^2 = 2 \times 10^{-6}\,\text{s}^{-1}$$

从 $\dfrac{1}{\overline{X}_n}$-$R_p$ 图中可以看出，向引发剂的转移还是比较重要的，因为 $\dfrac{1}{\overline{X}_n}$-$R_p$ 图中在 R_p 较高的情况下并不是线形关系。可利用下式计算：

$$\left(\frac{1}{\overline{X}_n} - C_M\right)\frac{1}{R_p} = \frac{k_t}{k_p^2[M]^2} + C_I \frac{k_t R_p}{fk_d k_p^2[M]^3}$$

以 $\left(\dfrac{1}{\overline{X}_n} - C_M\right)\dfrac{1}{R_p}$-$R_p$ 作图，通过斜率计算 C_I。

例【3-12】　单体在储存和运输过程中，常常加入何种阻聚剂，为什么？聚合时采用何种方式消除阻聚剂？如果用含有阻聚剂的单体聚合，将会发生什么后果？

解　单体在储存和运输过程中，为防止其聚合，常常加入对苯二酚作为阻聚剂。聚合前需要先用稀 NaOH 洗涤，随后再用水洗至中性，干燥后减压蒸馏提纯，否则将出现不聚合或有明显的诱导期。

例【3-13】　设计一个实验测定苯乙烯单体的链转移常数 C_M，指出简单的实验条件和求 C_M 的方法。

解　根据下列公式进行实验设计：

$$\frac{1}{\overline{X}_n} = \left(\frac{C}{2} + D\right) \times \frac{2k_t R_p}{k_p^2[M]^2} + C_M + C_I \frac{[I]}{[M]} + C_S \frac{[S]}{[M]}$$

在满足下列实验条件下：
（1）苯乙烯为偶合终止，$C = 1$，$D = 0$；
（2）采用本体聚合，$[S] = 0$；

（3）采用 AIBN，引发剂无诱导效应，$C_I=0$。

上式将变为：

$$\frac{1}{\overline{X}_n}=\frac{k_t R_p}{k_p^2 [M]^2}+C_M$$

改变 [I]，在恒定温度下进行聚合反应，在低转化率下测定聚合反应的 R_p 和 $\overline{X}_n$，以 $\frac{1}{\overline{X}_n}$-R_p 作图，截距为 C_M。

例【3-14】 如何通过实验测定一未知单体的聚合反应是逐步聚合还是连锁聚合机理。

解 可以通过膨胀计法得到转化率与聚合时间的关系。聚合反应初期的转化率随时间变化较大的为逐步聚合，变化较小的为连锁聚合。

例【3-15】 在氯乙烯的自由基聚合中，聚氯乙烯的平均聚合度主要取决于向_____转移的速率常数。（1）溶剂；（2）引发剂；（3）聚合物；（4）单体。

解 答案选（4）。

3.3　思考题及参考答案

思考题【3-1】 烯类单体加聚有下列规律：（1）单取代和 1,1-双取代烯类容易聚合，而 1,2-双取代烯类难聚合；（2）大部分烯类单体能自由基聚合，而能离子聚合的烯类单体却较少。试说明原因。

答 （1）单取代烯类容易聚合原因在于一个取代基的存在往往会降低双键对称性，改变其极性，从而提高单体参加聚合反应的能力。

1,1-双取代烯类在同一个碳原子上有两个取代基，促使极化，易于聚合，但若取代基体积较大，只形成二聚体。1,2-双取代烯由于位阻效应，加上结构对称，极化程度低，一般都难均聚，或只形成二聚体。

（2）乙烯基单体中，C=C π 键兼有均裂和异裂倾向，因此有可能进行自由基或离子聚合。

自由基呈中性，对 π 键的进攻和对自由基增长中的稳定作用并无严格的要求，几乎各种取代基对自由基都有一定的共振稳定作用。所以大部分烯类单体能以自由基聚合。而只有个别带强烈供电基团和吸电基团的烯类单体及共轭烯类单体可进行离子聚合。

思考题【3-2】 下列烯类单体适用于何种机理聚合？自由基聚合、阳离子聚合还是阴离子聚合？并说明原因。

（1）$CH_2=CHCl$　（2）$CH_2=CCl_2$　（3）$CH_2=CHCN$　（4）$CH_2=C(CN)_2$

（5）$CH_2=CHCH_3$　（6）$CH_2=C(CH_3)_2$　（7）$CH_2=CHC_6H_5$

（8）$CF_2=CF_2$　（9）$CH_2=C(CN)COOR$　（10）$CH_2=C(CH_3)-CH=CH_2$

答　可以通过列表说明各单体的聚合机理，如下表：

单体	自由基聚合	阳离子聚合	阴离子聚合	原　因
$CH_2\!=\!CHCl$	+			Cl 原子是吸电子基团，也有共轭效应，但均较弱
$CH_2\!=\!CCl_2$	+		+	两个—Cl 使诱导效应增强
$CH_2\!=\!CHCN$	+		+	CN 为吸电子基团，并有共轭效应，使自由基、阴离子活性种稳定
$CH_2\!=\!C(CN)_2$			+	两个—CN 基团存在使吸电子倾向过强
$CH_2\!=\!CHCH_3$				甲基(CH_3)供电性弱，只能进行配位聚合
$CH_2\!=\!C(CH_3)_2$		+		两个甲基有利于双键电子云密度增加和阳离子的进攻
$CH_2\!=\!CHC_6H_5$	+	+	+	共轭体系中电子流动性较大，易诱导极化
$CF_2\!=\!CF_2$	+			对称结构，但氟原子半径小
$CH_2\!=\!C(CN)COOR$			+	取代基为两个吸电子基(CN 及 COOR)
$CH_2\!=\!C(CH_3)\!-\!CH\!=\!CH_2$	+	+	+	共轭体系中电子流动性较大，易诱导极化

注：+表示能够进行聚合。

思考题【3-3】　下列单体能否进行自由基聚合，并说明原因。

(1) $CH_2\!=\!C(C_6H_5)_2$　(2) $CH_3CH\!=\!CHCOOCH_3$　(3) $CH_2\!=\!C(CH_3)C_2H_5$
(4) $ClCH\!=\!CHCl$　(5) $CH_2\!=\!CHOCOCH_3$　(6) $CH_2\!=\!C(CH_3)COOCH_3$

(7) $CH_3CH\!=\!CHCH_3$　(8) $CF_2\!=\!CFCl$

答　(1) $CH_2\!=\!C(C_6H_5)_2$ 不能进行自由基聚合，因为 1,1-双取代的取代基空间位阻大，只形成二聚体。

(2) $CH_3CH\!=\!CHCOOCH_3$ 不能进行自由基聚合，因为 1,2-双取代，单体结构对称，空间阻碍大。

(3) $CH_2\!=\!C(CH_3)C_2H_5$ 不能进行自由基聚合，两个取代基均为供电基团，只能进行阳离子聚合。

(4) $ClCH\!=\!CHCl$ 不能进行自由基聚合，因为 1,2-双取代，单体结构对称，空间阻碍大。

(5) $CH_2\!=\!CHCOOCH_3$ 能进行自由基聚合，因为—$COOCH_3$ 为吸电子基团，利于自由基聚合。

(6) $CH_2\!=\!C(CH_3)COOCH_3$ 能进行自由基聚合，因为 1,1-双取代，极化程度大，甲基体积小，为供电子基团，而—$COOCH_3$ 为吸电子基团，共轭效应使自由基稳定。

(7) $CH_3CH\!=\!CHCH_3$ 不能进行自由基聚合，因为 1,2-双取代，单体结构对称，空间阻碍大。

(8) $CF_2\!=\!CFCl$ 能进行自由基聚合，F 原子体积小，Cl 有弱吸电子作用。

思考题【3-4】　比较乙烯、丙烯、异丁烯、苯乙烯、α-甲基苯乙烯、甲基丙烯酸甲酯的聚合热，分析引起聚合热差异的原因，从热力学上判断聚合倾向。这些单体能否在 200℃ 正常聚合？判断适用于哪种引发机理聚合？

答　聚合热（$-\Delta H$）：乙烯（$95kJ\cdot mol^{-1}$）、丙烯（$85.8kJ\cdot mol^{-1}$）、异丁烯（$51.5kJ\cdot mol^{-1}$）、苯乙烯（$69.9kJ\cdot mol^{-1}$）、α-甲基苯乙烯（$35.1kJ\cdot mol^{-1}$）、甲基丙烯酸甲酯（$56.5kJ\cdot mol^{-1}$）。从上述数据可以看出聚合热的大小。

一般来说，聚合热越大，聚合反应越容易进行，因此从热力学上判断上述单体的聚合倾向为：乙烯＞丙烯＞苯乙烯＞甲基丙烯酸甲酯＞异丁烯＞α-甲基苯乙烯。

烯类单体取代基的位阻效应、共轭效应、取代基的电负性、氢键等因素对聚合热具有不同程度的影响。其中取代基的位阻效应将使聚合热降低；取代基的共轭和超共轭效应使聚合热降低；强电负性的取代基使聚合热增加；氢键使聚合热降低。

乙烯结构对称，无诱导效应和共轭效应，丙烯取代基为甲基，异丁烯和甲基丙烯酸甲酯为 1,1-双取代，取代基的位阻效应使聚合热下降很多。丙烯和异丁烯上的甲基具有超共轭效应使聚合热降低，苯乙烯和 α-甲基苯乙烯上取代基既有共轭效应，又有位阻效应，使聚合热大大下降。

由于烯类单体聚合时，ΔS 近于定值，约 $-100 \sim -120 \text{J} \cdot \text{mol} \cdot \text{K}^{-1}$，故上述单体聚合的上限温度估计为：

聚合物	乙烯	丙烯	异丁烯	苯乙烯	甲基丙烯酸甲酯	α-甲基苯乙烯
$-\Delta H / \text{kJ} \cdot \text{mol}^{-1}$	95	85.8	51.5	69.9	56.5	35.1
$T_f / \text{℃}$	667～519	585～442	242～156	426～309	292～197.8	78～19.5

从表中可以看出，200℃时，除异丁烯、α-甲基苯乙烯外，其余单体均能正常聚合。

思考题【3-5】　是否所有自由基都可以用来引发烯类单体聚合？试举活性不等的自由基 3～4 例，说明应用结果。

答　不是所有自由基都可以用来引发烯类单体聚合。常见自由基可以按其活性分为 3 类：

① 过于活泼的自由基，如氢自由基和甲基自由基的产生需要很高的活化能，自由基的产生和实施聚合反应都相当困难，很少在聚合反应中使用。

如 $\text{H} \cdot > \cdot \text{CH}_3 > \cdot \text{C}_6\text{H}_5 > \text{R}\overset{\cdot}{\text{C}}\text{H}_2 > \text{R}_2\overset{\cdot}{\text{C}}\text{H} > \text{R}_3\text{C} \cdot$

② 过于稳定的自由基，如苄基自由基和烯丙基自由基的产生非常容易，但是它们不仅无法引发单体聚合，反而常会与别的活泼自由基进行独电子之间的配对成键，相当于阻聚剂。

如 $\text{CH}_2 \!=\! \text{CHCH}_2 \cdot > \text{C}_6\text{H}_5\text{CH}_2 \cdot > (\text{C}_6\text{H}_5)_2\overset{\cdot}{\text{C}}\text{H} > (\text{C}_6\text{H}_5)_3\text{C} \cdot$

③ 中等活性的自由基是引发聚合反应常见的自由基。

如 $\text{R}\overset{\cdot}{\text{C}}\text{HCOR} > \text{R}\overset{\cdot}{\text{C}}\text{HCN} > \text{R}\overset{\cdot}{\text{C}}\text{HCOOR}$

思考题【3-6】　以偶氮二异庚腈为引发剂，写出氯乙烯自由基聚合中各基元反应：链引发、链增长、偶合终止、歧化终止、向单体转移、向大分子转移。

答　链引发：

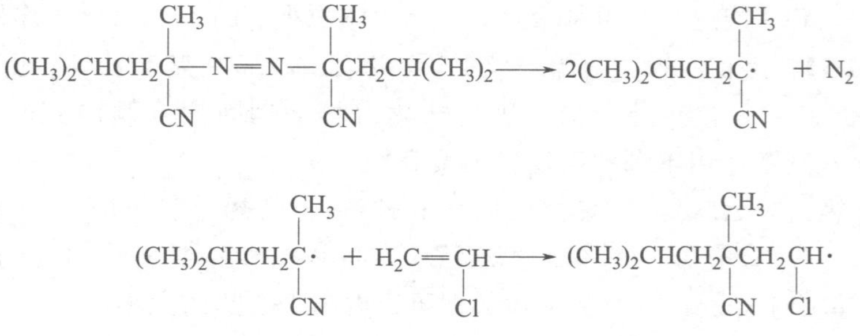

链增长：

$$(CH_3)_2CHCH_2\underset{CN}{\underset{|}{\overset{CH_3}{\overset{|}{C}}}}CH_2\underset{Cl}{\underset{|}{CH}}\cdot + H_2C=\underset{Cl}{\underset{|}{CH}} \longrightarrow (CH_3)_2CHCH_2\underset{CN}{\underset{|}{\overset{CH_3}{\overset{|}{C}}}}CH_2\underset{Cl}{\underset{|}{CH}}CH_2\underset{Cl}{\underset{|}{CH}}\cdot$$

$$\longrightarrow (CH_3)_2CHCH_2\underset{CN}{\underset{|}{\overset{CH_3}{\overset{|}{C}}}}CH_2\underset{Cl}{\underset{|}{CH}}(\underset{Cl}{\underset{|}{CH_2CH}})_n CH_2\underset{Cl}{\underset{|}{CH}}\cdot$$

偶合终止：

$$(CH_3)_2CHCH_2\underset{CN}{\underset{|}{\overset{CH_3}{\overset{|}{C}}}}\sim\sim CH_2\underset{Cl}{\underset{|}{CH}}\cdot + \cdot\underset{Cl}{\underset{|}{CHCH_2}}\sim\sim\underset{CN}{\underset{|}{\overset{CH_3}{\overset{|}{C}}}}CH_2CH(CH_3)_2 \longrightarrow$$

$$(CH_3)_2CHCH_2\underset{CN}{\underset{|}{\overset{CH_3}{\overset{|}{C}}}}\sim\sim CH_2\underset{Cl}{\underset{|}{CH}}-\underset{Cl}{\underset{|}{CHCH_2}}\sim\sim\underset{CN}{\underset{|}{\overset{CH_3}{\overset{|}{C}}}}CH_2CH(CH_3)_2$$

歧化终止：

$$(CH_3)_2CHCH_2\underset{CN}{\underset{|}{\overset{CH_3}{\overset{|}{C}}}}\sim\sim CH_2\underset{Cl}{\underset{|}{CH}}\cdot + \cdot\underset{Cl}{\underset{|}{CHCH_2}}\sim\sim\underset{CN}{\underset{|}{\overset{CH_3}{\overset{|}{C}}}}CH_2CH(CH_3)_2 \longrightarrow$$

$$(CH_3)_2CHCH_2\underset{CN}{\underset{|}{\overset{CH_3}{\overset{|}{C}}}}\sim\sim CH_2\underset{Cl}{\underset{|}{CH_2}} + ClCH=CH\sim\sim\underset{CN}{\underset{|}{\overset{CH_3}{\overset{|}{C}}}}CH_2CH(CH_3)_2$$

向单体转移：

$$(CH_3)_2CHCH_2\underset{CN}{\underset{|}{\overset{CH_3}{\overset{|}{C}}}}\sim\sim CH_2\underset{Cl}{\underset{|}{CH}}\cdot + H_2C=\underset{Cl}{\underset{|}{CH}} \longrightarrow (CH_3)_2CHCH_2\underset{CN}{\underset{|}{\overset{CH_3}{\overset{|}{C}}}}\sim\sim CH_2\underset{Cl}{\underset{|}{CH_2}} + CH_2=\overset{\cdot}{C}Cl$$

向大分子转移：

$$(CH_3)_2CHCH_2\underset{CN}{\underset{|}{\overset{CH_3}{\overset{|}{C}}}}\sim\sim \underset{Cl}{\underset{|}{CH}}\cdot + \sim\sim CH_2\underset{Cl}{\underset{|}{CH}}\sim\sim \longrightarrow (CH_3)_2CHCH_2\underset{CN}{\underset{|}{\overset{CH_3}{\overset{|}{C}}}}\sim\sim \underset{Cl}{\underset{|}{CH_2}} + \sim\sim CH_2\underset{Cl}{\underset{|}{C}}\cdot\sim\sim$$

思考题【3-7】　为什么说传统自由基聚合的机理特征是慢引发、快增长、速终止？在聚合过程中，聚合物的聚合度、转化率，聚合产物中的物种变化趋向如何？

答　自由基聚合机理由链引发、链增长、链终止等基元反应组成，链引发是形成单体自由基（活性种）的反应，引发剂引发由 2 步反应组成，第一步为引发剂分解，形成初级自由基 R·，第二步为初级自由基与单体加成，形成单体自由基。以上 2 步反应动力学行为有所不同。第一步引发剂分解是吸热反应，活化能高，反应速率和分解速率常数小。第二步是放热反应，活化能低，反应速率大，因此总引发速率由第一步反应控制。

链增长是单体自由基打开烯类分子的 π 键，加成，形成新自由基，新自由基的活性并不衰减，继续与烯类单体连锁加成，形成结构单元更多的链自由基的过程。链增长反应活化能低，约 $20 \sim 34 kJ \cdot mol^{-1}$，增长极快。

链终止是自由基相互作用而终止的反应。链终止活化能很低，仅 $8 \sim 21 kJ \cdot mol^{-1}$，甚至低至零。终止速率常数极高，为 $10^6 \sim 10^8 L \cdot mol^{-1} \cdot s^{-1}$。

比较上述三种反应的相对难易程度，可以将传统自由基聚合的机理特征描述成慢引发、快增长、速终止。

在自由基聚合过程中，只有链增长反应才使聚合度增加，增长极快，1s 内就可使聚合度增长到成千上万，不能停留在中间阶段。因此反应产物中除少量引发剂外，仅由单体和聚合物组成。前后生成的聚合物分子量变化不大，随着聚合的进行，单体浓度渐降，转化率逐渐升高，聚合物浓度相应增加。延长聚合时间主要是提高转化率。聚合过程体系黏度增加，将使速率和分子量同时增加。

思考题【3-8】　过氧化二苯甲酰和偶氮二异丁腈是常用的引发剂，有几种方法可以促使其分解成自由基？写出分解反应式。这两种引发剂的诱导分解和笼蔽效应有何特点，对引发剂效率的影响如何？

答　加热和光照两种方法可以促使过氧化二苯甲酰和偶氮二异丁腈分解成自由基。分解反应式如下。

过氧化二苯甲酰：

$$C_6H_5C-O-O-CC_6H_5 \longrightarrow 2C_6H_5CO \cdot \longrightarrow 2C_6H_5 \cdot + 2CO_2$$

偶氮二异丁腈：

$$(CH_3)_2C-N=N-C(CH_3)_2 \longrightarrow 2(CH_3)_2C \cdot + N_2$$

过氧化二苯甲酰容易发生诱导分解，偶氮二异丁腈一般没有或仅有微量诱导分解。偶氮二异丁腈的笼蔽效应有下列副反应：

$$(CH_3)_2C-N=N-C(CH_3)_2 \longrightarrow 2(CH_3)_2C \cdot + N_2 \longrightarrow \begin{cases} (CH_3)_2C-C(CH_3)_2 + N_2 \\ (CH_3)_2C=C-N-C(CH_3)_2 + N_2 \end{cases}$$

过氧化二苯甲酰分解及其副反应更复杂一些，按两步分解，先后形成苯甲酸基和苯基自由基，有可能再反应成苯甲酸苯酯和联苯。

$$C_6H_5C-O-O-CC_6H_5 \rightleftharpoons 2C_6H_5CO \cdot \longrightarrow C_6H_5COO \cdot + C_6H_5 \cdot + CO_2 \longrightarrow 2C_6H_5 \cdot + 2CO_2$$
$$\searrow C_6H_5COOC_6H_5 + CO_2 \qquad C_6H_5-C_6H_5 + 2CO_2$$

诱导分解和笼蔽效应两者都使引发剂引发效率降低。

思考题【3-9】　大致说明下列引发剂的使用温度范围，并写出分解方程式：（1）异丙苯过氧化氢；（2）过氧化十二酰；（3）过氧化碳酸二环己酯；（4）过硫酸钾-亚铁盐；（5）过氧化二苯甲酰-二甲基苯胺。

3

答 (1) 异丙苯过氧化氢,使用温度范围为高温 (>100℃):

$$Ph-\underset{\underset{CH_3}{|}}{\overset{\overset{CH_3}{|}}{C}}-O-OH \longrightarrow Ph-\underset{\underset{CH_3}{|}}{\overset{\overset{CH_3}{|}}{C}}-O\cdot + \cdot OH$$

(2) 过氧化十二酰,使用温度范围为中温 (40~100℃):

$$CH_3(CH_2)_{10}COOC(CH_2)_{10}CH_3 \longrightarrow 2C_{11}H_{23}\overset{\overset{O}{||}}{C}O\cdot$$

(3) 过氧化碳酸二环己酯,使用温度范围为低温 (40~60℃):

$$\bigcirc\overset{\overset{O}{||}}{O}C\overset{\overset{O}{||}}{O}O\bigcirc \longrightarrow 2\bigcirc O\cdot + 2CO_2$$

(4) 过硫酸钾-亚铁盐,使用温度范围为低温 (−10~40℃):

$$S_2O_8^{2-} + Fe^{2+} \longrightarrow SO_4^{2-} + SO_4^- \cdot + Fe^{3+}$$

(5) 过氧化二苯甲酰-二甲基苯胺,使用温度范围为低温 (−10~40℃):

$$C_6H_5\underset{\underset{CH_3}{|}}{\overset{\overset{CH_3}{|}}{N}}: + C_6H_5\overset{\overset{O}{||}}{C}-O-O-\overset{\overset{O}{||}}{C}C_6H_5 \longrightarrow C_6H_5\underset{\underset{CH_3}{|}}{\overset{\overset{CH_3}{|}}{\overset{+}{N}}} + C_6H_5\overset{\overset{O}{||}}{C}O\cdot + C_6H_5\overset{\overset{O}{||}}{C}O^-$$

思考题【3-10】 评述下列烯类单体自由基聚合所选用的引发剂和温度条件是否合理。如有错误,试作纠正。

单体	聚合方法	聚合温度/℃	引发剂
苯乙烯	本体聚合	120	过氧化二苯甲酰
氯乙烯	悬浮聚合	50	偶氮二异丁腈
丙烯酸酯类	溶液共聚	70	过硫酸钾-亚硫酸钠
四氟乙烯	水相沉淀聚合	40	过硫酸钾

答 表中苯乙烯的聚合温度不合理。因为过氧化二苯甲酰的适合温度为 40~100℃,引发苯乙烯聚合时,120℃的聚合温度太高,短期内引发剂分解完。

表中氯乙烯的聚合条件合理。偶氮二异丁腈的适合使用温度为 40~100℃,引发氯乙烯聚合时,若聚合温度在 50℃时是合理的。

丙烯酸酯类的溶液共聚中使用的引发剂和聚合温度不合理。因为丙烯酸酯类的溶液共聚需要油溶性引发剂,聚合过程中选用水溶性氧化还原体系(硫酸钾-亚硫酸钠)作为引发体系,并且在较高的使用温度(70℃)下使用不合理。可换成过氧化二苯甲酰作为引发剂,聚合温度 70℃。

四氟乙烯聚合采用过硫酸钾作引发剂,40℃的聚合温度偏低,应适当提高温度。或者聚合温度不变,采用过硫酸钾-亚硫酸钠作引发体系。

思考题【3-11】 与引发剂引发聚合相比,光引发聚合有何优缺点?举例说明直接光引发、光引发剂引发和光敏剂间接引发的聚合机理。

答 在光的激发下,许多烯类单体能够形成自由基而聚合,称为光引发聚合。光引发聚合的优点表现在:①光强易准确测量,在短时间内(百分之几秒),自由基能随光源及时生灭，实验结果重现性好，常用于聚合动力学研究，测定增长和终止速率常数；②光引发聚合活化能低（20kJ·mol^{-1}），可在室温或较低温度下聚合；③聚合物纯净。光引发聚合的缺点表现在聚合速率相对较慢。

直接光引发：单体吸收一定波长的光量子后成为激发态，而后再分解成自由基而进行的聚合反应称为直接光引发。比较容易进行直接光引发的单体有丙烯酰胺、丙烯腈、丙烯酸、丙烯酸酯。

$$M + h\nu \rightleftharpoons M^* \longrightarrow R\cdot + R'\cdot$$

光引发剂引发：光引发剂吸收光后，分解成自由基而后引发烯类单体聚合。光引发剂包括 AIBN、BPO、安息香和甲基乙烯基酮，如：

$$CH_2=CHCCH_3 \xrightarrow{h\nu,\ 250\sim350nm} CH_2=CHC\cdot + \cdot CH_3$$

光敏剂间接引发：光敏剂吸收光后，本身并不直接形成自由基，而是将吸收的光能传递给单体或引发剂而引发聚合。常用的间接光敏剂如二苯甲酮和荧光素、曙红等染料。方程式表示如下，其中 Z 表示光敏剂，C 表示引发剂或单体，则：

$$Z + h\nu \longrightarrow (Z)^*$$
$$(Z)^* + C \longrightarrow (C)^* + Z$$
$$(C)^* \longrightarrow R\cdot + \cdot R'$$

思考题【3-12】 等离子体对聚合和聚合物化学反应有何作用？传统聚合反应与等离子态聚合有何区别？

答 等离子体是部分电离的气体，可能引发三类反应：直接引发聚合、聚合物化学反应、等离子体态聚合（非传统聚合）。

（1）等离子体可直接引发聚合　等离子体可以直接引发烯类单体进行自由基聚合，或使杂环开环聚合，与传统聚合机理相同，有明确的基元反应和确定的结构单元。但其特征是在气相中引发，在液、固凝聚态中（尤其在表面）增长和终止，对自由基有包埋作用，类似沉淀聚合。

（2）利用等离子体进行聚合物化学反应　高能态的等离子体粒子轰击高分子表面，使链断裂，产生长寿自由基（可达 10 天），而后发生交联、化学反应、刻蚀等，对高分子表面进行处理改性。如提高高分子表面的黏结性、亲水性、抗静电性、吸湿性等。

（3）等离子体态聚合　经高能态的等离子体作用，大多数有机化合物都可能解离成自由基，再进行重排、结合成较大的自由基，最终形成高分子化合物，这种形成高分子的过程不能用传统聚合的基元反应来描述。

思考题【3-13】 推导自由基聚合动力学方程时，做了哪些基本假定？一般聚合速率与引发速率（引发剂浓度）的平方根成正比（0.5 级），是哪一机理（链引发或链终止）造成的？什么条件会产生 0.5～1 级、一级或零级？

答 （1）推导自由基聚合动力学方程时，做了以下三个基本假定。

① 等活性假定：链自由基的活性与链的长短无关，各步链增长速率常数相等。

② 聚合度很大（长链假定）：链引发所消耗的单体远小于链增长所消耗的单体。

③ 稳态假定：自由基的总浓度保持不变，呈稳态。即自由基的生成速率等于自由基

的消耗速率。

（2）聚合速率与引发剂浓度平方根成正比是双基终止的结果。单基和双基终止并存时，则反应级数介于 0.5～1 之间，聚合速率与引发剂浓度呈 0.5～1 级反应。若为单基终止，则聚合速率与引发剂浓度成正比，呈一级反应。若不为引发剂引发，聚合速率与引发剂浓度无关，呈零级反应。

思考题【3-14】 氯乙烯、苯乙烯、甲基丙烯酸甲酯聚合时，都存在自动加速现象，三者有何异同？这三种单体聚合的链终止方式有何不同？氯乙烯聚合时，选用半衰期约 2h 的引发剂，可望接近匀速反应，解释其原因。

答 聚合反应体系黏度随着转化率而升高是产生自动加速现象的根本原因，黏度升高导致大分子链端自由基被非活性的分子链包围甚至包裹，自由基之间的双基终止变得困难，体系中自由基的消耗速率减少而自由基的产生速率却变化不大，最终导致自由基浓度的迅速升高，此时单体的增长速率常数变化不大，其结果是聚合反应速率迅速增大，体系温度升高，其结果又反馈回来使引发剂分解速率加快，这就导致了自由基浓度的进一步升高。

氯乙烯、苯乙烯、甲基丙烯酸甲酯聚合时，都存在自动加速现象，但三者出现自动加速效应的程度不同。氯乙烯的聚合为沉淀聚合，在聚合一开始就出现自动加速现象。苯乙烯是聚苯乙烯的良溶剂，在转化率达到 30% 才开始出现自动加速现象。而 MMA 是 PMMA 的不良溶剂，在转化率达到 10%～15% 时出现自动加速现象。自动加速效应的程度为：氯乙烯＞甲基丙烯酸甲酯＞苯乙烯。

氯乙烯、苯乙烯、甲基丙烯酸甲酯聚合时具有不同的链终止方式。氯乙烯主要以向单体转移终止为主；苯乙烯以偶合终止为主；MMA 偶合终止及歧化终止均有，随温度升高，歧化终止所占比例增加。

自由基聚合速率由两部分组成：①正常速率，随单体浓度降低而逐渐减小；②因凝胶效应而自动加速，如引发剂的半衰期选用得当，可使正常聚合减速部分与自动加速部分互补，达到匀速。氯乙烯悬浮聚合中选用半衰期为 2h 的引发剂可达到此效果，使反应匀速进行。

思考题【3-15】 建立数量和单位概念：引发剂分解、链引发、链增长、链终止诸基元反应的速率常数和活化能，单体、引发剂和自由基浓度，自由基寿命等。剖析和比较微观和宏观体系的链增长速率、链终止速率和总速率。

解 从教材中可查得，$R_i = 10^{-8} \sim 10^{-10} \, \text{mol} \cdot \text{L}^{-1} \cdot \text{s}^{-1}$，增长速率 $R_p \approx 10^{-4} \sim 10^{-6} \, \text{mol} \cdot \text{L}^{-1} \cdot \text{s}^{-1}$，终止速率 $R_t \approx 10^{-8} \sim 10^{-10} \, \text{mol} \cdot \text{L}^{-1} \cdot \text{s}^{-1}$。比较结果可以看出，增长速率远大于引发速率，因此聚合速率由引发速率来控制。增长速率要比终止速率大 3～5 个数量级。这样，才能形成高聚合度的聚合物。

思考题【3-16】 在自由基溶液聚合中，单体浓度增加至 10 倍，求：（1）对聚合速率的影响；（2）数均聚合度的变化。如果保持单体浓度不变，欲使引发剂浓度减半，求：（3）聚合速率的变化；（4）数均聚合度的变化。

答

（1）从速率方程可见，速率与单体浓度成正比，即单体浓度增加至 10 倍，聚合速率也将增加至 10 倍。

$$R_p = k_p \left(\frac{f k_d}{k_t}\right)^{1/2} [I]^{1/2} [M]$$

（2）从下式可见，其他条件不变时，单体浓度增加至 10 倍，数均聚合度也增加至 10 倍。

$$\nu = \frac{k_p}{2(fk_dk_t)^{1/2}} \times \frac{[M]}{[I]^{1/2}}$$

$$\overline{X}_n = \frac{R_p}{\frac{R_{tc}}{2} + R_{td}} = \frac{\nu}{\frac{C}{2} + D}$$

（3）保持单体浓度不变，欲使引发剂浓度减半，则聚合速率变为原来的 0.707 $(\sqrt{2}/2)$ 倍。

（4）若单体浓度不变，而使引发剂浓度减半，分子量是原来的 $\sqrt{2}$ 倍。

思考题【3-17】 动力学链长的定义是什么？与平均聚合度有何关系？链转移反应对动力学链长和聚合度有何影响？试举 2～3 例说明利用链转移反应来控制聚合度的工业应用，试用链转移常数数值来帮助说明。

答 动力学链长：每个活性种从引发到终止所消耗的单体分子数定义为动力学链长。

$$\nu = \frac{R_p}{R_i} = \frac{R_p}{R_t}$$

平均聚合度为每个大分子链上所连接的单体分子数，是增长速率与形成大分子的所有终止速率（包括链转移终止）之比。

$$\overline{X}_n = \frac{R_p}{R_{tp} + \sum R_{tr}}$$

式中，R_{tp} 为双基终止形成大分子速率；R_{tr} 为链转移终止形成大分子速率。当体系无链转移反应时，有 $\overline{X}_n = \frac{\nu}{\frac{C}{2} + D}$。$C$、$D$ 分别为偶合终止和歧化终止的比例。

当体系有链转移反应时，$\dfrac{1}{\overline{X}_n} = \dfrac{\frac{C}{2} + D}{\nu} + C_M + C_I \dfrac{[I]}{[M]} + C_S \dfrac{[S]}{[M]}$

其中，C_M、C_I、C_S 分别是向单体、引发剂、溶剂转移的链转移常数。

链转移反应对动力学链长和平均聚合度具有不同的影响。链转移反应对动力学链长没有影响，因为链转移后，动力学链尚未终止，因此动力学链长应该是每个初级自由基自链引发开始到活性中心真正死亡为止所消耗的单体分子数。但是链转移反应通常使平均聚合度降低。

在实际生产中，常常应用链转移原理控制聚合度，如丁苯橡胶的分子量由十二硫醇来调节，氯乙烯的终止主要是向单体的链转移终止，因此工业上通过温度来调节氯乙烯单体的链转移常数，从而达到调节聚氯乙烯聚合度的目的。

思考题【3-18】 说明聚合度与温度的关系，引发剂条件为：（1）引发剂热分解；（2）光引发聚合；（3）链转移为控制反应。

答 聚合度与温度的关系可以用表征动力学链长或聚合度的综合常数 k' 与温度的关系来描述，即 k' 与温度、活化能之间符合 Arrhenius 方程。

由 $k' = A' e^{-E'/RT}$ 得：$\dfrac{\mathrm{d}\ln k'}{\mathrm{d}T} = \dfrac{E'}{RT^2}$

如果 E' 为负值时，$\dfrac{\mathrm{d}\ln k'}{\mathrm{d}T}<0$。随着温度的升高，$k'$ 下降，聚合度将降低。

如果 E' 为正值时，$\dfrac{\mathrm{d}\ln k'}{\mathrm{d}T}>0$。随着温度的升高，$k'$ 上升，聚合度将上升。

（1）引发剂热分解时，引发速率与动力学链长具有下列关系：

$$\nu=\frac{k_{\mathrm{p}}}{2\,(fk_{\mathrm{d}}k_{\mathrm{t}})^{1/2}}\times\frac{[\mathrm{M}]^{1\sim1.5}}{[\mathrm{I}]^{1/2}}$$

令 $k'=A'\mathrm{e}^{-E/RT}$，得聚合度的表观活化能 E' 与 E_{p}、E_{t}、E_{d} 之间具有下列关系：

$$E'=\left(E_{\mathrm{p}}-\frac{E_{\mathrm{t}}}{2}\right)-\frac{E_{\mathrm{d}}}{2}$$

$k'=\dfrac{k_{\mathrm{p}}}{(k_{\mathrm{d}}k_{\mathrm{t}})^{1/2}}$ 是表征动力学链长或聚合度的综合常数。

取 $E_{\mathrm{p}}=29\mathrm{kJ}\cdot\mathrm{mol}^{-1}$，$E_{\mathrm{t}}=17\mathrm{kJ}\cdot\mathrm{mol}^{-1}$，$E_{\mathrm{d}}=125\mathrm{kJ}\cdot\mathrm{mol}^{-1}$，则 $E'=-42\mathrm{kJ}\cdot\mathrm{mol}^{-1}$，因此当引发剂热分解时，随温度的升高，聚合度下降。

（2）光引发聚合时，引发速率与动力学链长具有下列关系：$\nu=\dfrac{k_{\mathrm{p}}}{2\,(\phi\varepsilon I_{0}k_{\mathrm{t}})^{1/2}}\,[\mathrm{M}]^{1/2}$

光引发时取 $E_{\mathrm{p}}=29\mathrm{kJ}\cdot\mathrm{mol}^{-1}$，$E_{\mathrm{t}}=17\mathrm{kJ}\cdot\mathrm{mol}^{-1}$，$E_{\mathrm{i}}=20\mathrm{kJ}\cdot\mathrm{mol}^{-1}$，则：

$$E'=E_{\mathrm{p}}-\frac{E_{\mathrm{t}}}{2}=29-\frac{17}{2}=20.5\mathrm{kJ}\cdot\mathrm{mol}^{-1}$$

E 是很小的正值，表明随温度升高，分子量略有增加，由于 E 值较小，温度对聚合度的影响甚微。

（3）链转移为控制反应：

$$\frac{1}{\overline{X}_n}=\frac{2k_{\mathrm{t}}R_{\mathrm{p}}}{k_{\mathrm{p}}^2[\mathrm{M}]^2}+C_{\mathrm{M}}+C_{\mathrm{I}}\frac{[\mathrm{I}]}{[\mathrm{M}]}+C_{\mathrm{S}}\frac{[\mathrm{S}]}{[\mathrm{M}]}\approx C_{\mathrm{M}}+C_{\mathrm{I}}\frac{[\mathrm{I}]}{[\mathrm{M}]}+C_{\mathrm{S}}\frac{[\mathrm{S}]}{[\mathrm{M}]}$$

温度的变化影响链转移常数，从而影响聚合度。一般情况下，提高温度将使链转移常数增加，则使分子量下降。

思考题【3-19】 提高聚合温度和增加引发剂浓度，均可提高聚合速率，问哪一措施更好？

答 提高聚合温度和增加引发剂浓度，均可提高聚合速率，但同时均使聚合度降低。但提高温度，将使副反应增多，采用引发剂浓度作为调节手段更为有效。

思考题【3-20】 链转移反应对支链的形成有何影响？聚乙烯的长支链和短支链，以及聚氯乙烯的支链是如何形成的？

答 自由基向大分子转移的结果，是在大分子链上形成活性点，引发单体增长，形成支链。这样由分子间转移而形成的支链一般较长。而分子内的转移而形成的支链一般较短。

分子间转移反应生成长支链如下式：

$$\sim\!\!\sim\!\mathrm{CH_2CH_2^{\cdot}}+\sim\!\!\sim\!\mathrm{CH_2CH_2}\!\sim\!\!\sim\longrightarrow\sim\!\!\sim\!\mathrm{CH_2CH_3}+\sim\!\!\sim\!\mathrm{CH_2\dot{C}H}\!\sim\!\!\sim$$

$$\sim\!\!\sim\!\mathrm{CH_2\dot{C}H}\!\sim\!\!\sim+\mathrm{H_2C}\!=\!\mathrm{CH_2}\longrightarrow\sim\!\!\sim\!\mathrm{CH_2CH}\!\sim\!\!\sim$$

高压聚乙烯除含少量长支链外，还有乙基、丁基短支链，是分子内转移的结果。如下式：

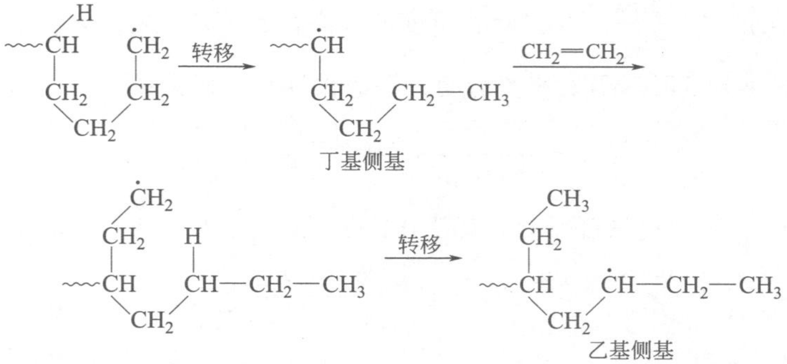

丁基支链是自由基端基夺取第 5 个亚甲基上的氢，"回咬"转移而成。乙基端基则是加上一单体分子后作第二次内转移而产生。聚乙烯支链数可以高达 30 支链/500 单元。

聚氯乙烯也是容易链转移的大分子，曾测得 16 个支链/聚氯乙烯大分子。转移反应生成长支链如下式：

$$\sim\sim CH_2\dot{C}HCl + H_2C{=}CHCl \longrightarrow \sim\sim CH_2CH(Cl)CH(Cl)\dot{C}H_2$$

$$\sim\sim CH_2CH(Cl)CH(Cl)\dot{C}H_2 + H_2C{=}CHCl \longrightarrow H_2C{=}CHCH(Cl)CH_2\sim\sim + ClCH_2\dot{C}HCl$$

$$\sim\sim CH_2CH(Cl)\dot{C}HCH_2Cl + H_2C{=}CHCl \longrightarrow \sim\sim H_2CHC{=}CHCH_2Cl + ClCH_2\dot{C}HCl$$

形成的大分子自由基相互反应，最终形成支链。

思考题【3-21】 按理论推导，歧化终止和偶合终止时聚合度分布有何差异？为什么凝胶效应和沉淀聚合使分布变宽？

答 按理论推导，歧化终止和偶合终止的聚合度分布在低转化率下，用下式表示。

歧化终止：

$$\overline{X}_n = \frac{1}{1-p} \qquad \overline{X}_w = \frac{1+p}{1-p} \qquad \frac{\overline{X}_w}{\overline{X}_n} = 1+p \approx 2$$

偶合终止：

$$\overline{X}_n = \sum \frac{N_x}{N} x = \sum x^2 p^{x-2}(1-p)^2 \approx \frac{2}{1-p}$$

$$\overline{X}_w = \sum \frac{W_x}{W} x = \frac{1}{2} \sum x^3 p^{x-2}(1-p)^3 \approx \frac{3}{1-p}$$

$$\frac{\overline{X}_w}{\overline{X}_n} = 1.5$$

歧化终止时聚合度分布比偶合终止时的分布要宽一些。

在自由基聚合反应体系中，每个大分子的生成都必须经过链引发、链增长和链终止的过程，由于自由基的寿命很短，体系中的大分子在极短的时间内生成，并且聚合反应的各个阶段都存在大分子的引发、增长和终止反应。但是不同阶段生成大分子的条件存在很大的差异，如聚合初期，单体和引发剂的浓度都比较高，但自由基的浓度较低，中期有自动加速效应后，自由基的寿命延长，使中期生成的大分子的分子量增加，因此整个聚合反应的分子量分布变宽。

同理，沉淀聚合中生成的聚合物在单体中不溶，聚合初期就从体系中沉淀出来，一部分链自由基被包埋在聚合物中无法进行双基终止，使自由基的寿命延长，增加了大分子的分子量。因此沉淀聚合使分子量分布变宽。

思考题【3-22】 低转化聚合偶合终止时，聚合物分布如何？下列条件对聚合分布有何影响：（1）向正丁硫醇转移；（2）高转化率；（3）向聚合物转移；（4）自动加速。在分布加宽的条件下，有无可能采取措施使分布变窄？

答 根据概率推导，在低转化率下，偶合终止数均聚合度分布如下：

$$\overline{X}_n = \sum \frac{N_x}{N} x = \sum x^2 p^{x-2}(1-p)^2 \approx \frac{2}{1-p}$$

$$\overline{X}_w = \sum \frac{W_x}{W} x = \frac{1}{2}\sum x^3 p^{x-2}(1-p)^3 \approx \frac{3}{1-p}$$

$$\frac{\overline{X}_w}{\overline{X}_n} = 1.5$$

在低转化率下，预计聚合物的分子量分布指数为 1.5。

（1）加入正丁硫醇作链转移剂，平均分子量下降，分子量分布变宽。

（2）反应进行到高转化率，体系的黏度增加，自由基向大分子的链转移反应增加，使分子量分布变宽。

（3）向聚合物分子发生链转移，使分子量分布变宽。

（4）自动加速会使分子量分布变宽。

分子量分布变宽的情况下，很难采取措施使分子量分布变窄。

思考题【3-23】 苯乙烯和醋酸乙烯酯分别在苯、甲苯、乙苯、异丙苯中聚合，从链转移常数来比较不同自由基向不同溶剂链转移的难易程度对聚合度的影响，并作出分子级的解释。

答 苯乙烯和醋酸乙烯酯向溶剂链转移的转移常数 C_S（$\times 10^{-4}$）如下：

溶剂	苯乙烯（60℃）	苯乙烯（80℃）	醋酸乙烯酯（60℃）
苯	0.023	0.059	1.2
甲苯	0.125	0.31	21.6
乙苯	0.67	1.08	55.2
异丙苯	0.82	1.3	89.9

比较横行数据，发现低活性自由基（如苯乙烯自由基）对同一溶剂的链转移常数比高活性自由基（如醋酸乙烯酯自由基）的链转移常数要小。这是因为苯乙烯因具有苯环的共轭效应，其单体活泼，而相应的苯乙烯自由基比较稳定，对溶剂的链转移能力弱。醋酸乙烯酯单体由于共轭效应较弱，所以单体活性小，而相应的自由基活泼，容易向溶剂链转移。

　　比较竖列数据，发现对同种自由基而言，带有活泼氢原子的溶剂，链转移常数都较大，如异丙苯＞乙苯＞甲苯＞苯。综上所述，链转移常数与自由基、溶剂、温度等有关。

　　从表中可以看出，升高温度，链转移常数增大，由于链转移常数与聚合度的倒数成正比，链转移常数越大，则聚合度越小。

思考题【3-24】 指明和改正下列方程式中的错误。

(1) $R_p = k_p^{1/2} \left(\dfrac{f k_d}{k_t} \right) [\text{I}]^{1/2} [\text{M}]$　　　　(2) $\nu = \dfrac{k_p}{2 k_t} [\text{M} \cdot][\text{M}]$

(3) $\overline{X}_n = (\overline{X}_n)_0 + \dfrac{C_S[\text{S}]}{[\text{M}]}$　　　　(4) $\tau_s = \dfrac{\dfrac{k_p^2}{2 k_t [\text{M}]}}{R}$

　　答　题中正确的表达式为：

(1) $R_p = k_p \left(\dfrac{f k_d}{k_t} \right)^{1/2} [\text{I}]^{1/2} [\text{M}]$　　　　(2) $\nu = \dfrac{k_p [\text{M}]}{2 k_t [\text{M} \cdot]}$

(3) $\dfrac{1}{X_n} = \left(\dfrac{1}{X_n} \right)_0 + \dfrac{C_S[\text{S}]}{[\text{M}]}$　　　　(4) $\tau_s = \dfrac{k_p [\text{M}]}{2 k_t R_p}$

思考题【3-25】 简述产生诱导期的原因。从阻聚常数来评价硝基苯、苯醌、DPPH、氯化铁的阻聚效果。

　　答　诱导期产生主要是聚合体系中存在阻聚剂等杂质，初级自由基被阻聚杂质所终止，无聚合物形成，聚合速率为零。

　　阻聚常数 $C_Z (= k_Z / k_p)$ 是阻聚速率常数与链增长速率常数的比值，根据 C_Z 的大小可衡量阻聚效率。

　　以 PS/St 体系、PMMA/MMA 体系为例，可根据 C_Z 值来判断下述阻聚剂的阻聚效果。

体系	阻聚剂	C_Z	$T/℃$
PS/St	硝基苯	0.326	50
	苯醌	64.2	50
	DPPH	—	—
	氯化铁	536	60
PMMA/MMA	苯醌	5.5	44
	DPPH	2000	44

　　由表可见，苯醌、DPPH、$FeCl_3$ 都是高效阻聚剂，其 C_Z 很大，而硝基苯的 C_Z 较小，阻聚效果较差，只可起到缓聚作用。

思考题【3-26】 简述自由基聚合中的下列问题：（1）产生自由基的方法；（2）速率、聚合度与温度的关系；（3）速率常数与自由基寿命；（4）阻聚与缓聚；（5）如何区别偶合终止和歧化终止；（6）如何区别向单体和引发剂转移。

　　答　（1）产生自由基的方法　①引发剂引发，通过引发剂分解产生自由基；②热引发，通过直接对单体进行加热，打开乙烯基单体的双键生成自由基；③光引发，在光的激发下，使许多烯类单体形成自由基而聚合；④辐射引发，通过高能辐射线，使单体吸收辐射能而分解成自由基；⑤等离子体引发，等离子体可以引发单体形成自由基进行聚合，也可以使杂环开环聚合；⑥微波引发，微波可以直接引发有些烯类单体进行自由基聚合。

（2）速率、聚合度与温度的关系　不同引发方式下，速率、聚合度的表达式如下表所示。从表中可以看出引发剂引发时，聚合速率的表观活化能为正值，温度升高，将使聚合速率（常数）增大，热引发聚合的表观活化能与引发剂相当或稍大，温度对聚合速率的影响尤为显著，而光引发聚合（辐射）的聚合活化能较低，温度对聚合速率的影响较小，甚至在较低的温度下也能聚合。

温度对聚合度与对速率的影响相反，对热引发聚合和引发剂引发聚合，温度升高，聚合度下降。对光和辐射引发聚合，温度对聚合度影响小。

引发方式	引发剂引发	热引发	光引发
反应速率	$k_p\left(\dfrac{fk_d}{k_t}\right)^{1/2}[I]^{1/2}[M]$	$k_p\left(\dfrac{k_i}{2k_t}\right)^{1/2}[M]^2$	$k_p[M]\left(\dfrac{\phi\varepsilon I_0[S]}{k_t}\right)^{1/2}$
$E_p/\text{kJ}\cdot\text{mol}^{-1}$	29	29	29
$E_d/\text{kJ}\cdot\text{mol}^{-1}$	105～125	—	—
$E_i/\text{kJ}\cdot\text{mol}^{-1}$	—	120～151	—
$E_t/\text{kJ}\cdot\text{mol}^{-1}$	17	17	17
反应速率表观活化能/$\text{kJ}\cdot\text{mol}^{-1}$	$E_p+\dfrac{E_d-E_t}{2}=73～83$	$E_p+\dfrac{E_i-E_t}{2}=80～96$	$E_p-\dfrac{E_t}{2}=20.5$
动力学链长	$\dfrac{k_p}{(2fk_dk_t)^{1/2}}\times\dfrac{[M]}{[I]^{1/2}}$	$\dfrac{k_p}{(2k_ik_t)^{1/2}}$	$\dfrac{k_p}{2(\phi\varepsilon I_0k_t)^{1/2}}\times[M]^{1/2}$
动力学链长表观活化能/$\text{kJ}\cdot\text{mol}^{-1}$	$E_p-\dfrac{E_d+E_t}{2}=-42～-32$	$E_p-\dfrac{E_i}{2}-\dfrac{E_t}{2}=-55～-40$	$E_p-\dfrac{E_t}{2}=20.5$

（3）速率常数与自由基寿命　自由基寿命的定义是自由基从产生到终止所经历的时间，可由稳态时的自由基浓度 $[M\cdot]_s$ 与自由基消失速率（终止速率）求得：

$$\tau=\frac{[M\cdot]_s}{R_t}=\frac{1}{2k_t[M\cdot]_s}$$

将上式和增长速率方程 $R_p=k_p[M\cdot][M]$ 联立，消去 $[M\cdot]_s$，得 $\tau=\dfrac{k_p}{2k_t}\times\dfrac{[M]}{R_p}$

（4）阻聚与缓聚　一些化合物对聚合反应有抑制作用，根据抑制程度的不同，可以粗分成阻聚和缓聚两类，实际上，两者很难严格区分。以苯乙烯聚合为例，纯热聚合，无诱导期。加有微量苯醌，有明显诱导期，诱导期过后，聚合速率不变，这是典型的阻聚行为。加硝基苯，无诱导期，但聚合速率减慢，属于典型的缓聚。加亚硝基苯，有诱导期，诱导期过后，又使聚合速率降低，兼有阻聚和缓聚的双重作用。

（5）偶合终止和歧化终止　自由基活性高，难孤立存在，易相互作用而终止。双基终止有偶合和歧化两种方式。偶合终止是两自由基的独电子相互结合成共价键的终止方式，结果是两个大分子链生成一个大分子。偶合终止的结果是每个大分子链上带有两个引发剂的残基。歧化终止是某自由基夺取另一自由基的氢原子或其他原子而终止的方式，结果两个大分子链生成两个大分子。歧化终止的结果是每个大分子链上带有一个引发剂的残基，因此可以根据大分子链上的引发剂残基的数量区别偶合终止和歧化终止。

（6）向单体和向引发剂转移　自由基向单体转移，导致聚合度降低。自由基向引发剂转移，将导致诱导分解，使引发剂效率降低，同时也使聚合度降低。通过设计一本体聚合的实验，实验过程中测定聚合物的 R_p 和 $\overline{X}_n$，以 $1/\overline{X}_n$-R_p 作图，若 $1/\overline{X}_n$-R_p 为直线关系，则体系中存在向单体的链转移，没有向引发剂的转移，此时截距为 C_M。若 $1/\overline{X}_n$-R_p 曲线向上弯曲，则表示存在向引发剂的链转移。

思考题【3-27】　为什么可以说丁二烯或苯乙烯是氯乙烯或醋酸乙烯酯聚合终止剂或阻聚剂？比较醋酸乙烯酯和醋酸烯丙基酯的聚合速率和聚合产物的分子量，说明原因。

答　丁二烯或苯乙烯自由基是稳定的烯丙基自由基，虽然能够引发活泼的丁二烯单体聚合，但氯乙烯或醋酸乙烯酯均为不活泼单体，因此不能引发氯乙烯或醋酸乙烯酯聚合：

$$\sim\sim CH_2CH\cdot + CH_2=CH-CH=CH_2 \longrightarrow \sim\sim CH_2CH-CH_2-CH=CH=CH_2$$
$$\qquad\qquad\quad |\qquad\qquad\qquad\qquad\qquad\qquad\qquad\qquad\quad |$$
$$\qquad\qquad\quad Cl\qquad\qquad\qquad\qquad\qquad\qquad\qquad\qquad\quad Cl$$

醋酸乙烯酯由于不存在自阻聚作用，聚合速率快，聚合产物的分子量大。

醋酸烯丙基酯的聚合速率很慢，聚合度也很低，只有 14 左右，且与聚合速率无关。这主要是醋酸烯丙基酯为烯丙基单体，由于烯丙基单体（$CH_2=CH-CH_2-Y$）的 CH_2Y 中的 H 活泼，易被链转移成稳定的烯丙基自由基，具有自阻聚作用。

思考题【3-28】　在求取自由基聚合动力学参数 k_p、k_t 时，可以利用哪 4 个可测参数、相应关系和方法来测定？

答　自由基聚合中，反应速度、分子量、活性种的浓度、自由基寿命可以通过实验进行测定，并可以利用它们求取增长速率常数 k_p 和终止速率常数 k_t。方法见下表：

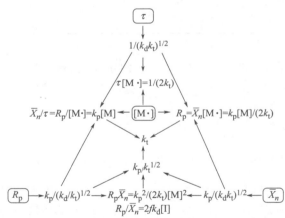

思考题【3-29】　可控/"活性"自由基聚合的基本原则是什么？简述氮氧稳定自由基法、引发剂转移终止剂法、原子转移自由基聚合法，可逆加成-断裂转移（RAFT）法可控自由基聚合的基本原理。

答　自由基聚合的链增长对自由基浓度呈一级反应，而终止则呈二级反应。如能降低自由基的浓度 ［M·］ 或活性，就可减弱双基终止，有望成为可控/"活性"聚合。

令活性增长自由基（$P_n\cdot$）与某化合物反应，经链终止或转移，使蜕化成低活性的共价休眠种（P_n—X）。但希望休眠种仍能分解成增长自由基，构成可逆平衡，并要求平衡倾向于休眠种一侧，以降低自由基浓度和终止速率，这就成为可控/"活性"自由基聚合的关键。因此活性种与休眠种的可逆互变是可控/"活性"自由基聚合的基本原则。

$$P_n \cdot \underset{}{\overset{试剂}{\rightleftharpoons}} P_n{-}X$$

（1）氮氧稳定自由基法　2,2,6,6-四甲基哌啶-1-氧基（TEMPO）是氮氧稳定自由基（RNO·）的代表，可用作自由基捕捉剂，易与增长自由基 P_n·共价结合成休眠种。较高温度（120℃）下，休眠种又能逆均裂成增长自由基，再参与引发聚合。

$$\begin{array}{c} \text{CH}_2{-}\text{C(CH}_3)_2 \\ \text{H}_2\text{C} \qquad\qquad \text{NO} \cdot \\ \text{CH}_2{-}\text{C(CH}_3)_2 \end{array} \quad \begin{array}{l}\text{2,2,6,6-四甲基哌啶-1-氧基(TEMPO)} \\ \text{RNO} \cdot \end{array}$$

$$P_n \cdot + \cdot ONR \rightleftharpoons P_n{-}ONR \text{（休眠种）}$$

（2）引发转移终止剂法　引发转移终止剂是将引发、转移、终止三种功能合而为一的化合物，如偶氮化合物：

$$C_6H_5{-}N{=}N{-}C(C_6H_5)_3 \overset{\triangle}{\longrightarrow} C_6H_5 \cdot + \cdot C(C_6H_5)_3 + N_2$$

式中，R·、C_6H_5·都可引发单体聚合成增长自由基 P_n·，而·SC(S)NEt$_2$、·C(C$_6$H$_5$)$_3$ 比较稳定，与 RNO·相当，可与增长自由基偶合终止，或向引发转移终止剂转移，而成休眠种。

休眠种可以逆分解成 P_n·，继续与单体加成而增长。如此引发→增长→暂时终止或转移→休眠种均裂→再增长，反复进行下去，使聚合度不断增加。

引发增长：$R \cdot + M \longrightarrow RM \cdot \overset{+nM}{\longrightarrow} P_n \cdot$

双基终止：$P_n \cdot + \cdot SC(S)NEt_2 \rightleftharpoons P_nSC(S)NEt_2$（休眠种）

转移终止：$P_n \cdot + R{-}SC(S)NEt_2 \rightleftharpoons P_nSC(S)NEt_2 + R \cdot$

（3）原子转移自由基聚合法　以有机卤化物 RX（如 1-氯-1-苯基乙烷）为引发剂，以过渡金属卤化物（如氯化亚铜 CuCl）为卤素载体，即催化剂，双吡啶（bpy）为配体（L）以提高催化剂的溶解度，构成三元引发体系。

引发:
$$R{-}X + Cu^I/L \rightleftharpoons R \cdot + Cu^{II}/L$$
$$\downarrow +M \qquad\qquad k_i \Big| +M$$
$$R{-}M{-}X + Cu^I/L \rightleftharpoons RM \cdot + XCu^{II}/L$$

增长:
$$k_p \Big| +M$$
$$P_n{-}X + Cu^I/L \rightleftharpoons P_n \cdot + XCu^{II}/L$$
$$\text{休眠种} \qquad\qquad k_p (+M)$$

卤代烃 RX 单独较难均裂成为自由基，但亚铜却可夺取其卤原子而成为高价铜（CuX$_2$），同时使自由基 R·游离出来。R·引发单体聚合成增长自由基 P_n·，增长自由基 P_n·又从高价卤化铜获得卤原子而成休眠种 $P_n{-}X$，活性种和休眠种之间构成动态可逆平衡。结果，降低了自由基浓度，抑制了终止反应，导致可控/"活性"聚合。上述引发增长反应都是通过可逆的（卤）原子转移而完成的，因此，称作原子转移自由基聚合。

（4）可逆加成-断裂转移（RAFT）法　在传统自由基聚合体系中，链转移反应不可逆，导致聚合度降低，无法控制。如果加入链转移常数高的特种链转移剂，如双硫酯，增长自由基与该链转移剂进行蜕化转移，有可能实现可逆加成-断裂转移（RAFT）活性自由基聚合。

$$P_n \cdot + P_m — Z \rightleftharpoons P_n — Z + P_m \cdot$$

3.4 计算题及参考答案

计算题【3-1】 甲基丙烯酸甲酯进行聚合，试由 ΔH 和 ΔS 来计算 77℃、127℃、177℃、227℃时的平衡单体浓度，从热力学上判断聚合能否正常进行。

解 由教材表 3-3 中查得：

甲基丙烯酸甲酯 $\Delta H = -56.5 \text{kJ} \cdot \text{mol}^{-1}$，$\Delta S = -117.2 \text{J} \cdot \text{mol}^{-1} \cdot \text{K}^{-1}$。

平衡单体浓度：$\ln[\text{M}]_e = \dfrac{1}{R}\left(\dfrac{\Delta H^{\ominus}}{T} - \Delta S^{\ominus}\right)$

$T = 77℃ = 350.15\text{K}$，$[\text{M}]_e = 4.94 \times 10^{-3} \text{mol} \cdot \text{L}^{-1}$

$T = 127℃ = 400.15\text{K}$，$[\text{M}]_e = 0.0558 \text{mol} \cdot \text{L}^{-1}$

$T = 177℃ = 450.15\text{K}$，$[\text{M}]_e = 0.368 \text{mol} \cdot \text{L}^{-1}$

$T = 227℃ = 500.15\text{K}$，$[\text{M}]_e = 1.664 \text{mol} \cdot \text{L}^{-1}$

从热力学上判断，甲基丙烯酸甲酯在 77℃、127℃、177℃下可以聚合，在 227℃上难以聚合。因为在 227℃时平衡单体浓度较大。

计算题【3-2】 60℃过氧化二碳酸二乙基己酯在某溶剂中分解，用碘量法测定不同时间的残留引发剂浓度，数据如下，试计算分解速率常数（s^{-1}）和半衰期（h）。

时间/h	0	0.2	0.7	1.2	1.7
DCPD 浓度/mol·L^{-1}	0.0754	0.0660	0.0484	0.0334	0.0288

解 过氧化二碳酸二乙基己酯的分解反应为一级反应，引发剂浓度变化与反应时间的关系为 $\ln\dfrac{[\text{I}]_0}{[\text{I}]} = k_d t$，不同时间下引发剂浓度与反应时间的关系见下表所示，以 $\ln\dfrac{[\text{I}]_0}{[\text{I}]}$ 对 t 作图，利用最小二乘法进行回归得一条直线 $y = 0.5891x$，斜率为 k_d。

所以分解速率常数 $k_d = 0.5891\text{h}^{-1} = 1.63 \times 10^{-4} \text{s}^{-1}$

半衰期 $t_{1/2} = \dfrac{\ln 2}{0.5891} = 1.176\text{h}$

t/h	0	0.2	0.7	1.2	1.7
[I]	0.0754	0.066	0.0484	0.0334	0.0288
[I]/[I]$_0$	1	0.8753	0.6419	0.4430	0.3820
$-\ln([\text{I}]_0/[\text{I}])$	0	0.1332	0.4433	0.8142	0.9624

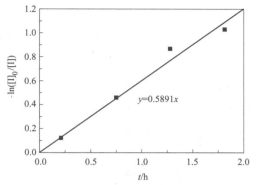

计算题【3-3】 在甲苯中不同温度中测定偶氮二异丁腈的分解速率常数,数据如下,求分解活化能。再求 40℃和 80℃下的半衰期,判断在这两个温度下聚合是否有效。

温度/℃	50	60.5	69.5
分解速率常数/s^{-1}	2.64×10^{-6}	1.16×10^{-5}	3.78×10^{-5}

解 分解速率常数、温度和活化能之间存在下列关系:

$$k_d = Ae^{-\frac{E}{RT}}$$

$\ln k_d = \ln A - \dfrac{E}{RT}$,以 $\ln k_d$-$\dfrac{1}{T}$作图,斜率为$-\dfrac{E}{R}$,截距为 $\ln A$。

根据题意,有下表:

温度/℃	T/K	$1/T$	k_d	$\ln k_d$
50	323.15	3.09×10^{-3}	2.64×10^{-6}	-12.8447
60.5	333.65	3.00×10^{-3}	1.16×10^{-5}	-11.3645
69.5	342.65	2.92×10^{-3}	3.78×10^{-5}	-10.1832

以 $\ln k_d$-$\dfrac{1}{T}$作图,采用最小二乘法进行回归,得 $\ln k_d = 33.936 - 15116/T$

截距　$\ln A = 33.936$　　　$A = e^{33.936} = 5.4729\times10^{14}$

斜率　$-\dfrac{E_d}{R} = -15116$

$E_d = 8.314\times15116 = 125674.4 = 125.6744 \text{kJ} \cdot \text{mol}^{-1}$

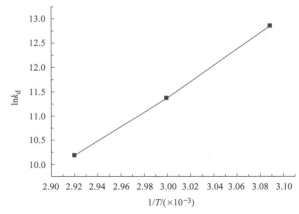

当 $t=40℃=313.15$K 时：

$$\ln k_d = -\frac{15116}{313.15}+33.936 \text{ 得出 } k_d=5.95\times10^{-7}$$

$$t_{1/2}=\frac{\ln2}{5.95\times10^{-7}}=323.6\text{h}$$

当 $t=80℃=353.15$K 时：

$$\ln k_d = -\frac{15116}{353.15}+33.936 \text{ 得出 } k_d=1.41\times10^{-4}$$

$$t_{1/2}=\frac{\ln2}{1.41\times10^{-4}}=1.36\text{h}$$

从以上结果可见，在 40℃ 下聚合时引发剂的半衰期太长，聚合无效，而在 80℃ 下聚合是有效的。

计算题【3-4】 引发剂半衰期与温度的关系式中的常数 A、B 与指前因子、活化能有什么关系？文献经常报道半衰期为 1h 和 10h 的温度，这有什么方便之处？过氧化二碳酸二异丙酯半衰期为 1h 和 10h 的温度分别为 61℃ 和 45℃，试求 A、B 值和 56℃ 的半衰期。

解 引发剂半衰期与温度的关系式可以用下式表示：

$$\lg t_{1/2}=\frac{A}{T}-B \tag{1}$$

由于 $k_d=A'e^{-\frac{E_d}{RT}}$，$t_{1/2}=\frac{0.693}{k_d}$

$\frac{0.693}{t_{1/2}}=A'e^{-\frac{E_d}{RT}}$，等式两边取对数：

$$\lg0.693-\lg t_{1/2}=\lg A'-\frac{E_d}{2.303RT}$$

$$\lg t_{1/2}=\lg\frac{0.693}{A'}+\frac{E_d}{2.303RT}=\frac{A}{T}-B \tag{2}$$

比较（1）和（2）式，得：

$$A=\frac{E_d}{2.303R} \qquad B=-\lg\frac{0.693}{A}$$

采用半衰期为 1h 和 10h 可以便于计算 E_d 和 A。

过氧化二碳酸二异丙酯（IPP）：

$$t_{1/2}=1\text{h}, \ T=(273.15+61)\text{K}$$
$$t_{1/2}=10\text{h}, \ T=(273.15+45)\text{K}$$

代入 $\lg t_{1/2}=\frac{A}{T}-B$ 后得：

$$\begin{cases}1=\dfrac{A}{318.15}-B\\0=\dfrac{A}{334.15}-B\end{cases}$$

$$A=6667,\ B=19.95$$

当 $T=56℃=329.15$K 时：

$$\lg t_{1/2}=\frac{6667}{56+273.15}-19.95=0.305$$

$$t_{1/2} = 2\text{h}$$

计算题【3-5】 过氧化二乙基的一级分解速率常数为 $1.0 \times 10^{14} e^{(-146.5 \times 10^3/RT)}$，在什么温度范围使用才有效？

解 当引发剂的半衰期在 $1 \sim 10\text{h}$ 内使用时，引发剂较为有效。

由于 $k_d = \dfrac{\ln 2}{t_{1/2}}$，根据题意 $k_d = 1.0 \times 10^{14} e^{(-146.5 \times 10^3/RT)}$，比较上述两式得：

$$\frac{\ln 2}{t_{1/2}} = 1.0 \times 10^{14} e^{(-146.5 \times 10^3/8.314T)}$$

当令 $t_{1/2}$ 为 1h 时：

$$\frac{0.693}{3600} = 1.0 \times 10^{14} e^{(-146.5 \times 10^3/RT)}$$

$$\ln(1.925 \times 10^{-18}) = -146.5 \times 10^3/RT$$

$$\ln(1.925 \times 10^{-18}) = \frac{-146.5 \times 10^3}{8.314T}$$

$$T = 432\text{K} = 158.85\,℃$$

当令 $t_{1/2}$ 为 10h 时：

$$\frac{0.693}{36000} = 1.0 \times 10^{14} e^{(-146.5 \times 10^3/RT)}$$

$$\ln(1.925 \times 10^{-19}) = -146.5 \times 10^3/RT$$

$$\ln(1.925 \times 10^{-19}) = \frac{-146.5 \times 10^3}{8.314T}$$

$$T = 408.9\text{K} = 135.75\,℃$$

所以，此引发剂使用的温度范围为：$135.75 \sim 158.85\,℃$。

计算题【3-6】 苯乙烯溶液浓度 $0.20\text{mol} \cdot \text{L}^{-1}$，过氧类引发剂浓度 $4.0 \times 10^{-3}\text{mol} \cdot \text{L}^{-1}$，在 60℃ 下聚合，如引发剂半衰期 44h，引发剂效率 $f = 0.80$，$k_p = 145\text{L} \cdot \text{mol}^{-1} \cdot \text{s}^{-1}$，$k_t = 7.0 \times 10^7 \text{L} \cdot \text{mol}^{-1} \cdot \text{s}^{-1}$，欲达到 50% 转化率，需多长时间？

解 由于转化率达 50%，所以本题不能按低转化率下反应动力学方程进行计算。

$$t_{1/2} = 44\text{h} = 44 \times 3600\text{s} = 158400\text{s}$$

$$k_d = \frac{0.693}{t_{1/2}} = 4.375 \times 10^{-6}\text{s}^{-1} = 0.01575\text{h}^{-1}$$

当转化率为 50% 时，转化率较高，[I] 随转化率的升高而变化：

$$R_p = \frac{-\mathrm{d}[\mathrm{M}]}{\mathrm{d}t} = k_p[\mathrm{M}]\left(\frac{fk_d}{k_t}\right)^{1/2}[\mathrm{I}]^{1/2} = k_p[\mathrm{M}]\left(\frac{fk_d}{k_t}\right)^{1/2}[\mathrm{I}]_0^{1/2} e^{-k_d t/2}$$

$$\ln\frac{1}{1-C} = 2k_p\left(\frac{f}{k_t k_d}\right)^{1/2}[\mathrm{I}]_0^{1/2}(1 - e^{-k_d t/2})$$

代入 $f = 0.80$，$k_p = 145\text{L} \cdot \text{mol}^{-1} \cdot \text{s}^{-1}$，$k_t = 7.0 \times 10^7 \text{L} \cdot \text{mol}^{-1} \cdot \text{s}^{-1}$，$[\mathrm{I}]_0 = 4 \times 10^{-3}\text{mol} \cdot \text{L}^{-1}$，$k_d = 4.375 \times 10^{-6}\text{s}^{-1}$，得：

$$-\ln(1-0.5) = 2 \times 145\left(\frac{0.8 \times 4 \times 10^{-3}}{7.0 \times 10^7 \times 4.375 \times 10^{-6}}\right)^{1/2}\left(1 - e^{\frac{-4.375 \times 10^{-6}t}{2}}\right)$$

$$e^{-2.19 \times 10^{-6}t} = 0.26 \qquad 2.19 \times 10^{-6}t = 1.347$$

$$t = 170.8\text{h}$$

计算题【3-7】　过氧化二苯甲酰引发某单体聚合的动力学方程为：$R_p = k_p[M]\left(\dfrac{fk_d}{k_t}\right)^{1/2}[I]^{1/2}$，假定各基元反应的速率常数和 f 都与转化率无关，$[M]_0 = 2\,mol \cdot L^{-1}$，$[I] = 0.01\,mol \cdot L^{-1}$，极限转化率为 10%。若保持聚合时间不变，欲将最终转化率从 10% 提高到 20%，试求：

（1）$[M]_0$ 增加或降低多少倍？

（2）$[I]_0$ 增加或降低多少倍？$[I]_0$ 改变后，聚合速率和聚合度有何变化？

（3）如果热引发或光引发聚合，应该增加还是降低聚合温度？E_d、E_p、E_t 分别为 $124\,kJ \cdot mol^{-1}$、$32\,kJ \cdot mol^{-1}$ 和 $8\,kJ \cdot mol^{-1}$。

解　单体聚合的动力学方程如下：

$$R_p = k_p[M]\left(\frac{fk_d}{k_t}\right)^{1/2}[I]^{1/2} \qquad \ln\frac{[M]_0}{[M]} = k_p\left(\frac{fk_d}{k_t}\right)^{1/2}[I]^{1/2}t$$

$$\text{令 } k = k_p\left(\frac{fk_d}{k_t}\right)^{1/2} \qquad \ln\frac{[M]_0}{[M]} \times [I]^{-1/2} = kt$$

$$\ln\frac{1}{1-C} \times [I]^{-1/2} = kt$$

（1）当聚合时间固定时，C 与单体初始浓度无关，故当聚合时间一定时，改变 $[M]_0$，不改变转化率。

（2）当其他条件一定时，改变 $[I]_0$，则有：

$$\frac{\ln\dfrac{1}{1-C_1}}{\ln\dfrac{1}{1-C_2}} = \frac{[I]_1^{1/2}}{[I]_2^{1/2}}$$

$$\frac{-\ln(1-0.2)}{-\ln(1-0.1)} = \left(\frac{[I]_{20\%}}{[I]_{10\%}}\right)^{1/2} = \frac{0.223}{0.105} = 2.12$$

所以，$\dfrac{[I]_{20\%}}{[I]_{10\%}} = 4.51$，即引发剂浓度增加到 4.51 倍时，聚合转化率可以从 10% 增加到 20%。

由于聚合速率 $R_p \propto [I]_0^{1/2}$，故 $[I]_0$ 增加到 4.51 倍后，R_p 增加 2.12 倍。

而 $\overline{X}_n \propto [I]_0^{-1/2}$，故 $[I]_0$ 增加到 4.51 倍后，$\overline{X}_n$ 下降到原来的 0.471（即 1/2.12）。

（3）引发剂引发时，体系的总活化能为：

$$E = \left(E_p - \frac{E_t}{2}\right) + \frac{E_d}{2} = \left(32 - \frac{8}{2}\right) + \frac{124}{2} = 90\,kJ \cdot mol^{-1}$$

热引发聚合的活化能与引发剂引发的活化能相比相当或稍大，温度对聚合速率的影响与引发剂引发相当，要使聚合速率增大，需升高聚合温度。

光引发聚合时，反应的活化能如下：

$$E = E_p - \frac{E_t}{2} = 32 - \frac{8}{2} = 28\,kJ \cdot mol^{-1}$$

上式中无 E_d 项，聚合活化能很低，温度对聚合速率的影响很小，甚至在较低的温度下也能聚合，所以无需升高聚合温度。

计算题【3-8】　以过氧化二苯甲酰作引发剂，苯乙烯聚合时各基元反应的活化能为 $E_d = 125 \text{kJ} \cdot \text{mol}^{-1}$，$E_p = 32.6 \text{kJ} \cdot \text{mol}^{-1}$，$E_t = 10 \text{kJ} \cdot \text{mol}^{-1}$，试比较从 50℃增至 60℃ 以及从 80℃增至 90℃聚合速率和聚合度怎样变化？光引发的情况又如何？

解

（1）引发剂引发时，反应速率和动力学链长如下所示：

$$R_p = k_p [\text{M}] \left(\frac{f k_d}{k_t} \right)^{1/2} [\text{I}]^{1/2} \qquad \nu = \frac{k_p}{2(f k_d k_t)^{1/2}} \times \frac{[\text{M}]}{[\text{I}]^{1/2}}$$

反应速率常数的表观活化能 E 与 E_p、E_d、E_t 的关系为：

$$E = \left(E_p - \frac{E_t}{2} \right) + \frac{E_d}{2} = \left(32.6 - \frac{10}{2} \right) + \frac{125}{2} = 90.1 \text{kJ} \cdot \text{mol}^{-1}$$

动力学链长的表观活化能 E' 与 E_p、E_d、E_t 的关系为：

$$E' = E_p - \frac{E_t}{2} - \frac{E_d}{2} = 32.6 - \frac{10}{2} - \frac{125}{2} = -34.9 \text{kJ} \cdot \text{mol}^{-1}$$

根据 Arrhenius 公式，$k = A \text{e}^{-E/RT}$

$$\frac{k_2}{k_1} = \frac{A \text{e}^{-E/RT_2}}{A \text{e}^{-E/RT_1}} = \text{e}^{\frac{E}{R} \left(\frac{1}{T_1} - \frac{1}{T_2} \right)}$$

50℃增至 60℃时速率常数的变化：$\dfrac{k_{60}}{k_{50}} = \text{e}^{\frac{90.1 \times 10^3}{8.314} \left(\frac{1}{323.15} - \frac{1}{333.15} \right)} = 2.748$

80℃增至 90℃时速率常数的变化：$\dfrac{k_{90}}{k_{80}} = \text{e}^{\frac{90.1 \times 10^3}{8.314} \left(\frac{1}{353.15} - \frac{1}{363.15} \right)} = 2.236$

以上计算结果可以看出，温度升高，聚合反应速率增加。

50℃增至 60℃时聚合度的变化：$\dfrac{\overline{X}_{60}}{\overline{X}_{50}} = \text{e}^{\frac{-34.9}{8.314 \times 10^{-3}} \left(\frac{1}{323.15} - \frac{1}{333.15} \right)} = 0.675$

80℃增至 90℃时聚合度的变化：$\dfrac{\overline{X}_{90}}{\overline{X}_{80}} = \text{e}^{\frac{-34.9}{8.314 \times 10^{-3}} \left(\frac{1}{353.15} - \frac{1}{363.15} \right)} = 0.72$

以上计算结果可以看出，温度升高，聚合度下降。

（2）光引发时反应速率和动力学链长如下所示：

$$R_{p2} = k_p \left(\frac{\phi \varepsilon I_0}{k_t} \right)^{1/2} [\text{M}]^{3/2} \qquad \nu_2 = \frac{k_p}{2(\phi \varepsilon I_0 k_t)^{1/2}} \times [\text{M}]^{1/2}$$

反应速度的表观活化能 E 与 E_p、E_t 的关系为：

$$E = E_p - \frac{E_t}{2} = 32.6 - \frac{10}{2} = 27.6 \text{kJ} \cdot \text{mol}^{-1}$$

$$\ln R_{p2} - \ln R_{p1} = \frac{E}{R} \left(\frac{1}{T_1} - \frac{1}{T_2} \right)$$

50℃增至 60℃时反应速率的变化：$\dfrac{R_{p60}}{R_{p50}} = \text{e}^{\frac{27.6 \times 10^3}{8.314} \left(\frac{1}{323.15} - \frac{1}{333.15} \right)} = 1.36$

80℃增至 90℃时反应速率的变化：$\dfrac{R_{90}}{R_{80}} = \text{e}^{\frac{27.6 \times 10^3}{8.314} \left(\frac{1}{353.15} - \frac{1}{363H15} \right)} = 1.3$

动力学链长的表观活化能 E' 与 E_p、E_t 的关系为：

$$E' = E_p - \frac{E_t}{2} = 27.6 \text{kJ} \cdot \text{mol}^{-1}$$

$$\ln \overline{X}_{n2} - \ln \overline{X}_{n1} = \frac{E'}{R}\left(\frac{1}{T_1} - \frac{1}{T_2}\right)$$

50℃增至 60℃时聚合度的变化：$\dfrac{\overline{X}_{n60}}{\overline{X}_{n50}} = e^{\frac{27.6 \times 10^3}{8.314}\left(\frac{1}{323.15} - \frac{1}{333.15}\right)} = 1.36$

80℃增至 90℃时聚合度的变化：$\dfrac{\overline{X}_{n90}}{\overline{X}_{n80}} = e^{\frac{27.6 \times 10^3}{8.314}\left(\frac{1}{353.15} - \frac{1}{363.15}\right)} = 1.3$

引发剂引发和光引发下，升高温度对聚合反应速率和聚合度的影响如下表所示：

项目	引发剂引发	光引发
$\dfrac{R_{p60}}{R_{p50}}$	2.748	1.36
$\dfrac{R_{p90}}{R_{p80}}$	2.236	1.3
$\dfrac{\overline{X}_{n60}}{\overline{X}_{n50}}$	0.675	1.36
$\dfrac{\overline{X}_{n90}}{\overline{X}_{n80}}$	0.72	1.3

从以上结果可见，引发剂引发时反应速率和聚合度均随温度有较大的变化，并且低温下升温，反应速率和聚合度的变化率大，而光引发聚合中温度对反应速率和聚合度的影响不大。

计算题【3-9】 以过氧化二苯甲酰为引发剂，在 60℃ 进行苯乙烯聚合动力学研究，数据如下：60℃苯乙烯的密度为 0.887g $\cdot$ cm^{-1}；引发剂用量为单体重的 0.109%；$R_p = 2.55 \times 10^{-5}$ mol $\cdot$ L^{-1} $\cdot$ s^{-1}；聚合度 = 2460；$f = 0.8$；自由基寿命 = 0.82s。试求 k_d、k_p、k_t，建立三常数的数量级概念，比较 [M] 和 [M·] 的大小，比较 R_i、R_p、R_t 的大小。

解 假定无链转移反应，苯乙烯的终止为偶合终止，由 $\overline{X}_n = 2460$，得：

$$\nu = \frac{1}{2}\overline{X}_n = 1230$$

$$[\text{M}] = \frac{0.887 \times 1000}{104} = 8.529 \text{mol} \cdot \text{L}^{-1}$$

$$[\text{I}] = \frac{0.887 \times 1000 \times 0.109\%}{242} = 3.995 \times 10^{-3} \text{mol} \cdot \text{L}^{-1}$$

$$R_t = \frac{R_p}{\nu} = \frac{0.255 \times 10^{-4}}{1230} = 2.073 \times 10^{-8} \text{mol} \cdot \text{L}^{-1} \cdot \text{s}^{-1}$$

$$R_i = R_t = 2fk_d[\text{I}] = 2.073 \times 10^{-8} \text{mol} \cdot \text{L}^{-1} \cdot \text{s}^{-1}$$

$$k_d = \frac{R_i}{2f[\text{I}]} = \frac{2.073 \times 10^{-8}}{2 \times 0.8 \times 3.995 \times 10^{-3}} = 3.24 \times 10^{-6} \text{s}^{-1}$$

根据　$\dfrac{\nu}{\tau} = \dfrac{R_p}{[\text{M}\cdot]} = k_p[\text{M}]$，$k_p = \dfrac{\nu}{\tau[\text{M}]} = \dfrac{1230}{0.82 \times 8.529} = 175.87 \text{L} \cdot \text{mol}^{-1} \cdot \text{s}^{-1}$

根据 $R_p\tau=\dfrac{k_p[M]}{2k_t}$，$k_t=\dfrac{k_p[M]}{2R_p\tau}=\dfrac{\nu}{2R_p\tau^2}=\dfrac{1230}{2\times0.82^2\times2.55\times10^{-5}}=3.59\times10^7\,L\cdot mol^{-1}\cdot s^{-1}$

$$R_p\tau=\nu[M\cdot]$$

$$[M\cdot]=\frac{R_p\tau}{\nu}=\frac{2.55\times10^{-5}\times0.82}{1230}=1.7\times10^{-8}\,mol\cdot L^{-1}$$

$$[M]=\frac{0.887\times1000}{104}=8.529\,mol\cdot L^{-1}$$

$$\begin{cases} k_p=175.87\,L\cdot mol^{-1}\cdot s^{-1}\\ k_t=3.59\times10^7\,L\cdot mol^{-1}\cdot s^{-1}\\ k_d=3.24\times10^{-6}\,s^{-1} \end{cases}$$

$$\begin{cases} [M]=8.529\,mol\cdot L^{-1}\\ [M\cdot]=1.7\times10^{-8}\,mol\cdot L^{-1} \end{cases}$$

$$\begin{cases} R_i=2fk_d[I]=2.073\times10^{-8}\,mol\cdot L^{-1}\cdot s^{-1}\\ R_p=2.55\times10^{-5}\,mol\cdot L^{-1}\cdot s^{-1}\\ R_t=2k_t[M\cdot]^2=2.073\times10^{-8}\,mol\cdot L^{-1}\cdot s^{-1} \end{cases}$$

计算题【3-10】 27℃苯乙烯分别用 AIBN 和紫外光引发聚合，获得相同的聚合速率（0.001mol·L⁻¹·s⁻¹）和聚合度（200），77℃聚合时，聚合速率和聚合度各为多少？

解 （1）苯乙烯采用 AIBN 引发时，$E_d=123.4\,kJ\cdot mol^{-1}$，$E_p=26\,kJ\cdot mol^{-1}$，$E_t=8\,kJ\cdot mol^{-1}$（数据来源于 Principle of Polymerization. George Odian，ed. 4th，2004）

$$R_{p1}=k_p[M]\Big(\frac{fk_d}{k_t}\Big)^{1/2}[I]^{1/2}$$

$$E=E_p+\frac{E_d-E_t}{2}=83.7\,kJ\cdot mol^{-1}$$

$$\ln R_{p2}-\ln R_{p1}=\frac{E}{R}\Big(\frac{1}{T_1}-\frac{1}{T_2}\Big)$$

$$\ln R_{p2}=\ln(1\times10^{-3})+\frac{83.7\times10^3}{8.314}\Big(\frac{1}{300.15}-\frac{1}{350.15}\Big)=-2.176$$

$$R_{p2}=0.113\,mol\cdot L^{-1}\cdot s^{-1}$$

$$\nu_1=\frac{k_p}{2(fk_dk_t)^{1/2}}\times\frac{[M]}{[I]^{1/2}}$$

$$E'=E_p-\frac{E_d+E_t}{2}=-39.7\,kJ\cdot mol^{-1}$$

$$\ln\overline{X}_{n2}-\ln\overline{X}_{n1}=\frac{E'}{R}\Big(\frac{1}{T_1}-\frac{1}{T_2}\Big)$$

$$\ln\overline{X}_{n2}=\ln200-\frac{39.7\times10^3}{8.314}\Big(\frac{1}{300.15}-\frac{1}{350.15}\Big)=3.054$$

$$\overline{X}_{n2}=21.2$$

77℃聚合时，用 AIBN 引发聚合，聚合速率 $R_{p2}=0.113\,mol\cdot L^{-1}\cdot s^{-1}$，聚合度

$\overline{X}_{n2} = 21.2$。

（2）苯乙烯采用紫外光引发：$E_d = 0$，$E_p = 26 \text{kJ} \cdot \text{mol}^{-1}$，$E_t = 8 \text{kJ} \cdot \text{mol}^{-1}$。

$$R_{p2} = k_p \left(\frac{\phi \varepsilon I_0}{k_t} \right)^{1/2} [M]^{3/2}$$

$$E = E_p - \frac{E_t}{2} = 26 - \frac{8}{2} = 22 \text{kJ} \cdot \text{mol}^{-1}$$

$$\ln R_{p2} - \ln R_{p1} = \frac{E}{R} \left(\frac{1}{T_1} - \frac{1}{T_2} \right)$$

$$\ln R_{p2} = \ln(1 \times 10^{-3}) + \frac{22 \times 10^3}{8.314} \left(\frac{1}{300.15} - \frac{1}{350.15} \right) = -5.664$$

$$R_{p2} = 3.47 \times 10^{-3} \text{mol} \cdot \text{L}^{-1} \cdot \text{s}^{-1}$$

$$\nu_2 = \frac{k_p}{2(\phi \varepsilon I_0 k_t)^{1/2}} \times [M]^{1/2}$$

$$E' = E_p - \frac{E_t}{2} = 22 \text{kJ} \cdot \text{mol}^{-1}$$

$$\ln \overline{X}_{n2} - \ln \overline{X}_{n1} = \frac{E'}{R} \left(\frac{1}{T_1} - \frac{1}{T_2} \right)$$

$$\ln \overline{X}_{n2} = \ln 200 + \frac{22 \times 10^3}{8.314} \left(\frac{1}{300.15} - \frac{1}{350.15} \right) = 6.542$$

$$\overline{X}_{n2} = 693.7$$

77℃聚合时，用光引发聚合，聚合速率 $R_{p2} = 3.47 \times 10^{-3} \text{mol} \cdot \text{L}^{-1} \cdot \text{s}^{-1}$，聚合度 $\overline{X}_{n2} = 693.7$。

计算题【3-11】 对于双基终止的自由基聚合物，每一大分子含有 1.30 个引发剂残基，假定无链转移反应，试计算歧化终止和偶合终止的相对量。

解 设大分子链活性链总数为 100，其中发生歧化终止的数量为 D，则发生偶合终止的数量为 $100-D$，因为每一个大分子活性链含有一个引发剂的残基，因此引发剂残基的总量为 100。

两个大分子活性链发生歧化终止时生成两个大分子，发生偶合终止时生成一个大分子，因此 100 个大分子链生成的大分子总数为 $D+(100-D)/2$，根据题意有：

$$\frac{100}{D + \frac{100-D}{2}} = 1.3$$

$$D = 54$$

因此，偶合终止相对量 $C = 46\%$，歧化终止相对量 $D = 54\%$。

计算题【3-12】 以过氧化叔丁基作引发剂，60℃时苯乙烯在苯中进行溶液聚合，苯乙烯浓度为 $1.0 \text{mol} \cdot \text{L}^{-1}$，过氧化物浓度为 $0.01 \text{mol} \cdot \text{L}^{-1}$，初期引发速率和聚合速率分别为 $4.0 \times 10^{-11} \text{mol} \cdot \text{L}^{-1} \cdot \text{s}^{-1}$ 和 $1.5 \times 10^{-7} \text{mol} \cdot \text{L}^{-1} \cdot \text{s}^{-1}$。苯乙烯-苯为理想体系，计算 fk_d、初期聚合度、初期动力学链长，求由过氧化物分解所产生的自由基平均要转移几次，分子量分布宽度如何？计算时采用下列数据：$C_M = 8.0 \times 10^{-5}$，$C_I = 3.2 \times 10^{-4}$，$C_S = 2.3 \times 10^{-6}$，60℃下苯乙烯密度 $0.887 \text{g} \cdot \text{mL}^{-1}$，苯的密度为 $0.839 \text{g} \cdot \text{mL}^{-1}$。

解 （1）fk_d、初期聚合度、初期动力学链长：

$[M]_0 = 1.0\,mol \cdot L^{-1}$，$[I]_0 = 0.01\,mol \cdot L^{-1}$

$R_i = 4.0 \times 10^{-11}\,mol \cdot L^{-1} \cdot s^{-1}$，$R_p = 1.5 \times 10^{-7}\,mol \cdot L^{-1} \cdot s^{-1}$

$$fk_d = \frac{R_i}{2[I]} = \frac{4.0 \times 10^{-11}}{2 \times 0.01} = 2 \times 10^{-9}\,s^{-1}$$

$$\nu = \frac{R_p}{R_i} = \frac{1.5 \times 10^{-7}}{4.0 \times 10^{-11}} = 3750$$

以 60℃苯乙烯为偶合终止计算，无链转移时，有 $\overline{X}_{n0} = 2\nu = 2 \times 3750 = 7500$

苯乙烯-苯为理想体系，所以溶剂的浓度为：

$$[S] = \frac{\left(1 - \dfrac{104}{887}\right) \times 839}{78} = 9.50\,mol \cdot L^{-1}$$

$$\frac{1}{\overline{X}_n} = \frac{1}{\overline{X}_{n0}} + C_M + C_I \frac{[I]}{[M]} + C_S \frac{[S]}{[M]}$$

$$= \frac{1}{7500} + 8.0 \times 10^{-5} + 3.2 \times 10^{-4} \times \frac{0.01}{1.0} + 2.3 \times 10^{-6} \times \frac{9.5}{1.0}$$

$$= 1.33 \times 10^{-4} + 0.80 \times 10^{-4} + 0.032 \times 10^{-4} + 0.2185 \times 10^{-4}$$

$$= 2.38 \times 10^{-4}$$

$$\overline{X}_n = 4202$$

（2）自由基平均要转移几次

【方法一】 偶合终止生成的大分子占大分子总数的 $1.33 \times 10^{-4}/2.43 \times 10^{-4} = 54.7\%$。转移终止生成的大分子占大分子总数的 $1.1 \times 10^{-4}/2.43 \times 10^{-4} = 45.3\%$。有 2×54.7 个链自由基发生偶合终止就有 45.3 次链转移终止，因此每个链真正消失活性前转移次数＝转移速率/消失速率＝$45.3/(2 \times 54.7) = 0.41$ 次。

【方法二】 假定苯乙烯发生偶合终止，则 2 个大分子链终止成一个大分子。设每个增长活性链在偶合终止前转移 x 次，则此时体系中具有 x 个大分子和一根活性链，平均聚合度为：

$$\overline{X}_n = \frac{x\left(\dfrac{\nu}{1+x}\right) + 0.5\left(\dfrac{2\nu}{1+x}\right)}{x + 0.5} = \frac{\nu}{x + 0.5} = \frac{3750}{x + 0.5} = 4115$$

$$x = 0.41$$

从计算中可以看出，每个链真正消失活性前转移 0.41 次。

（3）分子量分布宽度：

$$\overline{X}_n = \frac{\nu}{x + 0.5} \qquad \overline{X}_w = \left(\frac{x}{x+1}\right) \times \left(\frac{2\nu}{x+1}\right) + \left(\frac{1}{x+1}\right) \times \left(\frac{3\nu}{x+1}\right) = \frac{\nu(2x+3)}{(x+1)^2}$$

$$\frac{\overline{X}_w}{\overline{X}_n} = \frac{(x+0.5)(2x+3)}{(x+1)^2} = 1.75$$

计算题【3-13】 按上题制得的聚苯乙烯分子量很高，常加入正丁硫醇（$C_S = 21$）调节，问加多少才能制得分子量为 8.5 万的聚苯乙烯？加入正丁硫醇后，聚合速率有何变化？

解 $\overline{X}_n = \dfrac{8.5 \times 10^4}{104} = 817$

$$\frac{1}{\overline{X}_n}=\frac{k_t R_p}{k_p^2[M]^2}+C_M+C_I\frac{[I]}{[M]}+C_S\frac{[S]}{[M]}+C_S'\frac{[S]'}{[M]}$$

$$\frac{1}{817}=\frac{1}{7500}+8.5\times10^{-5}+3.2\times10^{-4}\times\frac{0.01}{1.0}+2.3\times10^{-6}\times\frac{9.5}{1.0}+21\times\frac{[S]'}{1.0}$$

$$[S]'=4.7\times10^{-5}\,mol\cdot L^{-1}=4.7\times10^{-5}\times90=4.23\times10^{-3}\,g\cdot L^{-1}$$

加入正丁硫醇后，对聚合速率的影响不大。

加入的正丁硫醇的浓度要达到 $4.23\times10^{-3}\,g\cdot L^{-1}$ 时，才能制得分子量为 8.5 万的聚苯乙烯。

计算题【3-14】 聚氯乙烯的分子量为什么与引发剂浓度无关而仅决定于聚合温度？向氯乙烯单体链转移常数 C_M 与温度的关系如下：$C_M=125\exp(-30.5/RT)$，即活化能为 $30.5\,kJ\cdot mol^{-1}$，试求 40℃、50℃、55℃、60℃下的聚氯乙烯平均聚合度。

解 氯乙烯的转移常数很高，比一般单体要大 1～2 个数量级，其转移速率已经超过了正常的终止速率，即 $R_{tr,M}>R_p$。结果聚氯乙烯的平均聚合度主要决定于单体转移常数，链转移速率常数与链增长速率常数均随温度变化而变化。所以聚氯乙烯的分子量与引发剂浓度无关而仅决定于聚合温度。

$$\overline{X}_n=\frac{R_p}{R_t+R_{tr,M}}=\frac{R_p}{R_{tr,M}}=\frac{1}{C_M}=\frac{1}{125e^{-30.5/RT}}$$

因为　　　　　$E=30.5\,kJ/mol$，取 $R=8.314\,J/(mol\cdot K)$

$$40℃:\overline{X}_n=\frac{1}{C_M}=\frac{1}{125e^{-30.5\times10^3/8.314\times313.15}}=980$$

$$50℃:\overline{X}_n=\frac{1}{C_M}=\frac{1}{125e^{-30.5\times10^3/8.314\times323.15}}=681$$

$$55℃:\overline{X}_n=\frac{1}{C_M}=\frac{1}{125e^{-30.5\times10^3/8.314\times328.15}}=573$$

$$60℃:\overline{X}_n=\frac{1}{C_M}=\frac{1}{125e^{-30.5\times10^3/8.314\times333.15}}=484$$

计算题【3-15】 用过氧化二苯甲酰作引发剂，苯乙烯在 60℃下进行本体聚合，试计算双基终止、向引发剂转移、向单体转移三部分在聚合度倒数中所占的百分比。对聚合有何影响？计算时用下列数据。$[I]=0.04\,mol\cdot L^{-1}$，$f=0.8$，$k_d=2.0\times10^{-6}\,s^{-1}$，$k_p=176\,L\cdot mol^{-1}\cdot s^{-1}$，$C_I=0.05$，$k_t=3.6\times10^7\,L\cdot mol^{-1}\cdot s^{-1}$，$\rho(60℃)=0.887\,g\cdot mL^{-1}$，$C_M=0.85\times10^{-4}$。

解 根据 $\dfrac{1}{X_n}=\dfrac{D+\dfrac{C}{2}}{\nu}+C_M+C_I\dfrac{[I]}{[M]}+C_S\dfrac{[S]}{[M]}$

苯乙烯进行本体聚合，所以 $[S]=0$，假定终止方式为双基终止；$D=0$，上式变为：

$$\frac{1}{\overline{X}_n}=\frac{1}{2\nu}+C_M+C_I\frac{[I]}{[M]}$$

因为　　　　　$\rho(60℃)=0.887\,g\cdot mL^{-1}$

所以　　　$[M]=\dfrac{0.887\times1000}{104}=8.529\,mol\cdot L^{-1}$，$[I]=0.04\,mol\cdot L^{-1}$

$$R_p=k_p[M]\left(\frac{fk_d}{k_t}\right)^{1/2}[I]^{1/2}$$

$$=176\times8.529\times\left(\frac{0.8\times2.0\times10^{-6}}{3.6\times10^{7}}\right)^{1/2}\times(0.04)^{1/2}$$

$$=6.33\times10^{-5}\,\text{mol}\cdot\text{L}^{-1}\cdot\text{s}^{-1}$$

$$\nu=\frac{k_p[\text{M}]}{2(fk_dk_t)^{1/2}}\times\frac{1}{[\text{I}]^{1/2}}=\frac{176\times8.529}{2\times(0.8\times2.0\times10^{-6}\times3.6\times10^{7}\times0.04)^{1/2}}=494.5$$

$$\frac{1}{\overline{X}_n}=\frac{1}{494.5\times2}+0.85\times10^{-4}+0.05\times\frac{0.04}{8.529}=1.33\times10^{-3}$$

引发剂引发双基终止在聚合度倒数中占 $\dfrac{1/2\nu}{1/\overline{X}_n}=\dfrac{1.01\times10^{-3}}{1.33\times10^{-3}}=75.9\%$

向单体转移在聚合度例数中占 $\dfrac{C_M}{1/\overline{X}_n}=\dfrac{0.085\times10^{-3}}{1.33\times10^{-3}}=6.0\%$

向引发剂转移在聚合度倒数中占 $\dfrac{C_I[\text{I}]/[\text{M}]}{1/\overline{X}_n}=\dfrac{0.234\times10^{-3}}{1.33\times10^{-3}}=17.6\%$

计算题【3-16】 自由基聚合遵循下式规律 $R_p=k_p[\text{M}]\left(\dfrac{fk_d}{k_t}\right)^{1/2}[\text{I}]^{1/2}$，在某一引发剂起始浓度、单体浓度和聚合时间下的转化率如下，试计算下表实验4达到50%转化率所需的时间，计算总活化能。

实验	$T/℃$	$[\text{M}]/\text{mol}\cdot\text{L}^{-1}$	$[\text{I}]/10^{-3}\text{mol}\cdot\text{L}^{-1}$	聚合时间/min	转化率/%
1	60	1.00	2.5	500	50
2	80	0.50	1.0	700	75
3	60	0.80	1.0	600	40
4	60	0.25	10.0	—	50

解 自由基聚合遵循下式规律：

$$R=-\frac{d[\text{M}]}{dt}=k_p\left(\frac{fk_d}{k_t}\right)^{1/2}[\text{I}]^{1/2}[\text{M}]$$

积分得： $$\ln\frac{1}{1-C}=k_p\left(\frac{fk_d}{k_t}\right)^{1/2}[\text{I}]^{1/2}t$$

假设在四个聚合反应过程中引发剂的消耗量不大，有$[\text{I}]\approx[\text{I}]_0$。

实验1、实验4具有相同的反应温度、聚合时间及转化率，因此反应速率常数相当、C 及反应时间 t 相同，所以：

$$k_p\left(\frac{fk_d}{k_t}\right)^{1/2}[\text{I}]_1^{1/2}t_1=k_p\left(\frac{fk_d}{k_t}\right)^{1/2}[\text{I}]_4^{1/2}t_4$$

$$t_4=\frac{[\text{I}]_1^{1/2}}{[\text{I}]_4^{1/2}}t_1=\frac{2.5^{1/2}}{10^{1/2}}\times500=250\text{min}$$

实验4达到50%转化率所需时间为250min。比较实验2和实验3，有：

$$\frac{-\ln[1-C]_{60}}{-\ln[1-C]_{80}}=\frac{(k[\text{I}]_0^{1/2}t)_{60}}{(k[\text{I}]_0^{1/2}t)_{80}}=\frac{\ln(1-0.4)}{\ln(1-0.75)}$$

$$\frac{k_{60}}{k_{80}}=\frac{700}{500}\times\frac{\ln(1-0.4)}{\ln(1-0.75)}=\frac{1}{2.33}$$

$$k = A\mathrm{e}^{-E/RT}$$

$$-\frac{E}{R}\left(\frac{1}{333} - \frac{1}{353}\right) = -\ln 2.33$$

$$E = 8.314 \times 10^{-3} \times \ln 2.33 \times \frac{20}{333 \times 353} = 41.3\,\mathrm{kJ} \cdot \mathrm{mol}^{-1}$$

计算题【3-17】　100℃时，苯乙烯（M）在甲苯（S）中进行热聚合，测得数均聚合度与[S]/[M]比值有如下关系。求向甲苯的转移常数 C_S，要制得平均聚合度为 2×10^5 的聚苯乙烯，[S]/[M]应该是多少？

$\overline{X}_n / \times 10^5$	3.3	1.62	1.14	0.80	0.65
[S]/[M]	0	5	10	15	20

解　（1）由于苯乙烯在甲苯中进行热聚合，所以不存在向引发剂的链转移，聚合度的表达式为：

$$\frac{1}{\overline{X}_n} = \frac{1}{\overline{X}_{n0}} + C_\mathrm{S}\frac{[S]}{[M]}$$

$\dfrac{1}{\overline{X}_{n0}}$ 表示无溶剂时的平均聚合度的倒数，$\dfrac{1}{\overline{X}_{n0}} = \dfrac{1}{3.3 \times 10^5}$，于是有：

$$\frac{1}{\overline{X}_n} = \frac{1}{3.3 \times 10^5} + C_\mathrm{S}\frac{[S]}{[M]}$$

以 $\dfrac{1}{\overline{X}_n}$ 对[S]/[M]作图，采用最小二乘法拟合直线（如下图），所得直线的斜率：

$$C_\mathrm{S} = 6.28 \times 10^{-7}$$

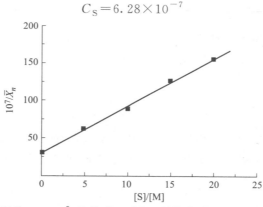

（2）要想制得聚合度为 2×10^5 的聚苯乙烯，其[S]/[M]值可按下式计算：

$$\frac{1}{2 \times 10^5} = \frac{1}{3.3 \times 10^5} + 6.28 \times 10^{-7}\frac{[S]}{[M]}$$

$$\frac{[S]}{[M]} = 3.14$$

计算题【3-18】　某单体用不同浓度的某引发剂进行自由基聚合，引发速率单独测定，自由基寿命用光闸旋转法测定，有如下实验数据。引发速率和自由基寿命的变化均符合自由基聚合动力学规律，试求终止速率常数。

$R_i/10^{-9} \, mol \cdot L^{-1} \cdot s^{-1}$	2.35	1.59	12.75	5.00	14.85
τ/s	0.73	0.93	0.32	0.50	0.29

解 引发速率和自由基寿命的变化均符合自由基聚合动力学规律，因此：

$$\tau = \frac{1}{(2k_t R_i)^{1/2}} = \frac{1}{(2k_t)^{1/2}} \times \frac{1}{R_i^{1/2}} \qquad \text{以 } \tau - \frac{1}{R_i^{1/2}} \text{作图，如下表及图。}$$

$R_i/mol \cdot L^{-1} \cdot s^{-1}$	2.350×10^{-9}	1.590×10^{-9}	1.275×10^{-8}	5.000×10^{-9}	1.485×10^{-8}
$1/(R_i)^{1/2}$	2.063×10^4	2.508×10^4	8.856×10^3	1.414×10^4	8.206×10^3
τ/s	0.73	0.93	0.32	0.50	0.29

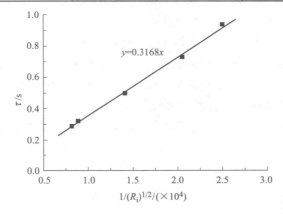

采用最小二乘法进行回归，得直线 $y = 0.3618x$

则有 $\dfrac{1}{(2k_t)^{1/2}} = 0.3618 \times 10^{-4}$

$$k_t = 3.82 \times 10^8 \, L \cdot mol^{-1} \cdot s^{-1}$$

3.5 提要

（1）加聚和连锁聚合　加聚，加成聚合的简称，一般属于连锁聚合机理，包括自由基聚合、阴离子聚合、阳离子聚合、配位聚合等。

（2）烯类单体对聚合机理的选择性　取代基的电子效应是影响烯类单体对聚合机理选择性的主要因素。带吸电子基团并共轭的单体有利于阴离子聚合，带供电基团的单体有利于阳离子聚合，大多数烯类单体都能自由基聚合。1,2-双取代单体难聚合，1,1-双取代单体能聚合，但基团较大，也不利聚合。

（3）聚合热力学　聚合自由能的大小是能否聚合的判据，烯类聚合熵变基本上一定，因此也可用聚合焓的大小来初步判断聚合倾向。位阻、共轭、电负性基团、强氢键等对聚合焓都有影响。聚合焓和聚合熵的比值定义为聚合上限温度。加压使聚合上限温度提高，有利于聚合。单质环状硫则有聚合下限温度。

$$\Delta G = \Delta H - T\Delta S \qquad T_c = \frac{\Delta H^{\ominus}}{\Delta S^{\ominus}}$$

（4）自由基的活性　分子结构对自由基活性有很大的影响。甲基、乙基自由基过于活泼，引发聚合无法控制。相反，三苯基甲基自由基稳定，是自由基捕捉剂。中等活性自由基才用于聚合。自由基聚合中常用引发剂分解来产生自由基，热、光、辐射、等离子体、微波等也能产生自由基。

（5）自由基聚合机理　微观聚合历程由链引发、增长、终止、转移等基元反应组成，各反应的活化能和速率常数并不相同。机理特征是慢引发、快增长、速终止、有转移，引发是控制反应。一经引发，增长和终止几乎瞬时完成，以秒计。增长以头尾连接为主。终止有偶合和歧化两种形式。体系由单体和聚合物组成，无中间产物。随着聚合时间的延长，单体转化率不断增加，聚合度变化较小。

（6）引发剂　常用引发剂有过氧类（如过氧化二苯甲酰、过硫酸钾等）和偶氮类（如偶氮二异丁腈）化合物，还有氧化还原体系。热或光可促使引发剂分解，分解速率常数 k_d 可由实验测定，工业上多以半衰期 $t_{1/2}$ 表示。分解速率常数和半衰期与温度的关系遵循 Arrhenius 规律。应该根据聚合温度来选用合适半衰期的引发剂。有些引发剂分解时伴有诱导分解、笼蔽效应等副反应，处理动力学时，需引入引发剂效率 f。

$$\frac{[I]}{[I^0]} = e^{-k_d t} \qquad t_{1/2} = \frac{\ln 2}{k_d} = \frac{0.693}{k_d}$$

$$k_d = A e^{-E_d/RT} \qquad \ln k_d = \ln A - E_d/RT \qquad \lg t_{1/2} = \frac{A}{T} - B$$

（7）热引发聚合　有些单体在室温下储存，能缓慢地聚合。但工业上应用热来引发聚合的单体只有苯乙烯，而且多在 120℃ 以上进行，并加引发剂。热引发反应的动力学特征是三级反应。

（8）光引发和辐射引发　光聚合有光直接引发、光引发剂引发、光敏剂间接引发三类。^{60}Co 源 γ 射线最常用于辐射聚合。辐射聚合与光引发聚合的共同特点是：活化能低，可以室温聚合，温度对聚合速率和分子量的影响较小。

（9）等离子体和微波引发聚合　等离子体可能引起三类反应：传统自由基聚合，非传统聚合和聚合物化学反应。微波热效应可加速橡胶硫化，非热效应可引发部分单体聚合或加速聚合。

（10）聚合速率　宏观聚合过程可以分为初期、中期、后期等。初期速率因单体浓度降低而缓降，中期因凝胶效应而自动加速，后期因玻璃化效应而减速。根据等活性概念、长链、稳态、链转移无影响四个假定，由聚合机理可推导得初期自由基聚合速率与单体浓度成正比，与引发剂浓度平方根成正比。

$$R_p = k_p \left(\frac{f k_d}{k_t}\right)^{1/2} [I]^{1/2} [M] \qquad E = \left(E_p - \frac{E_t}{2}\right) + \frac{E_d}{2}$$

速率常数数量级如下：$k_d \approx 10^{-5\pm1} s^{-1}$，$f = 0.6 \sim 0.8$，$k_p \approx 10^{3\pm1} L \cdot mol^{-1} \cdot s^{-1}$，$k_t \approx 10^{7\pm1} L \cdot mol^{-1} \cdot s^{-1}$。三者活化能为：$E_d = 120 \sim 130 kJ \cdot mol^{-1}$，$E_p = 20 \sim 35 kJ \cdot mol^{-1}$，$E_t = 8 \sim 20 kJ \cdot mol^{-1}$，综合活化能 $E \approx 80 kJ \cdot mol^{-1}$。聚合速率随温度而增加。转化率增加，体系黏度增大，终止速率降低，产生凝胶效应，聚合自动加速。

　　宏观聚合过程有加速型、匀速型和减速型三种，如果引发剂半衰期选择得当，则可接近匀速要求。

　　(11) 聚合度 $\overline{X}_n$、动力学链长 ν 和链转移　　聚合度与引发剂浓度平方根成反比，随温度升高而降低。

　　活性链向单体、引发剂、溶剂等低分子转移，将使分子量降低，向大分子转移，则产生支链。每一活性种从引发开始到双基终止所消耗的单体分子数定义为动力学链长 ν。无链转移、歧化终止时，一活性种只形成一条大分子链，聚合度与动力学链长相等；偶合终止时，聚合度是动力学链长的 2 倍。有链转移时，一活性种将形成多条大分子链，歧化终止时，聚合度等于动力学链长和该活性种所形成大分子数的比值。

歧化终止无链转移：　　　$\overline{X}_n = \nu = \dfrac{R_p}{R_t}$　　　$\nu = \dfrac{k_p}{2(fk_d k_t)^{1/2}} \times \dfrac{[M]}{[I]^{1/2}}$

歧化终止有链转移：　　　$\nu = \dfrac{R_p}{R_t}$　　　$\overline{X}_n = \dfrac{R_p}{R_t + \sum R_{tr}}$

$$\frac{1}{\overline{X}_n} = \frac{2k_t R_p}{k_p^2 [M]^2} + C_M + C_I \frac{[I]}{[M]} + C_S \frac{[S]}{[M]}$$

$$C_M = \frac{k_{tr,M}}{k_p} \qquad C_I = \frac{k_{tr,I}}{k_p} \qquad C_S = \frac{k_{tr,S}}{k_p}$$

　　转移常数典型值：苯乙烯 $C_M = 10^{-4} \sim 10^{-5}$，氯乙烯 $C_M = 10^{-3}$；甲苯 $C_S = 0.125 \times 10^{-4}$，叔丁硫醇 $C_S = 3.7$。

　　(12) 聚合度分布　　可由统计法推导出来 x-聚体分布函数和平均聚合度：

终止	数量分布函数	质量分布函数	数均聚合度	质均聚合度	分布指数
歧化	$N_x = N p^{x-1}(1-p)$	$\dfrac{W_x}{W} = x p^{x-1}(1-p)^2$	$\overline{X}_n = \dfrac{1}{1-p}$	$\overline{X}_w = \dfrac{1+p}{1-p}$	$\dfrac{\overline{X}_w}{\overline{X}_n} = 1 + p \approx 2$
偶合	$N_x = \dfrac{1}{2} n x p^{x-2}(1-p)^3$	$\dfrac{W_x}{W} = \dfrac{1}{2} x^2 p^{x-2}(1-p)^3$	$\overline{X}_n = \dfrac{2}{1-p}$	$\overline{X}_w \approx \dfrac{3}{1-p}$	$\dfrac{\overline{X}_w}{\overline{X}_n} = \dfrac{3}{2}$

　　(13) 阻聚剂及其选择　　阻聚剂有分子型和稳定自由基型两类。阻聚效果可以用阻聚常数 C_Z 来表征，C_Z 可用 DPPH 比色法来测定。苯乙烯、醋酸乙烯酯等带有供电基团的单体，首选醌类、芳族硝基化合物、变价金属卤化物 ($FeCl_3$) 等亲电性阻聚剂。丙烯腈、丙烯酸酯类等带吸电子基团的单体，则可选酚类、胺类等易供出氢原子的阻聚剂。烯丙基型单体易被衰减转移成比较稳定的烯丙基自由基，活性不高。

　　(14) 增长和终止速率常数测定方法　　目前已发展有光闸法、顺磁共振法、乳胶粒数法、脉冲激光法四种。可测参数有聚合速率、聚合度、自由基浓度、自由基寿命。

　　(15) 可控和"活性"自由基聚合　　"活性"聚合的原理是降低自由基的浓度 [M·] 或活性，减弱双基终止。关键是使增长自由基 (P_n·) 蜕化成低活性的共价休眠种 (P_n—X)，但希望休眠种仍能分解成增长自由基，构成可逆平衡，并要求平衡倾向于休眠种一侧。目前活性自由基聚合有 4 种方法：氮氧稳定自由基法、引发转移终止剂法、原子转移自由基聚合法、可逆加成-断裂转移法。

4 自由基共聚合

○○ ——∎—— ○○ ○ ○○ ——∎—— ○ ○ ○○ ○

4.1 本章重点与难点

4.1.1 重点术语和概念

无规共聚物，交替共聚物，嵌段共聚物，接枝共聚物，共聚合，竞聚率，恒比点，序列结构，序列长度，单体活性，自由基活性，$Q\text{-}e$ 概念。

4.1.2 重要公式

二元共聚物瞬时组成方程：
$$\frac{\mathrm{d}[M_1]}{\mathrm{d}[M_2]}=\frac{[M_1]}{[M_2]}\times\frac{r_1[M_1]+[M_2]}{r_2[M_2]+[M_1]}$$

$$F_1=\frac{r_1f_1^2+f_1f_2}{r_1f_1^2+2f_1f_2+r_2f_2^2}$$

恒比点：
$$(F_1)_A=(f_1)_A=\frac{1-r_2}{2-r_1-r_2}$$

共聚物组成与转化率关系：
$$\bar{F}_1=\frac{M_1^0-M_1}{M^0-M}=\frac{f_1^0-(1-C)f_1}{C}$$

$$C=1-\frac{M}{M^0}=1-\left[\frac{f_1}{f_1^0}\right]^{\alpha}\left[\frac{f_2}{f_2^0}\right]^{\beta}\left[\frac{f_1^0-\delta}{f_1-\delta}\right]^{\gamma}$$

$$\alpha=\frac{r_2}{1-r_2}\qquad\beta=\frac{r_1}{1-r_1}$$

$$\gamma=\frac{1-r_1r_2}{(1-r_1)(1-r_2)}\qquad\delta=\frac{1-r_2}{2-r_1-r_2}$$

$Q\text{-}e$ 方程：
$$r_1=\frac{k_{11}}{k_{12}}=\frac{P_1Q_1\exp(-e_1^2)}{P_1Q_2\exp(-e_1e_2)}=\frac{Q_1}{Q_2}\exp[-e_1(e_1-e_2)]$$

$$r_2 = \frac{k_{22}}{k_{21}} = \frac{P_2 Q_2 \exp(-e_2^2)}{P_2 Q_1 \exp(-e_1 e_2)} = \frac{Q_2}{Q_1} \exp[-e_2(e_2 - e_1)]$$

$$\ln(r_1 r_2) = -(e_1 - e_2)^2$$

4.1.3 难点

共聚合行为的判断，二元共聚物组成控制方法，单体活性与自由基活性的比较。

4.2 例题

例【4-1】 苯乙烯（M_1）和丙烯酸甲酯（M_2）在苯中共聚，已知 $r_1 = 0.75$，$r_2 = 0.20$。求：（1）画出共聚物组成 F_1-f_1 曲线；（2）$[M_1]_0 = 1.5 \text{mol} \cdot \text{L}^{-1}$，$[M_2]_0 = 3.0 \text{mol} \cdot \text{L}^{-1}$，求起始共聚物的组成；（3）当 M_1 质量分数为 15%，当 M_2 质量分数为 85% 时，求起始共聚物的组成。

解 （1）因为 $r_1 = 0.75 < 1$，$r_2 = 0.2 < 1$，所以，两单体的共聚属于有恒比共聚点的非理想共聚。其恒比点为：$F_1 = f_1 = \dfrac{1 - r_2}{2 - r_1 - r_2} = \dfrac{1 - 0.2}{2 - 0.75 - 0.2} = 0.762$

共聚物组成的 F_1-f_1 曲线如下：

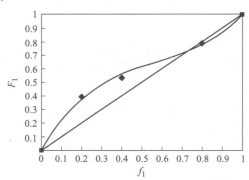

（2）因为 $[M_1]_0 = 1.5 \text{mol} \cdot \text{L}^{-1}$，$[M_2]_0 = 3.0 \text{mol} \cdot \text{L}^{-1}$。

得 $f_1^0 = \dfrac{[M_1]_0}{[M_1]_0 + [M_2]_0} = \dfrac{1.5}{1.5 + 3.0} = 0.33$，$f_2^0 = 1 - f_1^0 = 0.67$

起始共聚物组成为 $F_1^0 = \dfrac{r_1(f_1^0)^2 + f_1^0 f_2^0}{r_1(f_1^0)^2 + 2f_1^0 f_2^0 + r_2(f_2^0)^2} = 0.5$

（3）当 $[M_1]_0 = 15\%$（质量分数），$[M_2]_0 = 85\%$（质量分数），M_1 和 M_2 的摩尔分数分别为：

$$f_1^0 = \frac{[M_1]_0}{[M_1]_0 + [M_2]_0} = \frac{0.15/104}{0.15/104 + 0.85/86} = \frac{1.44 \times 10^{-3}}{1.44 \times 10^{-3} + 9.88 \times 10^{-3}} = 0.127$$

$$f_2^0 = 1 - f_1^0 = 1 - 0.127 = 0.873$$

起始共聚物组成为 $F_1^0 = \dfrac{r_1(f_1^0)^2 + f_1^0 f_2^0}{r_1(f_1^0)^2 + 2f_1^0 f_2^0 + r_2(f_2^0)^2} = 0.318$

例【4-2】 根据下图的二元组分的自由基共聚反应 F_1-f_1 关系形状，判断竞聚率值、共聚反应特征、共聚物组成与原料组成的关系，以及共聚物两组分排列的大致情况。

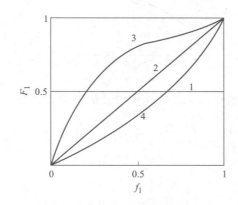

解 曲线（1）$r_1 = r_2 = 0$，交替共聚，不论单体配比如何，共聚物组成恒定，并且不随转化率的变化而变化，共聚物为交替共聚物，两种结构单元严格交替排列。

曲线（2）$r_1 = r_2 = 1$，恒比共聚，不论单体配比如何，共聚物组成与单体组成完全相等，并且不随转化率的变化而变化，共聚物为无规共聚物。

曲线（3）$r_1 > 1$，$r_2 < 1$，非理想共聚，共聚物中 M_1 组成（F_1）和单体组成中 M_1 的含量（f_1）均随转化率的增加而下降，共聚物为无规共聚物。

曲线（4）$r_1 r_2 = 1$（曲线 4 关于另一对角线对称，故 $r_1 r_2 = 1$）且 $r_1 < 1$，理想共聚，共聚物中 M_1 组成（F_1）和单体组成中 M_1 的含量（f_1）均随转化率的增加而增加，共聚物为无规共聚物。

例【4-3】 丙烯腈-苯乙烯的竞聚率 $r_1 = 0.04$，$r_2 = 0.40$，若所采用的丙烯腈（M_1）和苯乙烯（M_2）的投料质量比为 24∶76，在生产中采用单体一次投料的聚合工艺，并在高转化率下才停止反应。试求：（1）画出 F-f 的关系图；（2）计算恒比点，并讨论所得共聚物的均匀性；（3）所需的共聚物组成中含苯乙烯单体单元的质量分数为 70%，问起始单体配料比及投料方法又如何？

解 （1）由于 $r_1 < 1$，$r_2 < 1$，此共聚体系属于有恒比点的共聚体系，其 F_1-f_1 的关系图如下：

（2）恒比点 $(f_1)_A$ 为：$(f_1)_A = \dfrac{1 - r_2}{2 - r_1 - r_2} = \dfrac{1 - 0.4}{2 - 0.4 - 0.04} = 0.385$

据两单体的分子量可知，当两单体投料质量比为 24∶76 时，M_1 的摩尔分数为：

$$f_1^0 = \frac{24/53}{24/53 + 76/104} = \frac{0.453}{0.453 + 0.731} = 0.38$$

由于 f_1^0 为 0.38，与恒比共聚点十分相近，在聚合过程中共聚物组成随转化率的变化不大，因此在这种投料比下，一次投料于高转化率下停止反应，仍可制得组成相当均匀的共聚物。

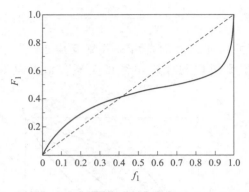

（3）所需的共聚物组成中含苯乙烯单体单元的质量分数为 70% 时：

$$dm_2 = 70, F_2 = \frac{70/104}{70/104 + 30/53} \approx 0.543$$

$$F_1 = 0.457$$

$$F_1 = \frac{r_1(f_1)^2 + f_1 f_2}{r_1(f_1)^2 + 2f_1 f_2 + r_2(f_2)^2} = 0.457$$

得：$f_1^0 = 0.605$

$$[M_1]_0/[M_2]_0 = \frac{0.605}{1-0.605} = 1.53 \text{ （摩尔比）}$$

或

$$\frac{m_1}{m_2} = \frac{0.605}{0.395} \times \frac{53}{104} = 0.78 \text{ （质量比）}$$

投料方法：将两种单体按 $m_1/m_2 = 0.78$（质量比）比例相互混合，一次投料，采用补加活性单体 M_2 的方法保持共聚物组成均一。

例【4-4】 在自由基共聚合反应中，苯乙烯（St）的相对活性远大于醋酸乙烯酯（VAc），醋酸乙烯酯均聚时，如果加入少量苯乙烯，则醋酸乙烯酯难以聚合。试解释发生这一现象的原因。

解 醋酸乙烯酯（$r_1 = 0.01$）和苯乙烯（$r_2 = 55$）的共聚反应中存在以下四种链增长反应，其链增长速率常数如下：

$$\sim\sim\text{St} \cdot + \text{St} \longrightarrow \sim\sim\text{StSt} \cdot \qquad k_{11} = 176 \text{L} \cdot \text{mol}^{-1} \cdot \text{s}^{-1}$$

$$\sim\sim\text{St} \cdot + \text{VAc} \longrightarrow \sim\sim\text{StVAc} \cdot \qquad k_{12} = 3.2 \text{L} \cdot \text{mol}^{-1} \cdot \text{s}^{-1}$$

$$\sim\sim\text{VAc} \cdot + \text{VAc} \longrightarrow \sim\sim\text{VAcVAc} \cdot \qquad k_{22} = 3700 \text{L} \cdot \text{mol}^{-1} \cdot \text{s}^{-1}$$

$$\sim\sim\text{VAc} \cdot + \text{St} \longrightarrow \sim\sim\text{VAcSt} \cdot \qquad k_{21} = 370000 \text{L} \cdot \text{mol}^{-1} \cdot \text{s}^{-1}$$

如果单体中加有少量苯乙烯，由于 $k_{21} \gg k_{22}$，所以 $\sim\sim\text{VAc} \cdot$ 很容易转变为 $\text{VAcSt} \cdot$，而 $\sim\sim\text{VAcSt} \cdot$ 再转变成 $\sim\sim\text{StVAc} \cdot$ 则相当困难（k_{12} 很小）。醋酸乙烯酯均聚时，体系中绝大部分单体是 VAc，所以少量苯乙烯的存在大大地降低了醋酸乙烯酯的聚合速率。

例【4-5】 利用 Q、e 值判别：苯乙烯-丙烯腈、苯乙烯-顺丁烯二酸酐、苯乙烯-丁二烯、苯乙烯-乙基乙烯基醚这四对单体共聚会生成哪类共聚物？

解 题中四对单体的 Q、e 值如下表：

单　体	Q	e
苯乙烯	1.00	-0.80
丙烯腈	0.60	1.20
顺丁烯二酸酐	0.23	2.25
丁二烯	2.39	-1.05
乙基乙烯基醚	0.032	-1.17

苯乙烯-丙烯腈：

$$r_1 = \frac{1.00}{0.60}\exp[-(-0.80)\times(-0.80-1.20)] = 0.336$$

$$r_2 = \frac{0.60}{1.00}\exp[-1.20\times(1.20+0.80)] = 0.054, \quad r_1r_2 = 0.0183$$

Q 值相近，e 值相差较大，发生交替共聚。

苯乙烯-顺丁烯二酸酐：

$$r_1 = \frac{1.00}{0.23}\exp[-(-0.80)\times(-0.80-2.25)] = 0.379$$

$$r_2 = \frac{0.23}{1.00}\exp[-2.25\times(2.25+0.80)] = 2.41\times10^{-4}, \quad r_1r_2 = 9.13\times10^{-5}$$

Q 值、e 值相差较大，发生交替共聚。

苯乙烯-丁二烯：

$$r_1 = \frac{1.00}{2.39}\exp[-(-0.80)\times(-0.80+1.05)] = 0.511$$

$$r_2 = \frac{2.39}{1.00}\exp[1.05\times(-1.05+0.80)] = 1.838, \quad r_1r_2 = 0.939$$

Q 值、e 值相近，理想共聚，无规共聚物。

苯乙烯-乙基乙烯基醚：

$$r_1 = \frac{1.00}{0.032}\exp[-(-0.80)\times(-0.80+1.17)] = 42.015$$

$$r_2 = \frac{0.032}{1.00}\exp[1.17\times(-1.17+0.80)] = 0.0208, \quad r_1r_2 = 0.872$$

Q 值差别较大，e 值相近，难以共聚。

例【4-6】 单体 M_1 和 M_2 进行共聚，50℃时 $r_1=4.4$，$r_2=0.12$，计算并回答：

(1) 如果两单体的极性相差不大，空间效应的影响也不显著，那么两单体取代基的共轭效应哪个大，为什么？

(2) 若开始生成的共聚物物质的量组成 M_1 和 M_2 各为 0.5mol，问起始单体组成是多少？

解 (1) 由 $r_1 = \dfrac{Q_1}{Q_2}\exp[-e_1(e_1-e_2)]$，$r_2 = \dfrac{Q_2}{Q_1}\exp[-e_2(e_2-e_1)]$，且 $e_1 \approx e_2$。

$r_1 = \dfrac{Q_1}{Q_2} = 4.4$，$r_2 = \dfrac{Q_2}{Q_1} = 0.12$，得 $Q_1 > Q_2$，即 M_1 的共轭效应大。

（2）由 $\dfrac{\mathrm{d}[M_1]}{\mathrm{d}[M_2]}=\dfrac{[M_1]}{[M_2]}\times\dfrac{r_1[M_1]+[M_2]}{r_2[M_2]+[M_1]}=1,r_1=4.4,r_2=0.12$

得 $\dfrac{[M_1]}{[M_2]}=0.165$ $f_1^0=\dfrac{[M_1]}{[M_1]+[M_2]}=0.142$

起始单体组成为 0.142。

例【4-7】 苯乙烯（M_1）与丁二烯（M_2）在 5℃下进行自由基共聚时，其 $r_1=0.64$，$r_2=1.38$，已知苯乙烯和丁二烯的均聚增长速率常数分别为 $49\mathrm{L\cdot mol^{-1}\cdot s^{-1}}$ 和 $25.1\mathrm{L\cdot mol^{-1}\cdot s^{-1}}$。试求：（1）计算共聚时的速率常数；（2）比较两种单体和两种链自由基的反应活性的大小；（3）要制备组成均一的共聚物需要采取什么措施？

解 （1）$r_1=0.64$，$r_2=1.38$，则：

$$r_1=\frac{k_{11}}{k_{12}}\Rightarrow k_{12}=\frac{k_{11}}{r_1}=\frac{49}{0.64}=76.56\mathrm{L\cdot mol^{-1}\cdot s^{-1}}$$

$$r_2=\frac{k_{22}}{k_{21}}\Rightarrow k_{21}=\frac{k_{22}}{r_2}=\frac{25.1}{1.38}=18.19\mathrm{L\cdot mol^{-1}\cdot s^{-1}}$$

（2）因为 $k_{11}=49$，$k_{12}=76.56$，所以对于苯乙烯自由基，丁二烯单体活性大于苯乙烯单体活性。同理，$k_{21}=18.19$，$k_{22}=25.1$，对于丁二烯自由基，丁二烯单体活性大于苯乙烯单体活性。

综上，丁二烯单体活性大于苯乙烯单体活性。

$k_{21}=18.19<k_{11}=49$，对于苯乙烯单体，丁二烯自由基活性小于苯乙烯自由基活性。由 $k_{22}=25.1<k_{12}=76.56$，对于丁二烯单体，丁二烯自由基活性小于苯乙烯自由基活性。所以丁二烯自由基活性小于苯乙烯自由基活性。由此可以看出单体活性大小和链自由基活性大小恰好相反。

（3）此共聚为无恒比共聚点的非理想共聚，要控制共聚物组成均一，常用补加活泼单体的方法。

例【4-8】 M_1 和 M_2 两单体共聚，若 $r_1=0.75$，$r_2=0.20$，求：（1）该体系有无恒比共聚点？该点共聚物组成 F_1 为多少？（2）若起始 $f_1^0=0.80$，试比较 t 时刻单体组成 f_1 与 f_1^0 的大小，所形成的共聚物的瞬间组成 F_1 与初始共聚物组成 F_1^0 的大小；（3）若 $f_1^0=0.72$，则 f_1 与 f_1^0、F_1 与 F_1^0 的大小关系又是如何？

解 （1）因为 $r_1=0.75<1$，$r_2=0.2<1$，所以两单体的共聚有恒比共聚点。其恒比点为：

$$F_1=f_1=\frac{1-r_2}{2-r_1-r_2}=\frac{1-0.2}{2-0.75-0.2}=0.762$$

在恒比点上配料时，所得的共聚物组成与单体组成相同，即：$F_1=f_1=0.762$

（2）当起始 $f_1^0=0.80$，因为 $f_1^0=0.8>0.762$，则随转化率的增加，单体瞬时组成 f_1 增加，共聚物的瞬间组成 F_1 随之增加，即 $f_1>f_1^0$，$F_1>F_1^0$。

（3）当起始 $f_1^0=0.72$，因为 $f_1^0=0.72<0.762$，则随转化率的增加，单体瞬时组成 f_1 下降，共聚物的瞬间组成 F_1 随之下降，即 $f_1<f_1^0$，$F_1<F_1^0$。

例【4-9】 苯乙烯（M_1）与 1-氯-1,3-丁二烯（M_2）共聚合，$r_1=0.26$，$r_2=1.02$，则：（1）画出此共聚体系共聚物组成曲线示意图；（2）若进料比 $f_1=0.490$，求：①起始

共聚物物质的量组成 F_1；②M_2 链段的平均链段长度；③形成 $2M_2$ 序列的概率（P_{M_2}）；④其共聚物组成随转化率的提高将如何变化？

解 （1）因为 $r_1<1$，$r_2>1$，所以该体系属非理想非恒比共聚。共聚体系共聚物组成曲线如下：

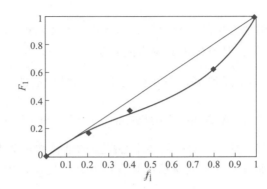

（2）① 当起始进料比 $f_1^0=0.49$ 时，$f_2^0=1-0.49=0.51$

$$F_1^0=\frac{r_1 f_1^2+f_1 f_2}{r_1 f_1^2+2 f_1 f_2+r_2 f_2^2}$$

$$=\frac{0.26\times0.490^2+0.490\times0.510}{0.26\times0.490^2+2\times0.490\times0.510+1.02\times0.510^2}$$

$$=0.377$$

② M_2 链段的平均链段长度：

$$p_{22}=\frac{r_2[M_2]}{[M_1]+r_2[M_2]}=\frac{r_2 f_2}{f_1+r_2 f_2}$$

$$=\frac{1.02\times0.510}{0.490+1.02\times0.510}=0.5149$$

M_2 链段的平均链段长度：

$$\overline{N}_{M_2}=\frac{1}{1-p_{22}}=\frac{1}{1-0.5149}=2.06$$

③ 形成 $2M_2$ 序列的概率：

$$(p_{M_2})_2=p_{22}(1-p_{22})=0.5149\times(1-0.5149)=0.25$$

④ 共聚物组成 F_1 随转化率的提高而提高。

例【4-10】 丙烯酸二茂铁甲酯（FMA）和丙烯酸 α-二茂铁乙酯（FEA）分别与苯乙烯、丙烯酸甲酯和醋酸乙烯共聚，竞聚率如下：

M_1	M_2	r_1	r_2
FEA	苯乙烯(St)	0.41	1.08
FEA	丙烯酸甲酯(MA)	0.76	0.69
FEA	醋酸乙烯(VAc)	3.4	0.074
FMA	苯乙烯(St)	0.020	2.3
FMA	丙烯酸甲酯(MA)	0.14	4.4
FMA	醋酸乙烯(VAc)	1.4	0.46

（1）上述共聚中，哪一组共聚具有恒比共聚点？

（2）列出苯乙烯、丙烯酸甲酯、醋酸乙烯与 FEA 增长中心的活性递增顺序。这一活性增加次序和它们对 FMA 增长中心的活性次序是否相同？

（3）上述共聚合数据表征上述共聚反应是自由基、阳离子还是阴离子共聚？并解释之。

（4）列出苯乙烯、丙烯酸甲酯、醋酸乙烯活性中心与 FEA 单体的反应活性次序。

解　（1）FEA 和 MA 是具有恒比共聚点的共聚。

（2）由题中数据，St、MA 和 VAc 三单体与 FEA 活性中心的相对反应活性为：$\dfrac{1}{0.41}$：$\dfrac{1}{0.76}$：$\dfrac{1}{3.4}$。因此三单体与 FEA 活性中心的反应活性次序为 St＞MA＞VAc。

同理亦可得出上述三单体与 FMA 活性中心反应的活性次序为 St＞MA＞VAc。

（3）上述共聚合数据表明这些共聚反应是自由基共聚反应，因为单体活性次序符合自由基共聚规律。

（4）自由基共聚活性中心活性次序与单体活性次序相反。故活性中心活性次序为：～St·＜～MA·＜～VAc·。

例【4-11】　苯乙烯（M_1）和甲基丙烯酸甲酯（M_2）进行共聚合，采用不同的引发剂时有不同的竞聚率。分别画出下列三种情况的 F_1-f_1 曲线，说明聚合机理，计算 $f_1^0=0.5$ 时共聚物的起始组成。

（1）$SnCl_2$ 引发，20℃聚合，$r_1=10.5$，$r_2=0.1$；

（2）BPO 引发，60℃聚合，$r_1=0.52$，$r_2=0.46$；

（3）Na（液态 NH_3）引发，−30℃聚合，$r_1=0.12$，$r_2=6.5$。

解　三种情况下的 F_1-f_1 曲线如下：

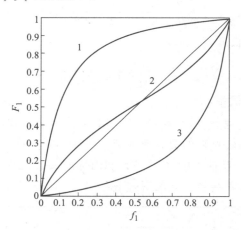

（1）$SnCl_2$ 引发，20℃聚合，$r_1=10.5$，$r_2=0.1$ 为阳离子共聚，F_1-f_1 曲线如图中曲线 1，当 $f_1^0=0.5$ 时：

$$F_1^0=\frac{r_1(f_1^0)^2+f_1^0 f_2^0}{r_1(f_1^0)^2+2f_1^0 f_2^0+r_2(f_2^0)^2}=0.913$$

（2）BPO 引发，60℃聚合，$r_1=0.52$，$r_2=0.46$ 为自由基共聚合，F_1-f_1 曲线如图

中曲线 2，当 $f_1^0 = 0.5$ 时：

$$F_1^0 = \frac{r_1 + 1}{r_1 + r_2 + 2} = 0.510$$

（3）Na（液态 NH_3）引发，$-30℃$ 聚合，$r_1 = 0.12$，$r_2 = 6.5$ 为阴离子共聚合，F_1-f_1 曲线如图中曲线 3，当 $f_1^0 = 0.5$ 时：

$$F_1^0 = \frac{r_1 + 1}{r_1 + r_2 + 2} = 0.130$$

4.3　思考题及参考答案

思考题【4-1】　无规、交替、嵌段、接枝共聚物的结构有何差异？举例说明这些共聚物名称中单体前后位置的规定。

答　（1）无规共聚物：聚合物中两单元 M_1、M_2 无规排列，而且 M_1、M_2 连续的单元数不多。名称中前一单体为含量多的单体，后一单体为含量少的单体。如聚氯乙烯-醋酸乙烯酯共聚物中，氯乙烯为主要单体，醋酸乙烯酯为第二单体。

（2）交替共聚物：聚合物中两单元 M_1、M_2 严格相间，名称中前后单体互换也可。如苯乙烯-马来酸酐共聚物和马来酸酐-苯乙烯共聚物结构相同。

（3）嵌段共聚物：由较长的（几百到几千结构单元）M_1 链段和另一较长的 M_2 链段组成的大分子，名称中前后单体代表链段嵌合次序，也是单体加入聚合的次序。如苯乙烯-丁二烯-苯乙烯三嵌段共聚物 SBS 中单体加入聚合的顺序分别为苯乙烯、丁二烯、苯乙烯。

（4）接枝聚合物：主链由一种单元组成，支链由另一种单元组成，名称中构成大分子主链的单体名称在前，构成支链的单体名称在后。如聚（苯乙烯-甲基丙烯酸甲酯）中主链为聚苯乙烯，支链为聚甲基丙烯酸甲酯。

思考题【4-2】　试用共聚动力学和概率两种方法来推导二元共聚物组成微分方程，推导时有哪些基本假定？

答　（1）采用共聚动力学方法，作如下假设：①等活性假设；②无前末端效应；③无解聚反应；④共聚物组成仅由增长反应决定，与引发、终止无关；⑤稳态假设，体系中自由基浓度不变。

以 M_1、M_2 代表 2 种单体，以 $\sim\sim M_1 \cdot$、$\sim\sim M_2 \cdot$ 代表 2 种链自由基。二元共聚时有下列反应。

链引发：

$$R \cdot + M_1 \xrightarrow{k_{i1}} RM_1 \cdot （或 \sim\sim M_1 \cdot）$$

$$R \cdot + M_2 \xrightarrow{k_{i2}} RM_2 \cdot （或 \sim\sim M_2 \cdot）$$

链增长：

$$\sim M_1 \cdot + M_1 \xrightarrow{k_{11}} \sim M_1 \cdot \qquad R_{11}=k_{11}[M_1\cdot][M_1] \qquad ①$$

$$\sim M_1 \cdot + M_2 \xrightarrow{k_{12}} \sim M_2 \cdot \qquad R_{12}=k_{12}[M_1\cdot][M_2] \qquad ②$$

$$\sim M_2 \cdot + M_1 \xrightarrow{k_{21}} \sim M_1 \cdot \qquad R_{21}=k_{21}[M_2\cdot][M_1] \qquad ③$$

$$\sim M_2 \cdot + M_2 \xrightarrow{k_{22}} \sim M_2 \cdot \qquad R_{22}=k_{22}[M_2\cdot][M_2] \qquad ④$$

链终止：

$$\sim M_1 \cdot + \cdot M_1 \sim \xrightarrow{k_{t11}} \sim M_1 M_1 \sim \quad （自终止）$$

$$\sim M_1 \cdot + \cdot M_2 \sim \xrightarrow{k_{t12}} \sim M_1 M_2 \sim \quad （交叉终止）$$

$$\sim M_2 \cdot + \cdot M_2 \sim \xrightarrow{k_{t22}} \sim M_2 M_2 \sim \quad （自终止）$$

由稳态假定：$R_{12}=R_{21}$，故 $k_{12}[M_1\cdot][M_2]=k_{21}[M_2\cdot][M_1]$

根据假定④：

$$-\frac{d[M_1]}{dt}=R_{11}+R_{21}=k_{11}[M_1\cdot][M_1]+k_{21}[M_2\cdot][M_1] \qquad ⑤$$

$$-\frac{d[M_2]}{dt}=R_{12}+R_{22}=k_{12}[M_1\cdot][M_2]+k_{22}[M_2\cdot][M_2] \qquad ⑥$$

⑤和⑥两式相比，得：

$$\frac{d[M_1]}{d[M_2]}=\frac{k_{11}[M_1\cdot][M_1]+k_{21}[M_2\cdot][M_1]}{k_{12}[M_1\cdot][M_2]+k_{22}[M_2\cdot][M_2]} \qquad ⑦$$

分子、分母同除 $k_{12}[M_1\cdot][M_2]$ 或 $k_{21}[M_2\cdot][M_1]$，定义：$r_1=k_{11}/k_{12}$，$r_2=k_{22}/k_{21}$ 得：

$$\frac{d[M_1]}{d[M_2]}=\frac{\dfrac{k_{11}}{k_{12}}\times\dfrac{[M_1]}{[M_2]}+1}{\dfrac{k_{22}}{k_{21}}\dfrac{[M_2]}{[M_1]}+1}=\frac{r_1\dfrac{[M_1]}{[M_2]}+1}{r_2\dfrac{[M_2]}{[M_1]}+1}=\frac{[M_1]}{[M_2]}\times\frac{r_1[M_1]+[M_2]}{r_2[M_2]+[M_1]} \qquad ⑧$$

令 f_1 等于某瞬间单体 M_1 占单体混合物的摩尔分数，即：

$$f_1=1-f_2=\frac{[M_1]}{[M_1]+[M_2]}$$

而 F_1 代表同一瞬间单元 M_1 占共聚物的摩尔分数，即：

$$F_1=1-F_2=\frac{d[M_1]}{d[M_1]+d[M_2]}$$

$$F_1=\frac{r_1(f_1)^2+f_1 f_2}{r_1(f_1)^2+2f_1 f_2+r_2(f_2)^2}$$

（2）概率 形成 $\sim M_1 M_1 \sim$、$\sim M_1 M_2 \sim$、$\sim M_2 M_1 \sim$、$\sim M_2 M_2 \sim$ 序列的概率分别为 p_{11}、p_{12}、p_{21}、p_{22}。

则 $p_{11}=\dfrac{R_{11}}{R_{11}+R_{12}}=\dfrac{k_{11}[M_1\cdot][M_1]}{k_{11}[M_1\cdot][M_1]+k_{12}[M_1\cdot][M_2]}=\dfrac{r_1[M_1]}{r_1[M_1]+[M_2]}$

同理：
$$p_{12}=\frac{R_{12}}{R_{11}+R_{12}}=\frac{[M_2]}{r_1[M_1]+[M_2]}$$

$$p_{21}=\frac{R_{21}}{R_{21}+R_{22}}=\frac{[M_1]}{r_2[M_2]+[M_1]}$$

$$p_{22}=\frac{R_{22}}{R_{21}+R_{22}}=\frac{r_2[M_2]}{r_2[M_2]+[M_1]}$$

其中
$$p_{11}+p_{12}=1,p_{21}+p_{22}=1$$

形成 $x M_1$ 链段的概率为：$(N_1)_x=(p_{11})^{(x-1)}p_{12}$

M_1 单体的数均序列长度 $\bar{n}_1$ 为：

$$\bar{n}_1=\sum_{x=1}^{x=\infty}x(N_1)_x=(N_1)_1+2(N_1)_2+3(N_1)_3+\cdots$$

$$=p_{12}(1+2p_{11}+3p_{11}^2+4p_{11}^3+\cdots)\qquad(p_{11}<1)$$

$$=\frac{p_{12}}{(1-p_{11})^2}=\frac{1}{p_{12}}=\frac{r_1[M_1]+[M_2]}{[M_2]}$$

同理，
$$\bar{n}_2=\frac{p_{21}}{(1-p_{22})^2}=\frac{1}{p_{21}}=\frac{r_2[M_2]+[M_1]}{[M_1]}$$

共聚物中两单元数比 $\dfrac{d[M_1]}{d[M_2]}$ 等于两种链段的数均序列长度比 $\dfrac{\bar{n}_1}{\bar{n}_2}$，即：

$$\frac{d[M_1]}{d[M_2]}=\frac{\bar{n}_1}{\bar{n}_2}=\frac{[M_1](r_1[M_1]+[M_2])}{[M_2](r_2[M_2]+[M_1])}$$

令 f_1 等于某瞬间单体 M_1 占单体混合物的摩尔分数，即：

$$f_1=1-f_2=\frac{[M_1]}{[M_1]+[M_2]}$$

而 F_1 代表同一瞬间单元 M_1 占共聚物的摩尔分数，即：

$$F_1=1-F_2=\frac{d[M_1]}{d[M_1]+d[M_2]}$$

$$F_1=\frac{r_1(f_1)^2+f_1f_2}{r_1(f_1)^2+2f_1f_2+r_2(f_2)^2}$$

思考题【4-3】 说明竞聚率 r_1、r_2 的定义，指明理想共聚、交替共聚、恒比共聚时竞聚率数值的特征。

答 $r_1=k_{11}/k_{12}$，即链自由基 $M_1\cdot$ 与单体 M_1 的反应能力和它与单体 M_2 的反应能力之比，或两单体 M_1、M_2 与链自由基 $M_1\cdot$ 反应时的相对活性。

$r_2=k_{22}/k_{21}$，即链自由基 $M_2\cdot$ 与单体 M_2 的反应能力和它与单体 M_1 的反应能力之比，或两单体 M_1、M_2 与链自由基 $M_2\cdot$ 反应时的相对活性。

理想共聚时 $r_1r_2=1$，交替共聚时 $r_1=r_2=0$，恒比共聚时 $r_1=r_2=1$。

思考题【4-4】 考虑 $r_1=r_2=1$，$r_1=r_2=0$，$r_1>0$ 且 $r_2=0$、$r_1r_2=1$ 等情况，说明 $F_1=f(f_1)$ 的函数关系和图像特征。

答 据
$$\frac{d[M_1]}{d[M_2]}=\frac{[M_1]}{[M_2]}\times\frac{r_1[M_1]+[M_2]}{r_2[M_2]+[M_1]}$$

$$F_1 = \frac{m_1}{m_1 + m_2} = \frac{d[M_1]}{d[M_1] + d[M_2]} = \frac{r_1 f_1^2 + f_1 f_2}{r_1 f_1^2 + 2 f_1 f_2 + r_2 f_2^2}$$

（1）当 $r_1 = r_2 = 1$ 时，$\dfrac{d[M_1]}{d[M_2]} = \dfrac{[M_1]}{[M_2]}$，$F_1 = f_1$；图像特征：组成曲线处于对角线。

（2）当 $r_1 = r_2 = 0$ 时，$\dfrac{d[M_1]}{d[M_2]} = 1$，$F_1 = \dfrac{1}{2}$（与 f_1 无关）；图像特征：组成曲线为一水平线。

（3）当 $r_1 > 0$ 且 $r_2 = 0$ 时，$\dfrac{d[M_1]}{d[M_2]} = 1 + r_1 \dfrac{[M_1]}{[M_2]} = \dfrac{r_1[M_1] + [M_2]}{[M_2]}$

$$F_1 = \frac{d[M_1]}{d[M_1] + d[M_2]} = \frac{r_1[M_1] + [M_2]}{r_1[M_1] + 2[M_2]} = \frac{r_1 f_1 + f_2}{r_1 f_1 + 2 f_2} = \frac{f_1(r_1 - 1) + 1}{f_1(r_1 - 2) + 2}$$

当 r_1 较小时，组成曲线近似水平线，与对角线有一交点，r_1 较大时，组成曲线处于对角线的上方。如下图所示（曲线上数字为 r_1/r_2 值）：

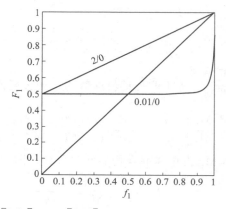

（4）当 $r_1 r_2 = 1$ 时，$\dfrac{d[M_1]}{d[M_2]} = r_1 \dfrac{[M_1]}{[M_2]}$。

图像特征：当 $r_1 > 1$ 时，组成曲线处于恒比对角线的上方，并与另一对角线呈对称状态。当 $r_1 < 1$ 时，组成曲线处于恒比对角线的下方，并与另一对角线呈对称状态。

思考题【4-5】 示意画出下列各对竞聚率的共聚物组成曲线，并说明其特征。$f_1 = 0.5$ 时，低转化阶段的 F_1 约为多少？

情况	1	2	3	4	5	6	7	8	9
r_1	0.1	0.1	0.1	0.5	0.2	0.8	0.2	0.2	0.2
r_2	0.1	1	10	0.5	0.2	0.8	0.8	5	10

答 根据方程画出共聚物组成曲线如下图所示（曲线上数字为 r_1/r_2 值）：

根据下式计算 $f_1 = 0.5$ 时的 F_1，结果如下表。

$$F_1 = \frac{r_1 f_1^2 + f_1 f_2}{r_1 f_1^2 + 2 f_1 f_2 + r_2 f_2^2}$$

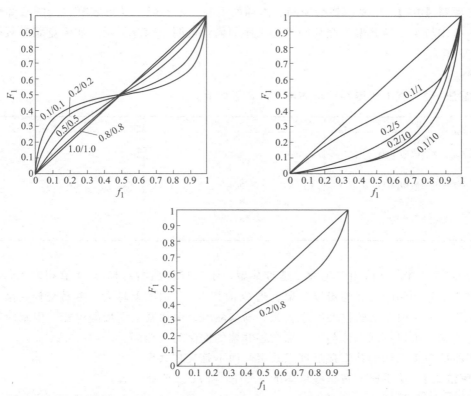

序号	1	2	3	4	5	6	7	8	9
r_1	0.1	0.1	0.1	0.5	0.2	0.8	0.2	0.2	0.2
r_2	0.1	1	10	0.5	0.2	0.8	0.8	5	10
f_1	0.5	0.5	0.5	0.5	0.5	0.5	0.5	0.5	0.5
f_2	0.5	0.5	0.5	0.5	0.5	0.5	0.5	0.5	0.5
F_1	0.5	0.355	0.091	0.5	0.5	0.5	0.4	0.167	0.098

思考题【4-6】 醋酸烯丙基酯（$e=-1.13$，$Q=0.028$）和甲基丙烯酸甲酯（$e=0.41$，$Q=0.74$）等物质的量共聚，是否合理？

答 $r_1=\dfrac{Q_1}{Q_2}\exp[-e_1(e_1-e_2)]=\dfrac{0.028}{0.74}\exp[-(-1.13)\times(-1.13-0.41)]$

$=0.00664$

$r_2=\dfrac{Q_2}{Q_1}\exp[-e_2(e_2-e_1)]=\dfrac{0.74}{0.028}\exp[-0.41\times(0.41+1.13)]=14.056$

$$\dfrac{\mathrm{d}[M_2]}{\mathrm{d}[M_1]}=1+r_2\dfrac{[M_2]}{[M_1]}$$

当 $[M_2]$ 和 $[M_1]$ 接近时，共聚物中 $[M_2]$ 的含量多于 $[M_1]$ 并且大多为 M_2 的均聚物，当 M_2 消耗后聚合反应停止，故醋酸烯丙基酯和甲基丙烯酸甲酯等物质的量共聚不合理。要得到醋酸烯丙基酯和甲基丙烯酸甲酯的共聚物，必需原料中醋酸烯丙基酯的量远远大于甲基丙烯酸甲酯的量，即 $[M_1]\gg[M_2]$，$\dfrac{\mathrm{d}[M_2]}{\mathrm{d}[M_1]}\approx1$，可以得到交替共聚物。

思考题【4-7】　甲基丙烯酸甲酯、丙烯酸甲酯、苯乙烯、马来酸酐、醋酸乙烯酯、丙烯腈等单体与丁二烯共聚，交替倾向的次序如何？说明原因（提示：如无竞聚率数据，可用 Q、e 值）。

答

【解法一】　查手册得题中单体的 Q、e 值如下：

单体	Q	e
苯乙烯	1	-0.8
甲基丙烯酸甲酯	0.74	0.4
丙烯腈	0.6	1.2
丙烯酸甲酯	0.42	0.6
马来酸酐	0.23	2.25
醋酸乙烯酯	0.026	-0.22
丁二烯	2.39	-1.05

从 Q 值来看，Q 值相差越大，越难共聚，丁二烯和醋酸乙烯酯 Q 值相差大，e 值同号，故丁二烯和醋酸乙烯酯难以共聚；当 Q 值相近，e 值相差越大，越易交替共聚，不同单体与丁二烯 e 值差别的排列次序应为：马来酸酐＞丙烯腈＞丙烯酸甲酯＞甲基丙烯酸甲酯＞苯乙烯，所以不同单体与丁二烯交替共聚的次序与上相同。

苯乙烯与丁二烯的共聚接近理想共聚，而不是交替共聚。

【解法二】　从手册上查出各单体的 r_1、r_2 和 r_1r_2 值如下表：

单体	r_1	r_2	r_1r_2
甲基丙烯酸甲酯	0.25	0.75	0.1875
丙烯酸甲酯	0.05	0.76	0.038
苯乙烯	0.58	1.35	0.783
马来酸酐	5.74×10^{-5}	0.325	1.86×10^{-5}
醋酸乙烯酯	0.013	38.45	0.499
丙烯腈	0.02	0.3	0.006

注：单体丁二烯、马来酸酐和醋酸乙烯酯的 r_1、r_2 值由 Q、e 方程计算而得。

根据 r_1r_2 乘积的大小，可以判断两单体交替共聚的倾向。r_1r_2 乘积趋向于零，两单体发生交替共聚。

上述单体与丁二烯交替倾向的次序排列为：马来酸酐＞丙烯腈＞丙烯酸甲酯＞甲基丙烯酸甲酯＞醋酸乙烯酯＞苯乙烯。

4.4　计算题及参考答案

计算题【4-1】　氯乙烯-醋酸乙烯酯、甲基丙烯酸甲酯-苯乙烯两对单体共聚，若两体系中醋酸乙烯酯和苯乙烯的浓度均为 15％（质量分数），根据文献报道的竞聚率，试求共聚物起始组成。

解　（1）从文献报道看：氯乙烯-醋酸乙烯酯的竞聚率为：$r_1=1.68$，$r_2=0.23$。

由于共聚物中醋酸乙烯酯的质量分数为 15%，氯乙烯的质量分数为 85%，则相应的摩尔分数为：

$$f_1 = \frac{0.85/62.5}{0.85/62.5 + (1-0.85)/86} = 0.886$$

$$f_2 = 1 - f_1 = 0.114$$

相应的共聚物组成为：

$$F_1 = \frac{r_1 f_1^2 + f_1 f_2}{r_1 f_1^2 + 2f_1 f + r_2 f_2^2} = 0.932$$

$$\overline{W}_1 = \frac{0.932 \times 62.5}{0.932 \times 62.5 + 0.068 \times 86} = 0.909$$

因此起始时 M_1 单元（氯乙烯）在共聚物中所占的质量分数为 90.9%，所占的摩尔分数为 93.2%。

（2）甲基丙烯酸甲酯-苯乙烯的竞聚率为 $r_1 = 0.46$，$r_2 = 0.52$。

共聚物中苯乙烯的质量分数为 15%，则甲基丙烯酸甲酯的质量分数为 85%，于是：

$$f_1 = \frac{0.85/100}{0.85/100 + (1-0.85)/104} = 0.855$$

$$f_2 = 1 - f_1 = 0.145$$

$$F_1 = \frac{r_1 f_1^2 + f_1 f_2}{r_1 f_1^2 + 2f_1 f + r_2 f_2^2} = 0.773$$

$$\overline{W}_1 = \frac{0.773 \times 100}{0.23 \times 104 + 0.773 \times 100} = 0.764$$

则甲基丙烯酸甲酯在聚合物中所占的质量分数为 76.4%，摩尔分数为 77.3%。

计算题【4-2】 甲基丙烯酸甲酯（M_1）浓度 $=5\text{mol} \cdot \text{L}^{-1}$，5-乙基-2-乙烯基吡啶浓度 $=1\text{mol} \cdot \text{L}^{-1}$，竞聚率：$r_1 = 0.40$，$r_2 = 0.69$。

（1）计算共聚物起始组成（以摩尔分数计）；

（2）求共聚物组成与单体组成相同时两单体摩尔比。

解 甲基丙烯酸甲酯（M_1）浓度为 $5\text{mol} \cdot \text{L}^{-1}$，5-乙基-2-乙烯基吡啶浓度为 $1\text{mol} \cdot \text{L}^{-1}$，所以：

$$f_1^0 = \frac{5}{6}, \quad f_2^0 = \frac{1}{6}$$

$$F_1^0 = \frac{r_1 (f_1^0)^2 + f_1^0 f_2^0}{r_1 (f_1^0)^2 + 2f_1^0 f_2^0 + r_2 (f_2^0)^2} = 0.725$$

即起始共聚物中，甲基丙烯酸甲酯的摩尔分数为 72.5%。

因为，$r_1 < 1$，$r_2 < 1$，此共聚体系为有恒比共聚点的非理想共聚，在恒比共聚点上配料时，所得的共聚物组成与单体组成相同，有：

$$(F_1)_A = (f_1)_A = \frac{1-r_2}{2-r_1-r_2} = 0.34$$

所以，两单体摩尔比为：

$$\frac{[M_1]_0}{[M_2]_0} = \frac{f_1}{f_2} = \frac{0.34}{0.66} = \frac{17}{33} = 0.515$$

计算题【4-3】 氯乙烯（$r_1 = 1.67$）与醋酸乙烯酯（$r_2 = 0.23$）共聚，希望获得初始共聚物瞬时组成和 85％转化率时共聚物平均组成为 5％（摩尔分数）醋酸乙烯酯，分别求两单体的初始配比。

解 （1）当共聚物中醋酸乙烯酯的初始含量为 5％时，将 $F_1^0 = 95\%$，$F_2^0 = 5\%$ 代入下式：

$$F_1^0 = \frac{r_1(f_1^0)^2 + f_1^0 f_2^0}{r_1(f_1^0)^2 + 2f_1^0 f_2^0 + r_2(f_2^0)^2}，得 f_1^0 = 0.92$$

两单体的初始配比为　　　　　$\dfrac{[M_1]_0}{[M_2]_0} = \dfrac{f_1}{f_2} = \dfrac{0.92}{0.08} = 11.5$

（2）85％转化率时共聚物平均组成为 5％（摩尔分数）醋酸乙烯酯。

则：　　　　　　　　　　　　　$\overline{F}_1 = 0.95, \overline{F}_2 = 0.05$

$$C = 85\%, \overline{F}_1 = \frac{f_1^0 - (1-C)f_1}{C}$$

$$f_1^0 - 0.15 f_1 = 0.8075 \qquad\qquad ①$$

$$F_1 = 0.605 f_1 + 0.395$$

$$C = 1 - \left(\frac{1 - f_1^0}{1 - f_1}\right)^{2.53}$$

$$\left(\frac{1 - f_1^0}{1 - f_1}\right)^{2.53} = 0.15 \qquad\qquad ②$$

①、②联立，解得　　　　　$f_1 = 0.868 \qquad f_1^0 = 0.938$

两单体的初始配比为　　　$\dfrac{[M_1]_0}{[M_2]_0} = \dfrac{f_1}{f_2} = \dfrac{0.938}{0.062} = \dfrac{469}{31} = 15.1$

计算题【4-4】 两单体竞聚率为 $r_1 = 0.9$，$r_2 = 0.083$，摩尔比＝50∶50，对下列关系进行计算和作图：

（1）残余单体组成和转化率；

（2）瞬时共聚物组成与转化率；

（3）平均共聚物组成与转化率。

解 （1）残余单体组成和转化率：

$$r_1 = 0.9, r_2 = 0.083 \qquad f_1^0 = f_2^0 = 0.5$$

$$\alpha = \frac{r_2}{1 - r_2} = 0.0905 \qquad \beta = \frac{r_1}{1 - r_1} = 9$$

$$\gamma = \frac{1 - r_1 r_2}{(1 - r_1)(1 - r_2)} = 10.0905 \qquad \delta = \frac{1 - r_2}{2 - r_1 - r_2} = 0.902$$

$$C = 1 - \left[\frac{f_1}{f_1^0}\right]^\alpha \left[\frac{f_2}{f_2^0}\right]^\beta \left[\frac{f_1^0 - \delta}{f_1 - \delta}\right]^\gamma = 1 - \left[\frac{f_1}{0.5}\right]^{0.09} \left[\frac{1 - f_1}{0.5}\right]^9 \left[\frac{0.5 - 0.9}{f_1 - 0.9}\right]^{10}$$

（2）瞬时共聚物组成与转化率：

$$F_1 = \frac{r_1 f_1^2 + f_1 f_2}{r_1 f_1^2 + 2 f_1 f_2 + r_2 f_2^2} = \frac{0.9 f_1^2 + f_1(1 - f_1)}{0.9 f_1^2 + 2 f_1(1 - f_1) + 0.083(1 - f_1)^2}$$

（3）平均共聚物组成与转化率：

$$\overline{F}_1 = \frac{f_1^0 - (1-C)f_1}{C} = \frac{0.5 - (1-C)f_1}{C}$$

转化率与残余单体、瞬时共聚物组成、平均共聚物组成的关系如下图。

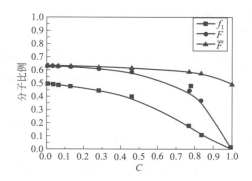

计算题【4-5】 0.3mol 甲基丙烯腈和 0.7mol 苯乙烯进行自由基共聚，求共聚物中每种单元的链段长。

解　甲基丙烯腈 $r_1 = 0.44$，苯乙烯 $r_2 = 0.37$，$[M_1] = 0.3$，$[M_2] = 0.7$。

$$p_{11} = \frac{r_1[M_1]}{r_1[M_1] + [M_2]} = 0.16$$

$$p_{22} = \frac{r_2[M_2]}{r_2[M_2] + [M_1]} = 0.46$$

$$\overline{N}_{M_1} = \frac{1}{1 - p_{11}} = 1.19$$

$$\overline{N}_{M_2} = \frac{1}{1 - p_{22}} = 1.85$$

计算题【4-6】 0.75mol 丙烯腈（M_1，$r_1 = 0.9$）和 0.25mol 偏二氯乙烯（M_2，$r_2 = 0.4$）进行共聚。

（1）求共聚物中含三或三个以上单元丙烯腈链段的分数；

（2）要求共聚物组成不随转化率而变，求配方中两单体组成。

解　$r_1 = 0.9$，$r_2 = 0.4$

（1）
$$p_{11} = \frac{r_1[M_1]}{r_1[M_1] + [M_2]} = 0.73$$

含一个单元丙烯腈链段的概率：$(p_{M_1})_1 = p_{11}^{1-1}(1 - p_{11}) = 0.27$

含二个单元丙烯腈链段的概率：$(p_{M_1})_2 = p_{11}^{2-1}(1 - p_{11}) = 0.197$

含三或三个以上单元丙烯腈链段的分数：$1 - 0.27 - 0.197 = 0.533$

（2）因为 $r_1 = 0.9 < 1$，$r_2 = 0.4 < 1$

该体系是恒比共聚点的非理想共聚，当配方中两单体的配料在恒比共聚点时，共聚物组成不随转化率而变化。初始的单体组成为：

$$f_1 = \frac{1 - r_2}{2 - r_1 - r_2} = 0.857$$

计算题【4-7】　　0.414mol 甲基丙烯腈 MAN（M_1）、0.424mol 苯乙烯 S（M_2）、0.162mol α-甲基苯乙烯 α-MS（M_3）三元共聚，计算起始三元共聚物组成（以摩尔分数计），竞聚率如下。MAN/S：$r_{12}=0.44$，$r_{21}=0.37$；MAN/α-MS：$r_{13}=0.38$，$r_{31}=0.53$；S/α-MS：$r_{23}=1.124$，$r_{32}=0.627$。

解　$[M_1]=0.414$；$[M_2]=0.424$；$[M_3]=0.162$。

$r_{12}=0.44$，$r_{21}=0.37$，$r_{13}=0.38$，$r_{31}=0.53$，$r_{23}=1.124$，$r_{32}=0.627$。

三元共聚物组成可以按 Alfrey-Goldfinger 和 Valvassori-Sartori 方程进行计算，计算结果见下表。

$$d[M_1]:d[M_2]:d[M_3]=[M_1]\left\{\frac{[M_1]}{r_{31}r_{21}}+\frac{[M_2]}{r_{21}r_{32}}+\frac{[M_3]}{r_{31}r_{23}}\right\}\left\{[M_1]+\frac{[M_2]}{r_{12}}+\frac{[M_3]}{r_{13}}\right\}:$$

$$[M_2]\left\{\frac{[M_1]}{r_{12}r_{31}}+\frac{[M_2]}{r_{12}r_{32}}+\frac{[M_3]}{r_{32}r_{13}}\right\}\left\{[M_2]+\frac{[M_1]}{r_{21}}+\frac{[M_3]}{r_{23}}\right\}:$$

$$[M_3]\left\{\frac{[M_1]}{r_{13}r_{21}}+\frac{[M_2]}{r_{23}r_{12}}+\frac{[M_3]}{r_{13}r_{23}}\right\}\left\{[M_3]+\frac{[M_1]}{r_{31}}+\frac{[M_2]}{r_{32}}\right\}$$

（Alfrey-Goldfinger 方程）

$$d[M_1]:d[M_2]:d[M_3]=[M_1]\left\{[M_1]+\frac{[M_2]}{r_{12}}+\frac{[M_3]}{r_{13}}\right\}:$$

$$[M_2]\frac{r_{21}}{r_{12}}\left\{[M_2]+\frac{[M_1]}{r_{21}}+\frac{[M_3]}{r_{23}}\right\}:$$

$$[M_3]\frac{r_{31}}{r_{13}}\left\{[M_3]+\frac{[M_1]}{r_{31}}+\frac{[M_2]}{r_{32}}\right\}$$

（Valvassori-Sartori 方程）

共聚物组成数据表

单体	共聚物组成（摩尔分数）/%	
	按 A-G 方程	按 V-S 方程
甲基丙烯腈	44.3	43.6
苯乙烯	40.2	35.1
甲基苯乙烯	15.5	21.3

计算题【4-8】　丙烯酸和丙烯腈进行缩聚，实验数据如下，试用斜率截距法，求竞聚率。

单体中 M_1 的质量分数/%	20	25	50	60	70	80
共聚物 M_1 的质量分数/%	25.5	30.5	59.3	69.5	78.6	86.4

解　令 $\rho=\dfrac{d[M_1]}{d[M_2]}$，$R=\dfrac{[M_1]}{[M_2]}$，则由共聚方程 $\dfrac{d[M_1]}{d[M_2]}=\dfrac{[M_1]}{[M_2]}\times\dfrac{r_1[M_1]+[M_2]}{r_2[M_2]+[M_1]}$ 得：

$$\frac{\rho-1}{R}=r_1-r_2\frac{\rho}{R^2}$$

以 $(\rho-1)/R$ 为纵坐标，以 ρ/R^2 为横坐标作图，得一直线，由直线的斜率、截距分别得到 r_1、r_2。

将题中的实验数据进行整理见下表，根据表中数据作图，采用最小二乘法进行回归，得直线 $y=-0.789x+1.672$。则 $r_1=1.672$，$r_2=0.789$。

相关实验数据

单体中 M_1 的质量分数/%	20	25	50	60	70	80
单体中 M_1 的摩尔分数/%	15.5	19.7	42.4	52.5	63.2	74.6
共聚物 M_1 的质量分数/%	25.5	30.5	59.3	69.5	78.6	86.4
共聚物 M_1 的摩尔分数/%	20.1	24.4	51.7	62.6	73.0	82.4
R	0.18	0.25	0.74	1.10	1.72	2.94
ρ	0.25	0.32	1.07	1.68	2.70	4.68
ρ/R^2	7.44	5.37	1.98	1.38	0.92	0.54
$(\rho-1)/R$	−4.06	−2.76	0.10	0.61	0.99	1.25

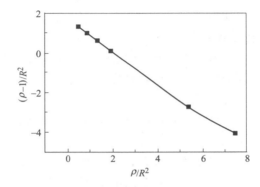

计算题【4-9】 根据下列 Q、e 值，计算竞聚率，与文献实验值比较。讨论这些单体 Q、e 方案的优点。

单体	丁二烯	甲基丙烯酸甲酯	苯乙烯	氯乙烯
Q	2.39	0.74	1.00	0.044
e	−1.05	0.40	−0.80	0.20

解 规定苯乙烯为基准。

$$r_1=\frac{Q_1}{Q_2}\exp[-e_1(e_1-e_2)] \qquad r_2=\frac{Q_2}{Q_1}\exp[-e_2(e_2-e_1)]$$

计算值和实验值比较如下表所示：

共 聚 物	计算值		实际值	
	r_1	r_2	r_1	r_2
苯乙烯-丁二烯	0.511	1.838	0.58	1.35
苯乙烯-甲基丙烯酸甲酯	0.517	0.458	0.52	0.46
苯乙烯-氯乙烯	10.212	0.036	.11	0.02

由表可见，采用单体的 Q、e 值，可以估算共聚单体的竞聚率，减少实验工作量。

4.5　提要

（1）共聚物的类型　按结构，共聚合可以分成无规共聚、交替共聚、嵌段共聚、接枝共聚等几类。无规和交替共聚组成方程可以按共聚合原理来处理，而嵌段和接枝共聚则可用多种聚合机理来合成。

（2）竞聚率　是共聚反应中最重要的概念。可以根据竞聚率的大小判断单体均聚和共聚倾向。

（3）二元共聚物的瞬时组成方程　二元组成微分方程可以从动力学或统计法来推导，竞聚率是关联共聚物组成和单体组成的关键参数。根据此公式可以绘制二元共聚物组成曲线，掌握不同类型共聚产物组成随转化率的变化趋势，计算共聚物组成，或反推单体的配料。

（4）共聚行为　有理想共聚（$r_1 r_2 = 1$）、交替共聚（$r_1 = r_2 = 0$）、恒比共聚（$r_1 < 1$，$r_2 < 1$）等多种类型，类似气液平衡。

（5）共聚物平均组成　单体组成和共聚物瞬时组成均随转化率而变。聚合物平均组成是起始单体组成和转化率的函数。要得到共聚物组成均一的聚合物，必须对共聚物组成进行控制。

（6）共聚物序列结构　共聚物存在链段序列分布，分布函数与竞聚率有关，可由概率统计法求得。

（7）前末端效应　带有位阻或极性较大基团的烯类单体，前末端单元对末端自由基的活性将产生影响，从而影响到竞聚率和共聚物组成。

（8）多元共聚　参照二元共聚，可以推导出三元共聚物组成方程，内含 6 个竞聚率。

（9）竞聚率的测定　按几组单体配比，测定低转化共聚物组成，可以通过曲线拟合、直线交叉、斜率-截距等多种方法求取竞聚率。应用计算机技术、曲线拟合法成为简便方法。

（10）单体和自由基的活性　取代基的共轭效应、极性效应和位阻效应对单体活性和自由基活性、竞聚率均有影响。共轭效应使自由基活性显著降低。自由基活性越小，则其单体活性越大；反之亦然。极性相近的两单体，接近理想共聚；极性相差很大的两单体，$r_1 r_2 \to 0$，容易交替共聚。1,2-双取代烯类单体因位阻关系不能均聚，却可与单取代烯类单体共聚。

（11）Q-e 概念　应用 Q-e 概念，可将 2 单体的竞聚率与共轭效应 Q、极性效应 e 关联起来。规定苯乙烯的 $Q = 1.0$，$e = -0.8$ 作基准，就可以求出单体的 Q、e。根据单体的 Q、e 值，可估算竞聚率。

（12）共聚合速率　影响共聚总速率的因素比较复杂，速率方程可用化学控制终止和扩散控制终止两种方法来处理。

4.6　补遗

4.6.1　共聚物组成的控制方法

（1）聚合在下列情况下进行时，不需要进行组成控制。

① 恒比共聚（$r_1 = r_2 = 1$）；

② 交替共聚（$r_1 = r_2 = 0$）；

③ 有恒比点的共聚，并且在恒比点处进行聚合。

（2）对于无恒比点共聚或者在恒比点以外进行的有恒比点共聚，共聚物的瞬时组成以及单体的瞬时组成均随转化率的增加而发生变化，要得到共聚物组成均一的聚合物，必须对共聚物组成进行控制。常用的方法有以下两种。

① 控制转化率。一般用于 $r_1 > 1$，$r_2 < 1$，并且对共聚物的控制要求是 M_1 占主体，M_2 含量不高的场合。

② 加活泼单体。补加活泼单体的方法可以在聚合反应过程中尽量保持体系中单体的组成（f）基本不变，从而保证共聚物的组成（F）基本不变。可以采用间歇补加的方法，也可以采用连续补加活性单体的方法。

4.6.2　单体相对活性、自由基活性

单体相对活性的比较是通过共聚反应实现的。比较两种（多种）单体的相对活性时，要将这些单体和同种自由基反应；若要比较的单体处于 M_1 的位置，则采用 $1/r_2$ 来比较 M_1 处单体的相对活性；若要比较的单体处于 M_2 的位置，则采用 $1/r_1$ 来比较 M_2 处单体的相对活性。同理，比较自由基的相对活性时，需要考虑与同种单体进行反应。

单体活性与自由基活性具有下列规律：

① 自由基活性和单体活性相反，自由基活性越高，单体的活性越小；

② 取代基的共轭效应越强，单体的活性越高，自由基的活性越小；

③ 自由基聚合反应所涉及的各种反应中，自由基的活性起决定作用；

④ 共轭单体活泼，自由基稳定，相应的均聚速率常数小。非共轭单体不活泼，自由基活泼，相应的均聚速率常数大。

5 聚合方法

5.1 本章重点与难点

5.1.1 重要术语和概念

悬浮聚合，微悬浮聚合，分散剂，乳液聚合基本配方，乳化剂，乳液聚合动力学，种子乳液聚合，核壳乳液聚合，无皂乳液聚合，微乳液聚合，反相乳液聚合，分散聚合。

5.1.2 典型聚合物代表

聚甲基丙烯酸甲酯，聚苯乙烯，聚氯乙烯，聚丙烯腈，聚乙烯。

5.1.3 重要公式

乳液聚合恒速期速率方程：
$$R_p = \frac{k_p[M]\bar{n}N}{N_A}$$

聚合物的平均聚合度：
$$\bar{X}_n = \frac{r_p}{r_i} = \frac{k_p[M]\bar{n}N}{R_i}$$

乳胶粒数：
$$N = k\left(\frac{\rho}{\mu}\right)^{2/5}(a_s S)^{3/5}$$

5.1.4 难点

悬浮聚合机理，乳液聚合机理。

5.2　例题

例【5-1】　丙烯腈连续聚合制造腈纶纤维。除加入丙烯腈作为主单体外，还常加入丙烯酸甲酯和衣康酸辅助单体与其共聚，试说明他们对产品性能的影响。

解　加入丙烯酸甲酯共聚是为了改善分子链的柔性，相对减少和隔离分子链上的腈基，以提高腈纶纤维的松软性和手感，同时也有利于染料分子的扩散进入。与衣康酸共聚是为了在分子链中引入少量羧基，改善亲水性和对染料的结合能力。

例【5-2】　醋酸乙酯在甲醇溶液中以偶氮二异丁腈为引发剂进行溶液聚合。聚合温度为 $64.5℃ \pm 0.5℃$，向单体、引发剂、溶剂、聚合物的链转移常数分别为：$C_M = 1.91 \times 10^{-4}$，$C_I = 0$，$C_S = 6.0 \times 10^{-4}$，$C_P = 2 \times 10^{-4} \sim 5 \times 10^{-4}$。写出链引发、链增长、链终止和链转移的反应式。

试问，在醋酸乙烯酯溶液聚合中：①为什么要选用甲醇作溶剂？②为什么聚合温度选 $64.5℃ \pm 0.5℃$？③为什么控制转化率为 $50\% \sim 60\%$？

解　（1）链引发

$$
H_3C-\underset{\underset{CN}{|}}{\overset{\overset{CH_3}{|}}{C}}-N=N-\underset{\underset{CN}{|}}{\overset{\overset{CH_3}{|}}{C}}-CH_3 \longrightarrow 2H_3C-\underset{\underset{CN}{|}}{\overset{\overset{CH_3}{|}}{C}}\cdot + N_2\uparrow
$$

$$
H_3C-\underset{\underset{CN}{|}}{\overset{\overset{CH_3}{|}}{C}}\cdot + H_2C=\underset{\underset{OCOCH_3}{|}}{CH} \longrightarrow H_3C-\underset{\underset{CN}{|}}{\overset{\overset{CH_3}{|}}{C}}-CH_2-\underset{\underset{OCOCH_3}{|}}{\overset{}{C}H}
$$

（2）链增长

$$
H_3C-\underset{\underset{CN}{|}}{\overset{\overset{CH_3}{|}}{C}}-CH_2-\underset{\underset{OCOCH_3}{|}}{\overset{}{C}H} + nH_2C=\underset{\underset{OCOCH_3}{|}}{CH} \longrightarrow H_3C-\underset{\underset{CN}{|}}{\overset{\overset{CH_3}{|}}{C}}-\left[CH_2-\underset{\underset{OCOCH_3}{|}}{CH}\right]_n-CH_2-\underset{\underset{OCOCH_3}{|}}{\overset{}{C}H}
$$

（3）链终止　在选定的聚合温度（$64.5℃ \pm 0.5℃$）下，以歧化终止为主。

$$
2\text{\textasciitilde\textasciitilde}CH_2-\underset{\underset{OCOCH_3}{|}}{\overset{}{C}H} \longrightarrow \text{\textasciitilde\textasciitilde}CH=\underset{\underset{OCOCH_3}{|}}{CH} + \text{\textasciitilde\textasciitilde}CH_2-\underset{\underset{OCOCH_3}{|}}{CH}
$$

（4）链转移　向单体转移主要发生在乙酰氧基的甲基上，形成乙酰氧基端基。其他转移方式从略。

$$
\text{\textasciitilde\textasciitilde}H_2C-\underset{\underset{OCOCH_3}{|}}{\overset{}{C}H}\cdot + H_2C=\underset{\underset{OCOCH_3}{|}}{CH} \longrightarrow \text{\textasciitilde\textasciitilde}H_2C-\underset{\underset{OCOCH_3}{|}}{CH_2} + H_2C=\underset{\underset{OCOCH_2}{|}}{CH}
$$

向引发剂转移常数 $C_I = 0$。还可能向甲醇溶剂转移，以及向大分子转移，从略。

选用甲醇作溶剂的原因有：①甲醇对醋酸乙烯酯和聚醋酸乙烯酯的溶解性能好；②甲醇是下一步醇解反应的原料，用甲醇作溶剂，可以简化产物后处理；③虽然甲醇的 C_S

大，如果加入量适当（甲醇质量分数为 16%～20%），则可满足对聚醋酸乙烯酯分子量的要求。

醋酸乙烯酯的聚合过程中容易产生链转移反应，在 60℃反应温度下，向单体链转移主要发生在乙酰氧基的甲基上；如果聚合温度超过 70℃，则向叔氢原子转移增多。继续增长终止，虽然都形成支链大分子，但 60℃下向乙酰氧甲基转移而后形成的支链聚合物经醇解，将形成的线形聚乙烯醇，而 70℃下向叔氢原子转移而后形成的支链形聚醋酸乙烯酯，经醇解后，则形成支链形聚乙烯醇，不适于制作纤维。加上甲醇与醋酸乙烯酯的恒沸点是 64.5℃，聚合温度容易控制，因此选作聚合温度。

转化率控制在 50%～60%，有以下许多原因：降低体系黏度，消除或减弱自动加速，使聚合反应平稳进行，并防止向聚合物转移，使分子量分布变宽，不利于制作纤维。

例【5-3】 阅读以下叙述：甲基丙烯酸甲酯-苯乙烯（简称 MS 共聚物）是制备透明高抗冲塑料 MBS 的原料之一。MS 共聚物的折射率可以通过甲基丙烯酸甲酯-苯乙烯的组成来调节，因此化学组成的均一性是重要的指标。实验室合成化学组成均一的 MS 的过程如下：在装有搅拌器、温度计、回流冷凝器和氮气导管的 500mL 四颈瓶中，加入 150mL 蒸馏水、100mL 浆状碳酸镁，开动搅拌使碳酸镁分散均匀，并快速加热至 95℃，0.5h 后，在氮气保护下冷却系统到 70℃。一次性向反应瓶内加入用氮气除氧后的单体混合液（28g 甲基丙烯酸甲酯、33g 苯乙烯和 0.6g 过氧化苯甲酰）。通入氮气，开动搅拌，控制转速在 1000～1200r·min^{-1}，烧瓶内温度保持在 70～75℃。1h 后，取少量烧瓶内的液体滴入盛有清水的烧杯，若有白色沉淀生成，则可以将反应体系缓慢升温至 95℃，继续反应 3h，使珠状产物进一步硬化。结束后，将反应混合物上层清液倒出，加入适量稀硫酸，使 pH 值达到 1～1.5，待大量气体冒出，静置 30min，倾去酸液。用大量蒸馏水洗涤珠状产物至中性。过滤，干燥，称重，计算产率。

依据上述短文内容回答问题：（1）本实验采用哪一种聚合方法？（2）碳酸镁的作用是什么？（3）为什么要控制搅拌转速（如 1000～1200r·min^{-1}）？（4）为什么不在 95℃直接反应，而要降低到 70～75℃反应？（5）通氮气的作用是什么？（6）为什么选择 28g 甲基丙烯酸甲酯、33g 的苯乙烯的投料比（已知竞聚率 $r_{MMA}=0.46$，$r_{st}=0.52$）？

解 （1）本实验采用的是悬浮聚合法。因为聚合体系含有下列组分：单体（甲基丙烯酸甲酯、苯乙烯）、油溶性引发剂（过氧化苯甲酰）、水、分散剂（碳酸镁）。

（2）碳酸镁的作用是分散剂，作用机理是细粉吸附在液滴表面，起着机械隔离的作用。

（3）悬浮聚合物粒度在 0.01～5mm 之间，调节搅拌转速在于控制粒度和粒径分布。

（4）不在 95℃直接反应而在 70～75℃反应的目的在于低温与散热速度相适应。防止温度过高产生气泡，影响 MS 共聚物的折射率和光学性质。

（5）通氮气的作用是排除聚合体系中的氧气，消除阻聚作用。

（6）$r_{MMA}=0.46$，$r_{st}=0.52$，此体系具有恒比共聚点，计算如下：

$$F_1 = f_1 = \frac{1-r_2}{2-r_1-r_2} = \frac{1-0.52}{2-0.52-0.46} = 0.47$$

甲基丙烯酸甲酯：苯乙烯 $= \dfrac{0.47/104}{0.53/100} = 47:55.12 = 28:33$

因此 28g 甲基丙烯酸甲酯、33g 的苯乙烯的投料比恰好是恒比共聚点。在恒比共聚点聚合，共聚物组成不随转化率而变，并且等于单体配料的组成。

例【5-4】 以 AIBN 为引发剂（$0.01 \text{mol} \cdot \text{L}^{-1}$），氯乙烯在 50℃下进行悬浮聚合，生产聚氯乙烯（PVC）。从理论上计算：

（1）聚合 10h 时，引发剂的残留浓度；

（2）聚合初期生成 PVC 的聚合度（不考虑向引发剂转移）；

（3）从计算中得到什么启示？

计算时，根据需要，可选用下列数据：50℃下，AIBN 的半衰期 $t_{1/2} = 74\text{h}$，$k_p = 12300 \text{L} \cdot \text{mol}^{-1} \cdot \text{s}^{-1}$，$k_t = 21 \times 10^9 \text{L} \cdot \text{mol}^{-1} \cdot \text{s}^{-1}$，偶合终止；$C_M = 1.35 \times 10^{-3}$，假设 $f = 0.75$，VC 的分子量 = 62.5，密度 = $0.859 \text{g} \cdot \text{mL}^{-1}$。

解　（1）聚合 10h 时，引发剂的残留浓度　引发剂的分解为一级反应，引发剂浓度、反应时间具有下列关系：

$$k_d = \frac{\ln 2}{t_{1/2}} = \frac{0.693}{t_{1/2}} = \frac{0.693}{74 \times 3600} = 2.6 \times 10^{-6}$$

$$[\text{I}] = [\text{I}^0]e^{-k_d t} = 0.01e^{(-\frac{0.693 \times 10}{74})} = 0.01e^{(-0.0936)} = 0.01 \times 0.911 = 0.0091$$

（2）聚合初期生成 PVC 的聚合度（不考虑向引发剂转移）　VC 的分子量 = 62.5，密度 = $0.859 \text{g} \cdot \text{mL}^{-1}$。

$$[\text{M}] = \frac{859}{62.5} = 13.744 \text{mol} \cdot \text{L}^{-1}$$

$$\nu = \frac{k_p}{(2k_t)^{1/2}} \times \frac{[\text{M}]}{R_i^{1/2}} = \frac{k_p}{2(fk_d k_t)^{1/2}} \times \frac{[\text{M}]}{[\text{I}]^{1/2}}$$

$$= \frac{12300}{2(0.75 \times 2.6 \times 10^{-6} \times 21 \times 10^9)^{1/2}} \times \frac{13.744}{0.01^{1/2}} = 4176.9$$

$$\frac{1}{\overline{X}_n} = \frac{1}{2\nu} + C_M = \frac{1}{2 \times 4176.9} + 1.35 \times 10^{-3}$$

$$= 1.2 \times 10^{-4} + 1.35 \times 10^{-3} = 1.47 \times 10^{-3}$$

$$\overline{X}_n = 680.2$$

（3）从计算中可以发现，聚合 10h 时，引发剂的残留浓度与初始浓度相当，表明 AIBN 为低活性引发剂，PVC 的平均聚合度近似于 C_M 的倒数，表明链转移反应是 PVC 主要的终止方式。此外，氯乙烯聚合时，AIBN = $0.01 \text{mol} \cdot \text{L}^{-1}$，所选用的浓度太低，不切合实际。

例【5-5】 在 80℃下，苯乙烯用三种方法聚合，条件如下：

单体	I	II	III
苯乙烯		50g(0.5mol,60mL)	
BPO	$1.08 \times 10^{-3} \text{mol}$	$1.08 \times 10^{-3} \text{mol}$	$1.08 \times 10^{-3} \text{mol}$
稀释剂	苯,940mL	—	水,940mL
添加剂	—	—	$MgSO_4$,4g

问：(1) Ⅰ、Ⅱ、Ⅲ各为何种聚合方法？

(2) 若Ⅰ的起始聚合速率 $R_{80}=0.057\text{mol}\cdot\text{L}^{-1}\cdot\text{h}^{-1}$，则Ⅱ、Ⅲ的 R_{90} 各多少？

解 (1) Ⅰ为溶液聚合，Ⅱ为本体聚合，Ⅲ为悬浮聚合。

(2) $R_{\text{p}}=k_{\text{p}}\left(\dfrac{fk_{\text{d}}}{k_{\text{t}}}\right)^{1/2}[\text{I}]^{1/2}[\text{M}]$

$$\text{Ⅰ}:R_{\text{pⅠ}}=k_{\text{p}}\left(\frac{fk_{\text{d}}}{k_{\text{t}}}\right)^{1/2}\left(\frac{1.08\times10^{-3}}{0.060+0.940}\right)^{1/2}\times\frac{0.5}{0.060+0.940} \qquad ①$$

$$\text{Ⅱ}:R_{\text{pⅡ}}=k_{\text{p}}\left(\frac{fk_{\text{d}}}{k_{\text{t}}}\right)^{1/2}\left(\frac{1.08\times10^{-3}}{0.060}\right)^{1/2}\times\frac{0.5}{0.060} \qquad ②$$

由①、②相除得：

$$\frac{R_{\text{pⅡ}}}{R_{\text{pⅠ}}}=\frac{R_{\text{pⅡ}}}{0.057}=\frac{1}{0.06^{1/2}}\times\frac{1}{0.06}$$

$$R_{\text{Ⅱ}}=3.878\text{mol}\cdot\text{L}^{-1}\cdot\text{h}^{-1}$$

悬浮聚合中一个液滴相当于一个小本体聚合，因此，悬浮聚合速率与本体聚合速率相等。

$$R_{\text{Ⅲ}}=3.878\text{mol}\cdot\text{L}^{-1}\cdot\text{h}^{-1}$$

例【5-6】 在装有搅拌器、回流冷凝器、滴液漏斗和温度计的四口烧瓶中，分别加入 84g 71.4%（质量分数）的 PVA 水溶液、1g OP-10 和 20g 醋酸乙烯酯，将 1g 过硫酸铵溶解在 5mL 的水中，一半倒入反应瓶，通 N_2 搅拌，控制反应瓶内的温度在 65~70℃，滴加 40g 醋酸乙烯酯，加完后，加入剩余的过硫酸铵，再滴加 20g 醋酸乙烯酯，单体滴加完毕后，保温反应 0.5h，升温到 80℃，至体系中无明显回流为止，结束反应。则：

(1) 该实验采用了什么聚合方法？

(2) 如果发现聚合物结块，实验失效，试分析失败原因。

(3) 若实验后期，体系黏度太大，难以搅拌，采用何种措施可使之改善？

(4) 写出合成反应的引发剂分解、链引发、链增长和链终止的各基元反应。

解 (1) 本实验采用的是乳液聚合。因为聚合体系含有下列组分：单体（醋酸乙烯酯）、水溶性引发剂（过硫酸铵）、水、乳化剂（PVA、OP-10）。

(2) 聚合物结块表明乳液破乳，可能在于单体滴加速度过快，或者温度失控导致反应温度过高。

(3) 若实验后期体系黏度太大，难以搅拌，可加适量水来稀释。

(4) 聚合基元反应

引发剂的分解：

$$(\text{NH}_4)_2\text{S}_2\text{O}_8\longrightarrow 2\text{NH}_4\text{SO}_4\cdot(\text{R}\cdot)$$

单体自由基的生成：

$$\text{R}\cdot + \text{CH}_2=\text{CHOCCH}_3 \longrightarrow \text{RCH}_2\text{CH}\cdot$$

链增长：

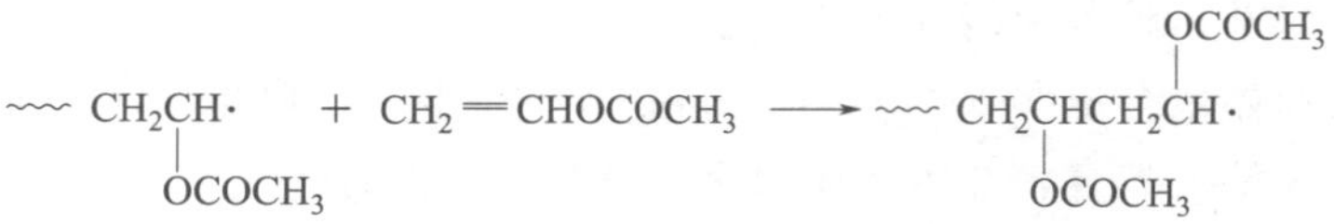

链终止：

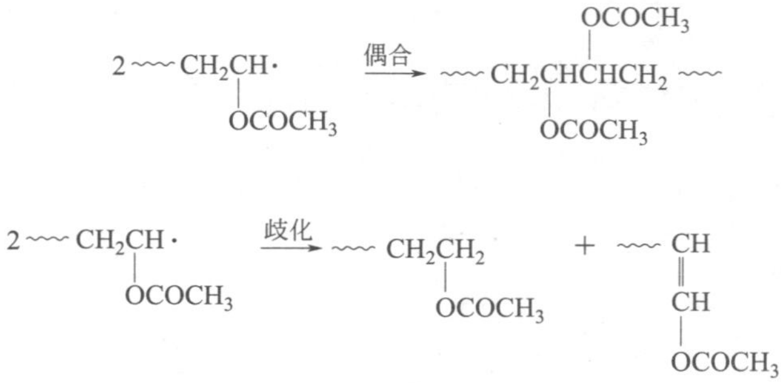

5.3　思考题及参考答案

思考题【5-1】　聚合方法（过程）中有许多名称，如本体聚合、溶液聚合和悬浮聚合，均相聚合和非均相聚合，沉淀聚合和淤浆聚合，试说明它们相互间的区别和关系。

答　聚合方法有不同的分类方法，如下表：

序　号	分 类 方 法	聚 合 物
1	按聚合体系中反应物的状态	本体聚合、溶液聚合、悬浮聚合和乳液聚合
2	按聚合体系的溶解性	均相聚合、非均相聚合、沉淀聚合
3	按聚合的单体形态	气相聚合、固相聚合

按聚合体系中反应物的相态考虑，本体聚合是单体加有（或不加）少量引发剂的聚合。溶液聚合是单体和引发剂溶于适当溶剂中的聚合。悬浮聚合一般是单体以液滴状悬浮在水中的聚合，体系主要由单体、水、油溶性引发剂、分散剂四部分组成。

按聚合体系的溶解性进行分类，聚合反应可以分成均相聚合和非均相聚合。当单体、溶剂、聚合物之间具有很好的相溶性时，聚合为均相聚合；当单体、溶剂、聚合物之间相溶性不好而产生相分离的聚合，则为非均相聚合。

聚合初始，本体聚合和溶液聚合多属于均相体系，悬浮聚合和乳液聚合属于非均相聚合；如单体和聚合物完全互溶，则该本体聚合为均相聚合；当单体对聚合物的溶解性不好，聚合物从单体中析出，此时的本体聚合则成为非均相的沉淀聚合；溶液聚合中，聚合物不溶于溶剂从而沉析出来，就成为沉淀聚合，有时称作淤浆聚合。

思考题【5-2】　本体法制备有机玻璃板和通用级聚苯乙烯，比较过程特征，说明如何解决传热问题、保证产品品质。

答　间歇本体聚合是制备有机玻璃板的主要方法。为解决聚合过程中的散热困难、避免体积收缩和气泡产生，保证产品品质，将聚合分成预聚合、聚合和高温后处理三个阶段来控制。①预聚合。在 90～95℃下进行，预聚至 10％～20％转化率，自动加速效应刚开始较弱，反应容易控制，但体积已经部分收缩，体系有一定的黏度，便于灌模。②聚合。将预聚物灌入无机玻璃平板模，在（40～50℃）下聚合至转化率 90％。低温（40～50℃）聚合的目的在于避免或减弱自动加速效应和气泡的产生（MMA 的沸点为 100℃），在无机玻璃平板模中聚合的目的在于增加散热面。③高温后处理。转化率达 90％以后，在高于 PMMA 的玻璃化温度的条件（100～120℃）下，使残留单体充分聚合，通用级聚苯乙烯可以采用本体聚合法生产。其散热问题可由预聚和聚合两段来克服。苯乙烯是聚苯乙烯的良溶剂，聚苯乙烯本体聚合时出现自动加速较晚。因此预聚时聚合温度为 80～90℃，转化率控制在 30％～35％，此时未出现自动加速效应，该阶段的聚合温度和转化率均较低，体系黏度较低，有利于聚合热的排除。后聚合阶段可在聚合塔中完成，塔顶温度为 100℃，塔底温度为 200℃，从塔顶至塔底温度逐渐升高，目的在于逐渐提高单体转化率，尽量使单体完全转化，减少残余单体，最终转化率在 99％以上。

思考题【5-3】 溶液聚合多用离子聚合和配位聚合，而较少用自由基聚合，为什么？

答 离子聚合和配位聚合的引发剂容易被水、醇、二氧化碳等含氧化合物所破坏，因此不得不采用有机溶剂进行溶液聚合。

溶液聚合可以降低聚合体系的黏度，改善混合和传热、温度易控、减弱凝胶效应，可避免局部过热。但是溶液聚合也有很多缺点：①单体浓度较低，聚合速度慢，设备生产能力低；②单体浓度低，加上向溶剂的链转移反应，使聚合物的分子量较低；③溶剂分离回收费高，难以除尽聚合物中的残留溶剂。因此溶液聚合多用于聚合物溶液直接使用的场合。

思考题【5-4】 悬浮聚合和微悬浮聚合在分散剂选用、产品颗粒特性上有何不同？

答 悬浮聚合常用的分散剂有无机粉末或水溶性的高分子，其中无机粉末包括碳酸镁、磷酸钙等，其作用机理是吸附在液滴或颗粒表面，起机械隔离的作用。要求聚合物粒子透明时，多采用无机粉末作为分散剂。水溶性有机高分子包括明胶、纤维素衍生物（如羟丙基纤维素）、聚乙烯醇等。其作用机理是吸附在液滴表面，形成保护膜，起着保护胶体的作用，同时使表面张力降低，有利于液滴分散。分散剂的性质对聚合物的颗粒形态具有较大的影响，氯乙烯聚合时，如选用明胶作分散剂，将得到紧密的聚合物颗粒，选用聚乙烯醇和羟丙基纤维素作分散剂，得到疏松颗粒。悬浮聚合物的颗粒粒度一般在 $50～2000\mu m$。

微悬浮聚合体系需要特殊的复合乳化剂，由离子型表面活性剂和难溶助剂（长链脂肪醇或长链烷烃）组成。复合乳化剂使单体-水的表面张力下降，有利于微液滴的形成，同时对微液滴或聚合物颗粒有强的吸附保护能力，防止聚并，并阻碍粒子间单体的扩散传递和重新分配，使最终粒子数、粒径及分布与起始微液滴相当。微悬浮聚合物的颗粒粒度一般在 $0.2～1.5\mu m$。

思考题【5-5】 苯乙烯和氯乙烯悬浮聚合在过程特征、分散剂选用、产品颗粒特性上有何不同？

答 列表表示如下：

项目	苯乙烯低温悬浮聚合	苯乙烯高温悬浮聚合	氯乙烯悬浮聚合
引发剂	BPO	无	过氧化碳酸酯或复合引发剂
聚合过程	85℃ 聚合 2～3h，98～100℃下继续聚合 4h	155℃聚合 2～3h，125℃继续聚合 30min，140℃下熟化 4h	保持温度恒定聚合，根据聚合度要求，确定聚合温度（45～70℃）
分散剂	聚乙烯醇	苯乙烯-顺丁烯二酐共聚物钠盐和碳酸镁无机分散剂复合	聚乙烯醇和羟丙基纤维素复合
产物特征	透明珠粒，分子量 20 万	透明珠粒、均匀	粒径 100～160μm，采用聚乙烯醇和羟丙基纤维素复合分散剂，不透明疏松粉状，表面有皮膜
聚合机理	$\dfrac{1}{\overline{X}_n}=\dfrac{1}{2\nu}+C_M+C_I\dfrac{[I]}{[M]}$ 提高速度的诸因素均使分子量下降		$\overline{X}_n=\dfrac{1}{C_M}$ 分子量由温度控制

思考题【5-6】　比较氯乙烯本体聚合和悬浮聚合的过程特征、产品品质有何异同？

答　采用下表进行比较如下：

项目	本 体 聚 合	悬 浮 聚 合
聚合配方	VC、高活性引发剂、引发剂分两段加入	氯乙烯、水、引发剂、分散剂
聚合工艺	第一阶段预聚至 7%～11%转化率，形成颗粒骨架，再在第二反应器内继续聚合，保持原有的颗粒形态，最后以粉状出料	单釜间歇聚合，聚合温度 45～70℃
聚合场所	本体内	液滴内
聚合机理	$\overline{X}_n=\dfrac{1}{C_M}$ 引发剂调节反应速度，温度调节分子量	$\overline{X}_n=\dfrac{1}{C_M}$ 引发剂调节反应速度，温度调节分子量
生产特征	一个预聚釜要配几个聚合釜作后聚合	单釜间歇聚合，附分离洗涤干燥的工序
产品特征	氯乙烯结构疏松，纯净而无皮膜，平均粒径为 100～160μm	采用聚乙烯醇和羟丙基纤维素为分散剂，颗粒疏松，表面有皮膜，粒径 100～160μm

思考题【5-7】　简述传统乳液聚合中单体、乳化剂和引发剂的所在场所，链引发、链增长和链终止的场所和特征，胶束、胶粒、单体液滴和速率的变化规律。

答　（1）传统乳液聚合中，大部分单体分散成液滴，胶束内增溶有单体，形成增溶胶束，极少量的单体溶于水中。大部分乳化剂形成胶束，单体液滴表面吸附少量乳化剂，极少量乳化剂溶于水。大部分引发剂溶于水相中。

（2）单体难溶于水并选用水溶性引发剂的经典体系属于胶束成核，引发剂在水中分解成初级自由基后，引发溶于水中微量单体，增长成短链自由基，胶束捕捉水相中的初级自由基和短链自由基。自由基一旦进入胶束，就引发其中单体聚合，形成活性种。初期的单体-聚合物乳胶粒体积较小，只能容纳 1 个自由基。由于胶束表面乳化剂的保护作用，乳胶粒内的自由基寿命较长，允许较长时间的增长，等水相中另一自由基扩散入乳胶粒内，进行双基终止，第 3 个自由基进入胶粒后，又引发聚合。第 4 个自由基进入，再终止。如此反复进行下去。但当乳胶粒足够大时，也可能容纳几个自由基，同时引发增长。

（3）乳液聚合过程一般分为三个阶段，第一阶段为增速期，胶束不断减少，乳胶粒不断增加，速率相应增加。单体液滴数不变，体积不断缩小。第二阶段为恒速期，胶束消失，乳胶粒数恒定，乳胶粒不断长大，聚合速率恒定，单体液滴数不断减少。第三阶段为降速期，体系中无单体液滴，聚合速率随胶粒内单体浓度降低而降低。

思考题【5-8】 简述胶束成核、液滴成核、水相成核的机理和区别。

答 胶束成核：难溶于水的单体所进行的乳液聚合，以胶束成核为主。在此聚合体系中，引发剂为水溶性的引发剂，在水中分解成初级自由基，扩散进入增溶的胶束中，从而引发该胶束内部的聚合，并使之转变成胶粒，这种成核过程称为胶束成核。

水相成核：在水中有相当溶解性的单体进行的乳液聚合，通常以水相（均相）成核为主。溶解于水中的单体经引发聚合后，所形成的短链自由基的亲水性较大，聚合度上百后从水中沉析出来，水相中多条这样的短链自由基相互聚结在一起，絮凝成核，以此为核心，单体不断扩散入内，聚集成胶粒。胶粒形成后，更有利于吸取水相中的初级自由基和短链自由基，而后在胶粒中引发、增长，成为水相成核。

液滴成核：有两种情况可导致液滴成核。一是当液滴粒径较小而多时，表面积与增溶胶束相当，可吸附水中形成的自由基，引发成核，而后发育成胶粒。二是采用油溶性的引发剂，溶于单体液滴内，就地引发聚合，微悬浮聚合具备此双重条件，是液滴成核。

思考题【5-9】 简述种子乳液聚合和核壳乳液聚合的区别和关系。

答 种子乳液聚合是将少量单体在有限的乳化剂条件下先乳液聚合成种子胶乳，然后将少量种子胶乳加入正式乳液聚合的配方中，种子胶粒被单体所溶胀，继续聚合，使粒径增大。经过多级溶胀聚合，粒径可达 $1 \sim 2\mu m$ 或更大。

核壳乳液聚合是种子乳液聚合的发展。若种子聚合和后继聚合采用不同单体，则形成核壳结构的胶粒，在核与壳的界面上形成接枝层，增加两者的相容性和黏结力。

思考题【5-10】 无皂乳液聚合有几种途径？

答 无皂乳液聚合，就是在聚合体系中不另加入乳化剂，而是利用引发剂或极性共单体，将极性或可电离的基团化学键接在聚合物上，使聚合物本身就具有表面活性的聚合过程。

采用过硫酸盐引发剂时，硫酸根就成为大分子的端基，只是硫酸根含量太少，乳化稳定能力有限，所得胶乳浓度很低（$<10\%$）。而利用不电离、弱电离或强电离的亲水性极性共单体与苯乙烯、（甲基）丙烯酸酯类共聚，则可使较多的极性基团成为共聚物的侧基，乳化稳定作用较强，可以制备高固体含量的胶乳。共单体的示例如下表所示。

基 团 特 性	共 单 体 示 例
非离子极性	丙烯酰胺类
弱电离	（甲基）丙烯酸、马来酸，共聚物中 COOH 可用碱中和成 COO^-Na^+
强电离	（甲基）烯丙基磺酸钠、对苯乙烯磺酸钠
离子和非离子基团复合型	羧酸-聚醚复合型 $HOOCCH = CHCO \cdot O(CH_2CH_2O)_nR$
可聚合的表面活性剂（surfmer）	烯丙基离子型表面活性共单体 $C_{12}H_{25}O \cdot OCCH_2CH(SO_3Na)CO \cdot OCH_2CH(OH)CH_2OCH_2CH = CH_2$

思考题【5-11】 比较微悬浮聚合、乳液聚合、微乳液聚合的产物粒径和稳定用的分散剂。

答 微悬浮聚合体系采用离子型表面活性剂和难溶助剂的复合分散剂，使单体-水的界面张力下降，分散成微液滴（$0.2 \sim 1.5\mu m$），同时对微液滴或聚合物颗粒表面形成强的保护膜，防止聚并，阻碍粒子间单体的扩散传递和重新分配，引发和聚合就在液滴内进行，即所谓的液滴成核。最终粒子数、粒径及分布与起始微液滴相当。

乳液聚合的乳化剂一般采用离子型乳化剂，如十二烷基硫酸钠、松香皂等，乳化剂在水中形成胶束，单体溶于胶束内，成增容胶束，也成为引发增长聚合的场所，所谓胶束成核。乳液聚合物的粒度一般在 $0.1\sim0.2\mu m$。

微乳液聚合须使用大量的乳化剂，同时加大量戊醇作助乳化剂，能形成复合胶束和保护膜，使水的表面张力降低。微乳液聚合的粒度一般在 $8\sim80nm$。

项目	微悬浮聚合	经典乳液聚合	微乳液聚合
分散剂	离子型表面活化剂＋难溶助剂	阴离子乳化剂	乳化剂＋戊醇
粒径	$0.2\sim1.5\mu m$	$0.1\sim0.2\mu m$	$8\sim80nm$
成核机理	液滴成核	胶束成核	液滴成核＋胶束成核

思考题【5-12】 举例说明反相乳液聚合的特征。

答 反相乳液聚合主要包括水溶性单体、水、油溶性乳化剂、非极性有机溶剂、水溶性或油溶性引发剂。

研究得最多的水溶性单体是丙烯酰胺，非极性的烃类作溶剂，采用 HLB 值在 5 以下的油溶性乳化剂，如山梨糖醇脂肪酸酯（Span60、Span80 等）及其环氧乙烷加成物（Tween80）。水溶性或油溶性引发剂均有采用，但两者成核过程有些差异，视引发剂种类和反应条件而定。

反相乳液聚合的最终粒子很小，约为 $100\sim200nm$。

思考题【5-13】 说明分散聚合和沉淀聚合的关系。举例说明分散聚合配方中溶剂和稳定剂以及稳定机理。

答 乙烯、丙烯在烃类溶剂中的聚合属于沉淀聚合，习惯称作淤浆聚合，而不称为分散聚合。四氟乙烯在稀水溶液中聚合也属于沉淀聚合，加有少量全氟辛酸铵（＜CMC）时，沉析的粒子较细，分散在水中，故俗称分散聚合。

未经特定指名的分散聚合多指油溶性单体溶于有机溶剂中的沉淀聚合，多采用油溶性引发剂，例如 MMA-BPO-烃类体系。为防止沉析出来的聚合物粒子聚并，体系中加有位障型高分子稳定剂。最有效的稳定剂是嵌段或接枝共聚物，其中一组分可溶于有机溶剂，另一组分吸附在聚合物粒子表面，使粒子分散而稳定。例如制备 PMMA 的有机分散液时，可以采用 MMA 和天然橡胶的接枝共聚物作为稳定剂，将 MMA 单体、天然橡胶、过氧类引发剂溶于烃类溶剂中，升温聚合。一方面 MMA 聚合成 PMMA，从溶剂中沉析出来；另一方面，初级自由基夺取异戊二烯单元中亚甲基的氢，形成活性接枝点，使 MMA 接枝，就地形成接枝共聚物稳定剂。接枝共聚物中 MMA 支链与聚合物（PMMA）相溶，锚定在粒子上，另一部分天然橡胶分子与烃类溶剂相溶，促使分散，最终达到稳定的目的。

5.4　计算题及参考答案

计算题【5-1】 用氧化还原体系引发 20％（质量分数）丙烯酰胺溶液绝热聚合，起始温度 30℃，聚合热 $-74kJ\cdot mol^{-1}$，假定反应器和内容物的热容为 $4J\cdot g^{-1}\cdot K^{-1}$，最终温度是多少？最高浓度多少才无失控危险？

解 设丙烯酰胺溶液 $100g$

$$丙烯酰胺物质的量=\frac{100\times20\%}{71}=0.282$$

$$Q=74\times0.282=20.8kJ$$

$$Q=mC_p\Delta t$$

$$\Delta t=\frac{20.8\times1000}{4\times100}=52℃$$

最终温度：$30+52=82℃$

计算题【5-2】 计算苯乙烯乳液聚合速率和聚合度。$60℃$ 时，$k_p=176L\cdot mol^{-1}\cdot s^{-1}$，$[M]=5.0mol\cdot L^{-1}$，$N=3.2\times10^{14}mL^{-1}$，$\rho=1.1\times10^{13}mL^{-1}\cdot s^{-1}$。

解 $\rho=1.1\times10^{13}mL^{-1}\cdot s^{-1}$

$$R_p=\frac{10^3Nk_p[M]}{2N_A}=\frac{10^3\times3.2\times10^{14}\times176\times5.0}{2\times6.023\times10^{23}}=2.34\times10^{-4}$$

$$\overline{X}_n=\frac{Nk_p[M]}{\rho}=\frac{3.2\times10^{14}\times176\times5}{1.1\times10^{13}}=2.56\times10^4$$

计算题【5-3】 比较苯乙烯在 $60℃$ 下本体聚合和乳液聚合的速率和聚合度。乳胶粒数 $=1.0\times10^{15}mL^{-1}$，$[M]=5.0mol\cdot L^{-1}$，$\rho=5.0\times10^{12}mL^{-1}\cdot s^{-1}$。两体系的速率常数相同：$k_p=176L\cdot mol^{-1}\cdot s^{-1}$，$k_t=3.6\times10^7L\cdot mol^{-1}\cdot s^{-1}$。

解 本体聚合中有：

$$R_i=\frac{\rho}{N_A}=\frac{5\times10^{12}\times1000}{6.023\times10^{23}}=8.3\times10^{-9}mol\cdot L^{-1}\cdot s^{-1}$$

$$R_p=k_p[M]\left(\frac{R_i}{2k_t}\right)^{1/2}$$

乳液聚合中有：

$$R_p=\frac{10^3Nk_p[M]}{2N_A}$$

$$\frac{(R_p)_{本体}}{(R_p)_{乳液}}=\frac{k_p[M]\left(\frac{R_i}{2k_t}\right)^{\frac{1}{2}}}{\frac{10^3k_p[M]\overline{n}N}{N_A}}=\frac{R_i^{\frac{1}{2}}N_A}{10^3(2k_t)^{\frac{1}{2}}\overline{n}N}$$

$$=\frac{(8.9\times10^{-9})^{\frac{1}{2}}\times6.023\times10^{23}}{(2\times3.6\times10^7)^{\frac{1}{2}}\times0.5\times10^{15}\times10^3}=0.013$$

本体聚合中有：

$$\nu=\frac{R_p}{R_t}=\frac{k_p[M]}{2k_t}\left(\frac{2k_t}{R_i}\right)^{1/2}=\frac{k_p[M]}{(2k_tR_i)^{1/2}}$$

$$=\frac{176\times5}{(2\times3.6\times10^7\times8.3\times10^{-9})^{1/2}}=1138$$

$$(\overline{X}_n)_{本体}=2\nu=2276$$

乳液聚合中有：

$$(\overline{X}_n)_{乳液}=\frac{Nk_{\mathrm{p}}[\mathrm{M}]}{\rho}=\frac{10^{15}\times176\times5}{5\times10^{12}}=1.76\times10^5$$

$$\frac{(\overline{X}_n)_{本体}}{(\overline{X}_n)_{乳液}}=\frac{2276}{176000}=0.0129$$

计算题【5-4】 经典乳液聚合配方：苯乙烯 100g，水 200g，过硫酸钾 0.3g，硬脂酸钠 5g。试计算：

(1) 溶于水中的苯乙烯分子数（mL^{-1}）（20℃溶解度＝0.02g/100g 水，阿佛伽德罗数 $N_A=6.023\times10^{23}mol^{-1}$）；

(2) 单体液滴数（mL^{-1}）（液滴直径 1000nm，苯乙烯溶解和增容量共 2g，苯乙烯密度为 $0.9g\cdot cm^{-3}$）；

(3) 溶于水中的钠皂分子数（mL^{-1}）（硬脂酸钠的 CMC 为 $0.13g\cdot L^{-1}$，分子量为 306.5）；

(4) 水中胶束数（mL^{-1}）（每胶束由 100 个肥皂分子组成）；

(5) 水中过硫酸钾分子数（mL^{-1}）（分子量为 270）；

(6) 初级自由基形成速率 ρ（分子·$mol^{-1}\cdot s^{-1}$）（50℃，$k_d=9.5\times10^{-7}s^{-1}$）；

(7) 乳胶粒数（mL^{-1}）（粒径 100nm，无单体液滴，苯乙烯密度 $0.9g\cdot cm^{-3}$，聚苯乙烯密度 $1.05g\cdot cm^{-3}$，转化率 50%）。

解 (1) 溶于水中的苯乙烯分子数

20℃溶解度＝0.02g/100g 水，200g 水中溶解的苯乙烯质量

$$m_2=m_1s=0.02/100\times200=0.04g$$

则苯乙烯的分子数为：

$$N=N_An=N_A\frac{m_2}{M}=6.023\times10^{23}\times\frac{0.04}{104}=2.316\times10^{20}$$

水的体积：

$$V=\frac{200g}{1g\cdot mL^{-1}}=200mL$$

溶于水的苯乙烯的分子数为：

$$\frac{(0.04/104)\times6.023\times10^{23}}{200}=1.158\times10^{18} 个\cdot mL^{-1}$$

(2) 每毫升水中单体液滴数

液滴直径：$1000nm=10^{-4}cm$

每个液滴体积：$4/3\pi r^3=4/3\times3.14\times(10^{-4}/2)^3=5.23\times10^{-13}cm^3$

每个液滴质量：$m=\rho V=5.23\times10^{-13}\times0.9=4.71\times10^{-13}g$

苯乙烯溶解和增容量共 2g，每毫升水中分散的苯乙烯质量：

$$m_{总}=\frac{100-2}{200}=0.49g\cdot mL^{-1}$$

单体液滴数：

$$\frac{0.49}{4.71\times10^{-13}}=1.04\times10^{12} 个\cdot mL^{-1}$$

(3) 溶于水中的钠皂分子数

$$N = \frac{(0.13/306.5) \times 6.023 \times 10^{23}}{10^3} = 2.55 \times 10^{17} \text{ 个} \cdot mL^{-1}$$

（4）水中胶束数

$$体系中钠皂总分子数 = (5/306.5) \times 6.023 \times 10^{23} = 9.8 \times 10^{21} \text{ 个}$$

$$体系中溶解在水中的钠皂总分子数 = N = \frac{0.13}{306.5} \times 6.023 \times 10^{23} \times 0.2 = 5 \times 10^{19}$$

$$1mL 水中含有的胶束个数 = \frac{9.8 \times 10^{21} - 5 \times 10^{19}}{200 \times 100} = \frac{9.75 \times 10^{21}}{200 \times 100} = 4.88 \times 10^{17} \text{ 个} \cdot mL^{-1}$$

（5）水中过硫酸钾分子数

$$\frac{0.3}{270} \times \frac{6.023 \times 10^{23}}{200} = 3.346 \times 10^{18} \text{ 个} \cdot mL^{-1}$$

（6）每毫升水中初级自由基形成速率 ρ

$$\rho = 2k_d[I] = 2 \times 9.5 \times 10^{-7} \times 3.346 \times 10^{18} = 6.358 \times 10^{12} \text{ 个} \cdot mL^{-1} \cdot s^{-1}$$

（7）每毫升水中乳胶粒数

$$N' = \frac{\frac{100 \times 50\%}{0.9} + \frac{100 \times 50\%}{1.05}}{\frac{4}{3} \times \pi \times \left(\frac{100}{2} \times 10^{-7}\right)^3} = 1.97 \times 10^{17}$$

$$N = \frac{N'}{V} = \frac{1.97 \times 10^{17}}{200} = 9.85 \times 10^{14}$$

计算题【5-5】 60℃下乳液聚合制备聚苯乙烯酸酯类胶乳，配方如下表所示，聚合时间 8h，转化率 100%。

丙烯酸乙酯＋共单体	100	丙烯酸乙酯＋共单体	100
水	133	十二烷基硫酸钠	3
过硫酸钾	1	焦磷酸钾（pH 值缓冲剂）	0.7

下列各组分变动时，第二阶段的聚合速率有何变化？
（1）用 6 份十二烷基硫酸钠；
（2）用 2 份过硫酸钾；
（3）用 6 份十二烷基硫酸钠和 2 份过硫酸钾；
（4）添加 0.1 份十二硫醇（链转移剂）。

解 在题表配方中，分别调节（加入十二烷基硫酸钠、过硫酸钾及十二硫醇）时，聚合速率根据下列公式进行变化，改变配方，聚合速率的变化如下表所示。

$$R_p = \frac{10^3 N k_p [M]}{2N_A} \qquad N = k\left(\frac{\rho}{\mu}\right)^{2/5}(a_s S)^{3/5}$$

调　节	变化系数	N	R_p
用 6 份十二烷基硫酸钠	S 增加 2 倍	增加 $2^{0.6}$ 倍	增加 $2^{0.6}$ 倍
用 2 份过硫酸钾	[I]增加 2 倍	增加 $2^{0.4}$ 倍	增加 $2^{0.4}$ 倍
用 6 份十二烷基硫酸钠和 2 份过硫酸钾	[I]增加 2 倍，S 增加 2 倍	增加 2 倍	增加 2 倍
添加 0.1 份十二硫醇（链转移剂）	不变	不变	不变

计算题【5-6】　按下列乳液聚合配方，计算每升水相的聚合速率。（与通常情况相差太大）

组　分	质量份	密度/(g·cm⁻³)	每一表面活性剂分子的表面积	$50×10^{-6}$ cm²
苯乙烯	100	0.9	第二阶段聚苯乙烯粒子体积增长速率	$5×10^{-20}$ cm³·s⁻¹
水	180	1	乳胶粒中苯乙烯浓度	5mol·L⁻¹
过硫酸钾	0.85		过硫酸钾 k_d(60℃)	$6×10^{-6}$ s⁻¹
十二烷基磺酸钠	3.5		苯乙烯 k_p(60℃)	200mol·L⁻¹·s⁻¹

解　水相中引发剂 $K_2S_2O_8$ 浓度：

$$[I] = \frac{\frac{0.85}{270}}{180} = 1.75×10^{-5} \text{mol·cm}^{-3} = 1.75×10^{-2} \text{mol·L}^{-1}$$

引发速率：

$$R_i = 2fk_d[I] = 2×6×10^{-6}×1.75×10^{-5}$$
$$= 2.10×10^{-10} \text{mol·cm}^{-3}·\text{s}^{-1} = 2.10×10^{-7} \text{mol·L}^{-1}·\text{s}^{-1}$$
$$\rho = R_i N_A$$
$$= 2.1×10^{-7}×6.023×10^{23} = 1.26×10^{17} \text{个·L}^{-1}·\text{s}^{-1}$$
$$= 1.26×10^{14} \text{个·cm}^{-3}·\text{s}^{-1}$$

胶料体积增长速率：$\mu = 5×10^{-20}$ cm³·s⁻¹

每一个乳化剂分子的表面积：$a_s = 50×10^{-6}$ cm²

体系总体积：$V = \frac{100}{0.9} + 180 = 291.1$ cm³

每升水中十二烷基磺酸钠 $C_{12}H_{25}SO_3Na$（分子量为272）的总浓度：

$$[S] = \frac{\frac{3.5}{272}}{180} = 7.1×10^{-5} \text{mol·cm}^{-3} = 4.3×10^{19} \text{个·cm}^{-3}$$

$$N = k\left(\frac{\rho}{\mu}\right)^{2/5}(a_s S)^{3/5}$$
$$= k\left(\frac{1.26×10^{14}}{5×10^{-20}}\right)^{2/5}×(50×10^{-6}×4.3×10^{19})^{3/5}$$
$$= 3.63×10^{22} \text{个·cm}^{-3} = 3.63×10^{25} \text{个·L}^{-1}$$

由于 $k = 0.36～0.53$，取 $k = 0.5$

$$R_p = \frac{Nk_p[M]}{2N_A} = \frac{3.63×10^{25}×200×5}{2×6.023×10^{23}} = 1.5×10^4 \text{mol·L}^{-1}·\text{s}^{-1}$$

5.5　提要

（1）**聚合方法**　自由基聚合有本体、溶液、悬浮、乳液四种传统聚合方法，缩聚习惯采用熔融缩聚、溶液缩聚、界面缩聚、固相缩聚等名称，离子聚合则有溶液聚合、淤浆聚合、气相聚合等。起始配方的相态和聚合过程中的相变化都会有影响。

（2）本体聚合 聚合到一定程度，体系黏度增加，产生凝胶效应和自动加速现象，聚合度也增加。往往采用多段聚合措施来解决传热问题。苯乙烯、甲基丙烯酸甲酯、氯乙烯、乙烯等的连续或间歇本体聚合各有特点。

（3）溶液聚合 自由基溶液聚合往往在特殊场合选用（如直接制备纺丝液、涂料或进一步化学转化），因单体浓度较低和链转移反应，聚合速率和聚合度将有所降低。离子聚合引发剂不耐水，不得不采用溶液聚合或淤浆聚合的方法。

（4）悬浮聚合 用来制备 $0.05\sim2$ mm 的粒料或粉料。分散剂和搅拌是控制粒度的关键因素。分散剂有无机粉末和高分子保护胶体两类。氯乙烯和苯乙烯悬浮聚合各有特点。

（5）微悬浮聚合 是分散成微米级液滴的悬浮聚合，可以用来制备 $0.2\sim1.5\mu m$ 的粉料。由离子型表面活性剂和难溶助剂（如十六醇）来配制复合分散剂是聚合成功的关键。

几种非均相聚合产物的粒径比较如下：悬浮 $50\sim2000\mu m$，微悬浮 $0.1\sim1.5\mu m$，乳液 $0.1\sim0.15\mu m$，微乳液 $0.008\sim0.080\mu m$。

（6）传统乳液聚合机理 传统乳液聚合配方由油溶性单体、水溶性引发剂、水溶性乳化剂、水共四个组分构成。形成胶束、液滴、水三相，引发、增长和终止在胶束和乳胶粒的隔离环境下进行，最后发育成胶粒，称为胶束成核机理。胶粒内平均自由基数＝0.5，自由基寿命较长，以致聚合速率较大，同时聚合度也较高。

（7）乳液聚合过程 可以分成增速期、恒速期、降速期三个阶段。聚合速率和聚合度都与胶粒数成正比。而胶粒数与乳化剂用量、总表面积有关。

（8）乳液聚合技术进展 发展较快，包括种子、核壳、无皂、微乳液、反相等乳液聚合，以及分散聚合。

5

6 离子聚合

○○ ──── ○○ ○ ○○ ──── ○ ○ ○○ ○

6.1 本章重点与难点

6.1.1 重要术语和概念

（阴、阳）离子聚合的单体，离子聚合的引发剂和共引发剂，离子聚合中活性中心形态与溶剂，离子聚合的机理特征，活性阴离子聚合，嵌段共聚物制备。

6.1.2 典型聚合物代表

顺丁橡胶，异戊橡胶，丁基橡胶，聚醚，苯乙烯-丁二烯-苯乙烯（SBS）嵌段共聚物。

6.1.3 重要公式

活性阴离子聚合速率：$R_p = -\dfrac{d[M]}{dt} = k_p[B^-][M]$

活性阴离子聚合物的聚合度：$\overline{X}_n = \dfrac{n([M]_0 - [M])}{[C]}$

6.1.4 难点

阴离子聚合反应的影响因素，活性阴离子聚合。

6.2 例题

例【6-1】 如何判断苯乙烯阴离子聚合是活性聚合？用萘钠作引发剂时，如何计算聚合产物的分子量？

答　进行实验，测定聚合物的数均分子量，观察与时间的变化关系，如果分子量随时间呈线性增加。则可判断为活性聚合。或者在苯乙烯聚合完全转化后，再加入第二种单体，观察能否继续增长成嵌段共聚物。

用萘钠为引发剂时，聚合产物的分子量可用下式计算：$\overline{X}_n = \dfrac{2[M]_0}{[I]}$。

例【6-2】　以乙二醇二甲醚为溶剂，分别以 RLi、RNa、RK 为引发剂，在相同条件下使苯乙烯聚合，判断聚合速度的大小顺序。如改用环己烷为溶剂，聚合速度的大小顺序如何？说明判断的根据。

解　乙二醇二甲醚是溶剂化能力很强的溶剂，可使金属反离子溶剂化。金属离子的半径越小，其溶剂化程度越大，紧密离子对越容易转变成疏松离子对和自由离子，因此增长或聚合速率也越大。碱金属原子半径的顺序是：Li＜Na＜K，在乙二醇二甲醚中溶剂化后碱金属原子半径的顺序却是：Li＞Na＞K。所以苯乙烯的聚合速度顺序是：$R_{Li} > R_{Na} > R_K$。

相反，环己烷为非极性溶剂，溶剂化能力较弱，反离子基本上未溶剂化，各种碱金属的烷基化合物多以紧密离子对存在，离子对中两离子的距离将随反离子半径增加而增大，从而使聚合速率增加。因此在环己烷中苯乙烯的聚合速度是：$R_{Li} < R_{Na} < R_K$。

例【6-3】　采用萘钠作引发剂，苯乙烯进行阴离子聚合，试求：

（1）合成分子量为 300000 的聚苯乙烯，当苯乙烯用量为 1kg 时，需要多少克金属钠？

（2）若苯乙烯的浓度为 $1.5\,mol \cdot L^{-1}$，萘钠的浓度为 $3.2 \times 10^{-5}\,mol \cdot L^{-1}$，当表观反应速率常数 $k_p = 550\,L \cdot mol^{-1} \cdot s^{-1}$ 时，起始聚合速率是多少？转化率 100％时的聚合度是多少？

解　（1）苯乙烯用量 1kg，合成分子量为 300000 的聚苯乙烯，设需要萘钠 $y\,mol$。

$$\overline{X}_n = \frac{2[M]}{[C]} = \frac{2 \times \dfrac{1000}{104}}{y} = \frac{300000}{104}$$

$$y = \frac{2}{300} = 0.00666\,mol$$

钠与萘钠的物质的量相等，因此钠的用量为 $23 \times 2/300 = 0.153g$。

（2）当 $[M] = 1.5\,mol \cdot L^{-1}$，萘钠的浓度为 $3.2 \times 10^{-5}\,mol \cdot L^{-1}$ 时：

$$R_p = k_p[M^-][M] = 550 \times 3.2 \times 10^{-5} \times 1.5 = 2.64 \times 10^{-2}\,mol \cdot L^{-1} \cdot s^{-1}$$

$$\overline{X}_n = \frac{2[M]}{[C]} = \frac{2 \times 1.5}{3.2 \times 10^{-5}} = 9.4 \times 10^4$$

例【6-4】　用阴离子聚合法合成四种不同端基（—OH、—COOH、—SH 和—NH_2）的聚丁二烯遥爪聚合物，试写出反应式。

解　采用丁基锂为引发剂，先使聚丁二烯在四氢呋喃中进行阴离子聚合：

$$C_4H_9^{\ominus}Li^{\oplus} + CH_2{=}CH{-}CH{=}CH_2 \longrightarrow C_4H_9CH_2{-}CH{=}CHCH_2^{\ominus}Li^{\oplus}$$

$$\xrightarrow{M} C_4H_9CH_2{-}CH{=}CH{-}CH_2 \cdots CH_2{-}CH{=}CHCH_2^{\ominus}Li^{\oplus}\,(M_x^-A^+)$$

然后将聚合产物分别与二氧化碳、环氧乙烷、二异氰酸酯、环硫乙烷反应，反应式如下：

$$M_x^{\oplus}A + CO_2 \longrightarrow M_xCOO^{\ominus\oplus}A \xrightarrow{H^+} M_xCOOH$$

$$M_x^{\oplus}A + \underset{\underset{O}{\diagdown}}{CH_2-CH_2} \longrightarrow M_xCH_2CH_2O^{\ominus\oplus}A \xrightarrow{H^+} M_xCH_2CH_2OH$$

$$M_x^{\oplus}A + OCN-R-NCO \longrightarrow M_x-\underset{\underset{O^{\ominus\oplus}A}{\|}}{C}=N-R-NCO \xrightarrow{H^+} M_x-\underset{\underset{O}{\|}}{C}-NH-R-NH_2$$

$$M_x^{\oplus}A + \underset{\underset{S}{\diagdown}}{CH_2-CH_2} \longrightarrow M_xCH_2CH_2S^{\ominus}A^{\oplus} \xrightarrow{H^+} M_xCH_2CH_2SH$$

例【6-5】 在下列 5 种单体中，（1）异丁烯；（2）甲醛；（3）环氧乙烷；（4）丁二烯；（5）乙烯基烷基醚，哪些单体既能进行阳离子聚合，又能进行阴离子聚合？

解 烯类单体中，烷基、烷氧基是供电子基团，因此异丁烯、乙烯基烷基醚只能进行阳离子聚合。甲醛是羰基化合物，其中 C=O 双键具极性，易受 Lewis 酸引发而进行阳离子聚合。而丁二烯具有共轭结构，则既能阴离子聚合，又能阳离子聚合。环氧乙烷是三元环醚，张力大，很有开环倾向。加上 C—O 键是极性键，富电子的氧原子易受阳离子进攻，缺电子的碳原子易受阴离子进攻，因此，环氧乙烷既能阴离子聚合，又能阳离子聚合。答案选（3）和（4）。

例【6-6】 写出以氯甲烷为溶剂、以 $SnCl_4$ 为引发剂的异丁烯聚合反应机理。

解 阳离子聚合的机理特征是快引发、快增长、易转移、难终止。基元反应如下。

链引发：$SnCl_4 + CH_3Cl \rightleftharpoons CH_3^{\oplus}(SnCl_5)^{\ominus}$

$$CH_3^{\oplus}(SnCl_5)^{\ominus} + CH_2=\underset{\underset{CH_3}{|}}{\overset{\overset{CH_3}{|}}{C}} \longrightarrow CH_3CH_2\underset{\underset{CH_3}{|}}{\overset{\overset{CH_3}{|}}{C^{\oplus}}}(SnCl_5)^{\ominus}$$

链增长：

$$CH_3CH_2\underset{\underset{CH_3}{|}}{\overset{\overset{CH_3}{|}}{C^{\oplus}}}(SnCl_5)^{\ominus} + nCH_2=C(CH_3)_2 \longrightarrow \sim\!\!\sim CH_2\underset{\underset{CH_3}{|}}{\overset{\overset{CH_3}{|}}{C^{\oplus}}}(SnCl_5)^{\ominus}$$

链终止：

（1）向单体转移终止（动力学链不终止）

$$\sim\!\!\sim CH_2\underset{\underset{CH_3}{|}}{\overset{\overset{CH_3}{|}}{C^{\oplus}}}(SnCl_5)^{\ominus} + CH_2=\underset{\underset{CH_3}{|}}{\overset{\overset{CH_3}{|}}{C}} \longrightarrow \begin{cases} \sim\!\!\sim CH_2C(CH_3)=CH_2 + (CH_3)_3C^{\oplus}(SnCl_5)^{\ominus} \\ \\ \sim\!\!\sim CH_2CH(CH_3)_2 + CH_2=\underset{\underset{CH_3}{|}}{\overset{}{C}}CH_2^{\oplus}(SnCl_5)^{\ominus} \end{cases}$$

（2）自发链终止（动力学链不终止）

$$\sim\!\!\sim CH_2\underset{\underset{CH_3}{|}}{\overset{\overset{CH_3}{|}}{C^{\oplus}}}(SnCl_5)^{\ominus} \longrightarrow \sim\!\!\sim CH_2C(CH_3)=CH_2 + H^{\oplus}(SnCl_5)^{\ominus}$$

（3）与反离子的一部分结合

$$\sim\!\!\sim CH_2\underset{\underset{CH_3}{|}}{\overset{\overset{CH_3}{|}}{C^{\oplus}}}(SnCl_5)^{\ominus} \longrightarrow \sim\!\!\sim CH_2C(CH_3)_2Cl + SnCl_4$$

和反离子结合后生成的 $SnCl_4$，还可以和溶剂 CH_3Cl 重新生成引发剂，故动力学链仍未终止。

（4）与链转移剂或与终止剂反应

$$\sim\sim CH_2\overset{\overset{\displaystyle CH_3}{|}}{\underset{\underset{\displaystyle CH_3}{|}}{C}}{}^{\oplus}(SnCl_5)^{\ominus} \; + AB \longrightarrow \sim\sim CH_2C(CH_3)_2B + A^{\oplus}(SnCl_5)^{\ominus}$$

与链转移剂的反应是否属动力学链终止，要看生成的 $A^+(SnCl_5)^-$ 是否有引发活性。与终止剂的反应产物一般无引发活性，属动力学链终止。

例【6-7】 以硫酸为引发剂，苯乙烯在二氯乙烷中聚合，已知硫酸浓度为 $4\times10^{-4}mol\cdot L^{-1}$，单体浓度为 $2.0mol\cdot L^{-1}$，$k_p=7.6L\cdot mol^{-1}\cdot s^{-1}$，$k_{tr,M}=0.12L\cdot mol^{-1}\cdot s^{-1}$，$k_{tr,S}=0.049s^{-1}$，$k_t=0.0067s^{-1}$，$C_s=0.045$。求：（1）初期聚合度；（2）如体系中含有异丙苯，其浓度为 $8\times10^{-5}mol\cdot L^{-1}$，分别求初期聚合度。

解　（1）初期聚合度：

$$\overline{X}_n=\frac{k_p[M]}{k_{tr,M}[M]+k_{tr,S}+k_t}=\frac{7.6\times2}{0.12\times2+0.049+0.0067}=51.4$$

（2）体系中如含有异丙苯，易发生链转移反应，则初期聚合度为：

$$\frac{1}{\overline{X}_n}=\frac{1}{(\overline{X}_n)_0}+C_s\frac{[S]}{[M]}=\frac{1}{51.4}+\frac{4.5\times10^{-2}\times8\times10^{-5}}{2.0}$$

$$\overline{X}_n=50.9$$

计算结果表明，异丙苯对聚合度的影响甚微，原因是浓度很低。

例【6-8】　在阳离子聚合中，用质子酸作引发剂，往往得不到高分子产物，原因何在？

解　质子酸的酸根一般亲核性较强，不易形成稳定的碳阳离子，容易发生向活性碳阳离子端的链转移终止，甚至与反离子共价结合终止，因此一般只能得到分子量较低的聚合物。

例【6-9】　在异丁烯阳离子聚合中，以 $SnCl_4$ 作引发剂，下列物质为共引发剂，其聚合速率随引发剂增大的次序是_____。（1）硝基乙烷＞丙烷＞氯化氢；（2）丙酮＞氯化氢＞硝基乙烷；（3）氯化氢＞硝基乙烷＞丙酮。

解　阳离子聚合中引发剂和共引发剂的不同组合，活性差异很大，主要决定于向单体提供质子的能力。$SnCl_4$ 引发异丁烯聚合时，聚合速率随共引发剂酸的强度增加而增大，其次序为：氯化氢＞醋酸＞硝基乙烷＞苯酚＞水＞甲醇＞丙酮。答案选（3）。

例【6-10】　苯乙烯可进行自由基、阳离子、阴离子聚合，均可得到聚苯乙烯，如何用简便的实验方法来鉴别何种聚合反应？

解　下列诸法可以用来区别自由基、阳离子、阴离子聚合。在聚合体系中加入 DP-PH，能使自由基聚合反应立刻终止，如果为离子聚合，则反应仍能继续进行。在体系中加入水、醇等含活泼氢物质时，则可以终止阴、阳离子聚合，而对自由基聚合无大影响。离子聚合反应中，CO_2 能终止阴离子聚合，而对阳离子聚合无影响。

6.3　思考题及参考答案

思考题【6-1】　试从单体结构来解释丙烯腈和异丁烯离子聚合行为的差异，选用何种引发剂？丙烯酸、烯丙醇、丙烯酰胺、氯乙烯能否进行离子聚合，为什么？

答　丙烯腈中氰基为吸电子基团，同时与双键形成 π-π 共轭，能使双键上的电子云密度减弱，有利于阴离子的进攻，并使所形成的碳阴离子的电子云密度分散而稳定，因此丙烯腈能够进行阴离子聚合。进行阴离子聚合时，可选用碱金属、碱金属化合物、碱金属烷基化合物、碱金属烷氧化合物等作为引发剂。

异丁烯中两个甲基为推电子基团，能使双键上的电子云密度增加，有利于阳离子的进攻，并使所形成的碳阳离子的电子云密度分散而稳定，因此异丁烯能够进行阳离子聚合。进行阳离子聚合时，通常采用质子酸、Lewis 酸及其相应的共引发剂进行引发。

丙烯酸、烯丙醇、丙烯酰胺、氯乙烯不能进行离子聚合，因为没有强烈的推电子基团和吸电子基团。

思考题【6-2】　下列单体选用哪一引发剂才能聚合？指出聚合机理类型。

单体	CH_2=CHC_6H_5	CH_2=$C(CN)_2$	CH_2=$C(CH_3)_2$	CH_2=CHO-n-C_4H_9	CH_2=$C(CH_3)COOCH_3$
引发体系	$(C_6H_5CO)_2O_2$	Na＋萘	BF_3＋H_2O	n-C_4H_9Li	$SnCl_4$＋H_2O

答　苯乙烯（CH_2=CHC_6H_5），三种机理均可，可以选用表中 5 种引发剂的任一种。

偏二腈乙烯 $[CH_2$=$C(CN)_2]$，阴离子聚合，选用 Na＋萘或 n-C_4H_9Li 引发。

异丁烯 $[CH_2$=$C(CH_3)_2]$，阳离子聚合，选用 $SnCl_4$＋H_2O 或 BF_3＋H_2O。

丁基乙烯基醚（CH_2=CHO-n-C_4H_9），阳离子聚合，选用 $SnCl_4$＋H_2O 或 BF_3＋H_2O。

CH_2=$C(CH_3)COOCH_3$，阴离子聚合和自由基聚合。阴离子聚合，选用 Na＋萘或 n-C_4H_9Li 引发；自由基聚合选用 $(C_6H_5CO)_2O_2$ 作引发剂。

思考题【6-3】　下列引发剂可以引发哪些单体聚合？选择一种单体作代表，写出引发反应式。

（1）KNH_2　　　　（2）$AlCl_3$＋HCl　　　（3）$SnCl_4$＋C_2H_5Cl　　　（4）CH_3ONa

答　（1）KNH_2 是一类高活性的阴离子引发剂，可以引发大多数阴离子聚合的单体进行聚合。如引发苯乙烯进行聚合，引发反应式如下：

$$KNH_2 \rightleftharpoons K^{\oplus}+{}^{\ominus}NH_2$$

$$H_2N^{\ominus}+CH_2=\underset{\underset{C_6H_5}{|}}{CH} \longrightarrow H_2N-CH_2\underset{\underset{C_6H_5}{|}}{CH}{}^{\ominus} \xrightarrow{M} \cdots$$

（2）$AlCl_3$ 活性高，用微量水作为共引发剂即可。$AlCl_3$＋HCl 配合时，Cl^- 亲核性过强，易与阳离子共价终止，因此很少采用。

（3）$SnCl_4 + C_2H_5Cl$ 以引发异丁烯、乙烯基烷基醚及共轭烯烃进行阳离子聚合：

$$SnCl_4 + C_2H_5Cl \rightleftharpoons C_2H_5^{\oplus}(SnCl_5)^{\ominus}$$

$$R^{\oplus}(SnCl_5)^{\ominus} + CH_2{=}\overset{\overset{\displaystyle CH_3}{|}}{\underset{\underset{\displaystyle CH_3}{|}}{C}} \longrightarrow RCH_2\overset{\overset{\displaystyle CH_3}{|}}{\underset{\underset{\displaystyle CH_3}{|}}{C}}{}^{\oplus}(SnCl_5)^{\ominus}$$

（4）CH_3ONa 可以引发高活性和较高活性的单体进行阴离子聚合。高活性单体如硝基乙烯、偏二氰乙烯。较高活性单体如丙烯腈、甲基丙烯腈等，以及环氧烷烃（如环氧乙烷、环氧丙烷等）的开环聚合。

$$CH_3O^{\ominus}Na^{\oplus} + EO \longrightarrow CH_3OEO^{\ominus}Na^{\oplus}$$

$$引发\ A^{\ominus}B^{\oplus} + CH_2{-}CH_2 \longrightarrow A{-}CH_2{-}CH_2O^{\ominus}B^{\oplus}$$
$$\underset{O}{\diagdown\diagup}$$

思考题【6-4】 在离子聚合中，活性种离子和反离子之间的结合可能有几种形式？其存在形式受哪些因素影响？不同形式对单体的聚合机理、活性和定向能力有何影响？

答 离子聚合中，活性种离子近旁总伴有反离子。它们之间的结合，可以是共价键、离子对，乃至自由离子，彼此处于平衡之中。如下所示，结合形式和活性种的数量受溶剂性质、温度及反离子等因素的影响。

$$B^{\delta-}A^{\delta+} \rightleftharpoons B^{\ominus}A^{\oplus} \rightleftharpoons B^{\ominus} \| A^{\oplus} \rightleftharpoons B^{\ominus} + A^{\oplus}$$

极化共价键	紧密接触	溶剂隔离	自由离子
	离子对(紧对)	离子对(松对)	

当溶剂极性和溶剂化能力大时，自由离子和离子松对比例增加，溶剂极性和溶剂化能力小时，紧离子对增多。

升高温度使离解平衡常数 K 降低，因此温度越低，越有利于形成松对甚至自由离子；非极性溶剂中，反离子半径越大，越有利于形成松对甚至自由离子；极性溶剂中，反离子半径越小，越有利于形成松对甚至自由离子。

紧离子对有利于单体的定向配位插入聚合，形成立构规整聚合物，但聚合速率较低；松离子对和自由离子的聚合速率较高，却失去了定向能力。

思考题【6-5】 进行阴、阳离子聚合时，叙述控制聚合速率和聚合物分子量的主要方法。离子聚合中有无自动加速现象？离子聚合物的主要微观构型是头尾连接还是头头连接？聚合温度对立构规整性有何影响？

答 离子聚合时，溶剂和温度对聚合速率、产物聚合度和立构规整性都有影响，应该综合考虑，其中首先要考虑溶剂性质。阴离子聚合时，选用非极性烷烃溶剂，有利于分子构型规整，但聚合速率较低，添加适量极性溶剂（如四氢呋喃），可使聚合速率升高，但使分子量和立构规整性降低。升高温度，反应速率不敏感，分子量和立构规整性降低。

阳离子聚合时，可选用的溶剂有限，非极性的烃类溶剂难使引发剂溶解，芳烃将与引发剂发生反应，因此多采用卤代烃（如氯甲烷）。一般说来，温度升高将使聚合速率增加，使分子量降低。但在阳离子聚合中，低温却有较高的聚合速率。为了抑制链转移反应，保证足够高的聚合度，多在低温下聚合。如异丁烯-氯化铝-氯甲烷体系合成丁基橡胶时，聚合须在 $-100℃$ 下进行。阳离子聚合的动力学特征是低温高速。

离子聚合由于相同电荷互相排斥，无双基终止，因此不会出现自动加速现象。

离子聚合的单体按头尾结构插入离子对而增长，因此离子聚合物的主要微观构型是头尾连接。聚合温度升高，无规构型增加，致使立构规整性降低。

思考题【6-6】 丁基锂和萘钠是阴离子聚合的常用引发剂，试说明两者引发机理和溶剂选择有何差别。

答 以苯乙烯为单体来说明丁基锂和萘钠的引发机理。

（1）萘钠的引发机理 钠和萘溶于四氢呋喃中，钠将外层电子转移给萘，形成萘钠自由基-阴离子，呈绿色。四氢呋喃中氧原子上的未共用电子对与钠离子形成络合阳离子，使萘钠结合疏松，更有利于萘自由基阴离子的引发。加入苯乙烯，萘自由基阴离子就将电子转移给苯乙烯，形成苯乙烯自由基-阴离子，呈红色。两阴离子的自由基端基偶合成苯乙烯双阴离子，而后双向引发苯乙烯聚合。

$$Na + \text{(naphthalene)} \xrightarrow{THF} \left[\text{(naphthalene)}\right]^{\ominus} {}^{\oplus}Na$$

$$\left[\text{(naphthalene)}\right]^{\ominus}{}^{\oplus}Na + CH_2{=}CH\underset{C_6H_5}{} \longrightarrow Na^{\oplus\ominus}CH\underset{C_6H_5}{}{-}CH_2^{\cdot} + \text{(naphthalene)}$$

$$2Na^{\oplus\ominus}CH\underset{C_6H_5}{}{-}CH_2^{\cdot} \longrightarrow Na^{\oplus\ominus}\underset{C_6H_5}{}CHCH_2{-}CH_2CH\underset{C_6H_5}{}{}^{\ominus\oplus}Na$$

溶剂性质对苯乙烯-萘钠体系聚合反应速度有较大的影响。在弱极性溶剂如苯或二氧六环（$\varepsilon = 2.2$）中，活性种以紧对存在，聚合反应速率常数低。在极性溶剂和电子给予指数大、溶剂化能力强的溶剂如四氢呋喃（$\varepsilon = 7.6$）和 1,2-二甲氧基乙烷（$\varepsilon = 5.5$）中，活性种以松离子对和/或自由离子存在，聚合反应速率常数高。

（2）丁基锂的引发机理 丁基锂可溶于非极性（如烷烃）和极性（如四氢呋喃 THF 等）的多种溶剂中。丁基锂在非极性溶剂中以缔合体存在，无引发活性；若添加少量四氢呋喃来调节极性，则解缔合成单量体，就有引发活性。同时，THF 中氧的未配对电子与锂阳离子络合，有利于疏松离子对或自由离子的形成，活性得以提高。

$$C_4H_9Li + \colon OC_4H_8 \longrightarrow C_4H_9^{\ominus} \| [Li{\leftarrow}OC_4H_8]^{\oplus}$$

丁基锂就以单阴离子的形式引发单体聚合，并以相同的方式增长。

$$C_4H_9^{\ominus}Li^{\oplus} + CH_2{=}CH\underset{X}{} \longrightarrow C_4H_9CH_2{-}CH^{\ominus}\underset{X}{}Li^{\oplus} \xrightarrow{M} C_4H_9CH_2{-}CH\underset{X}{}\cdots CH_2{-}CH^{\ominus}\underset{X}{}Li^{\oplus}$$

思考题【6-7】 由阴离子聚合来合成顺式聚异戊二烯，如何选择引发剂和溶剂，产生高顺式结构的机理？

答 阴离子聚合法合成顺式聚异戊二烯，溶剂的极性和碱金属的原子半径增加，均使顺-1,4-聚异戊二烯减少。因此要获得高顺-1,4-聚异戊二烯，通常采用丁基锂/烷烃体系。

NMR 研究表明，在非极性溶剂中，聚异戊二烯增长链主要是顺式，负电荷基本在 ^1C 和 ^3C 之间，1,4-结构占优势，加上锂离子同时与增长链和异戊二烯单体配位（如下式），^2C 上的甲基阻碍了链端上 $^2C{-}^3C$ 单键的旋转，使单体处于 S-顺式，单体的 ^4C 和烯丙基的 ^1C 之间成键后，即成顺-1,4-聚合，其含量可以高达 90%～94%。在极性溶剂中，上述链端配位结合较弱，致使链端 ^2C—^3C 键可以自由旋转，顺、反-1,4-聚合，甚至 1,2-聚合和 3,4-聚合随机进行。因此，在极性溶剂中易获得 3,4-聚异戊二烯。

思考题【6-8】 甲基丙烯酸甲酯分别在苯、四氢呋喃、硝基苯中用萘钠引发聚合。试问在哪一种溶剂中的聚合速率最大？

解 溶剂影响阴离子活性种与反离子所构成的离子对的状态，紧离子对的聚合速率较低；松离子对和自由离子的聚合速率较高。介电常数和电子给予指数可定性表征溶剂的性质。介电常数反映极性的大小，电子给予指数则反映给电子能力，也就是使离子溶剂化的能力。

在弱极性苯（$\varepsilon=2.2$）中，活性种以紧对存在，k_p 最小；在极性四氢呋喃和硝基苯中，有利于松对或自由离子的形成，k_p 较大。四氢呋喃和硝基苯相比，虽然四氢呋喃的介电常数小，但电子给予指数很大（20.0），比硝基苯的给予指数（4.4）要大得多，由于溶剂的电子给予指数较溶剂的介电常数对反应速率的影响大，所以用萘钠作引发剂时，甲基丙烯酸甲酯在 3 种溶剂中的聚合速率为：四氢呋喃＞硝基苯＞苯。

思考题【6-9】 应用活性阴离子聚合来制备下列嵌段共聚物，试提出加料次序方案。

（1）（苯乙烯）$_x$-(甲基丙烯腈)$_y$；

（2）（甲基苯乙烯）$_x$-(异戊二烯)$_y$-(苯乙烯)$_z$；

（3）（苯乙烯）$_x$-(甲基丙烯酸甲酯)$_y$-(苯乙烯)$_x$。

答 合成嵌段共聚物时，必须首先合成 pK_a 值较大单体的"活的"聚合物，然后再加入 pK_a 值较小的单体，否则得不到嵌段共聚物。

（1）（苯乙烯）$_x$-(甲基丙烯腈)$_y$：先合成活性聚苯乙烯，然后加入甲基丙烯腈。

（2）（甲基苯乙烯）$_x$-(异戊二烯)$_y$-(苯乙烯)$_z$：必须先合成活性甲基聚苯乙烯，然后依次加入异戊二烯、苯乙烯。

（3）（苯乙烯）$_x$-(甲基丙烯酸甲酯)$_y$-(苯乙烯)$_x$：必须先合成活性聚苯乙烯，然后加入甲基丙烯酸甲酯，再采用偶联剂偶联，最终得到（苯乙烯）$_x$-(甲基丙烯酸甲酯)$_y$-(苯乙烯)$_x$。

思考题【6-10】 由阳离子聚合来合成丁基橡胶，如何选择共单体、引发剂、溶剂和温度条件？为什么？

答 异丁烯合成丁基橡胶的主要配方如下：以氯甲烷为稀释剂，$AlCl_3$ 为引发剂，在 $-100℃$ 条件下，异丁烯和异戊二烯（1%～6%）进行共聚，可以合成丁基橡胶。共单体采用少量异戊二烯（1%～6%）的目的在于在丁基橡胶的大分子链中引入双键，为丁基橡胶的硫化提供交联部位。选用低温聚合的原因在于阳离子聚合过程中，反应速度和分子量均随温度的升高而下降，低温聚合使得聚合反应速度较高，同时减少链转移反应，提高分子量。选用低极性氯甲烷作为溶剂，有两方面作用，一是作为主催化剂 $AlCl_3$ 的碳阳离子的供体，与 $AlCl_3$ 形成阳离子催化剂；二是作为溶剂用来溶解单体和引发剂。但聚合物不溶于氯甲烷中而沉析出来。

思考题【6-11】 用 BF_3 引发异丁烯聚合，如果将氯甲烷溶剂改成苯，预计会有什么影响？

答 苯可能与碳阳离子发生亲电取代反应使阳离子聚合反应终止，因此用 BF_3 引发异丁烯聚合时，不宜用苯作溶剂。

思考题【6-12】 阳离子聚合和自由基聚合的终止机理有何不同？采用哪种简单方法可以鉴别属于哪种聚合机理？

答 大多数自由基聚合的终止为双基终止。

在阳离子聚合反应中，两个均带有正电荷的活性链，会相互排斥，故不存在双基终止。但有可能存在下列几种终止方式。

（1）自发终止 增长离子对重排，终止成聚合物，同时再生出引发剂-共引发剂络合物继续引发单体，保持动力学链不终止。但自发终止比较慢。

（2）反离子加成 增长的阳离子与反离子结合而终止，实际上是电离的反过程，一般来说，易于被引发而能发生聚合的反应中，不容易发生这种终止反应。

（3）增长的活性中心与反离子中的一部分结合而终止，不再引发。

胺、三芳基、三烷基膦是阳离子聚合反应的阻聚剂或缓聚剂。

在鉴别一反应是阳离子聚合和自由基聚合时，有下列方法可以借鉴：

（1）考察反应体系对极性物质的敏感度，加入一些极性物质如水，水能使阳离子聚合终止，而自由基聚合不受影响。

（2）在聚合体系中添加 DPPH，若反应终止，则为自由基聚合，否则为阳离子聚合。

思考题【6-13】 比较阴离子聚合、阳离子聚合、自由基聚合的主要差别，哪一种聚合的副反应最少？说明溶剂种类的影响，讨论其原因和本质。

答 阴离子聚合、阳离子聚合、自由基聚合的主要特点如下表。

自由基聚合中，溶剂影响限于引发剂的笼蔽效应和链转移反应。离子聚合中，溶剂首先影响到活性种的形态和离子对的紧密程度，进而影响到聚合速率和定向能力，溶剂的极性大，溶剂化能力强，离子对离解越容易，聚合速率越大，定向能力越小，阴离子聚合可选用非极性或中极性的溶剂，如烷烃、四氢呋喃等；而阳离子聚合中主要考虑溶剂极性的影响，多用弱极性溶剂，如卤代烃等，溶剂化能力强的溶剂不宜用作阳离子聚合的溶剂。

自由基聚合和离子聚合的特点比较

聚合反应	自由基聚合	离子聚合	
		阳离子聚合	阴离子聚合
引发剂	过氧化物,偶氮化合物,本体、溶液、悬浮聚合选用油溶性引发剂;乳液聚合选用水溶性引发剂	Lewis 酸,质子酸,碳阳离子,亲电试剂	Lewis 碱,碱金属,有机金属化合物,碳阴离子,亲核试剂
单体聚合活性	弱吸电子基的烯类单体,共轭单体	推电子基的烯类单体易极化为负电性的单体	吸电子基的共轭烯类单体,易极化为正电性的单体
活性中心	自由基	碳阳离子等	碳阴离子等
主要终止方式	双基终止	向单体和溶剂转移	难终止,活性聚合

聚合反应	自由基聚合	离子聚合	
		阳离子聚合	阴离子聚合
阻聚剂	生成稳定自由基和化合物的试剂,如对苯二酚、DPPH	亲核试剂,水、醇、酸、胺类	亲电试剂,水、醇、酸等含活性氢物质,氧、CO_2 等
水和溶剂	可用水作介质,帮助散热	氯代烃,如氯甲烷、二氯甲烷等;从非极性到极性有机溶剂,极性影响到离子对的紧密程度,从而影响到速率和立构规整性	
聚合速率	$[M][I]^{1/2}$	$k[M]^2[C]$	
聚合度	$k'[M][I]^{-1/2}$	$k'[M]$	
聚合活化能	较大,84～105kJ·mol^{-1}	小,0～21kJ·mol^{-1}	
聚合温度	一般 50～80℃	低温,0℃以下至－100℃	室温或 0℃ 以下
聚合方法	本体,溶液,悬浮,乳液	本体,溶液	

思考题【6-14】 为什么离子聚合的单体对数远比自由基聚合的少？能否合成异丁烯和丙烯酸酯类的共聚物？

答 离子共聚对单体有较高的选择性，丙烯腈等带吸电子基的烯类是容易阴离子聚合的单体群，异丁烯等带供电基的烯类是容易阳离子聚合的单体群，很难找到同时能适用于极性相差大的两单体群的引发剂，因此离子共聚的单体对数有限，多采用少量共单体进行改性。

异丁烯是容易阳离子聚合的单体群，丙烯酸酯类是容易阴离子聚合的单体群，这两种单体很难共聚。

6.4　计算题及参考答案

计算题【6-1】 用 n-丁基锂引发 100g 苯乙烯聚合，丁基锂加入量恰好是 500 分子，如无终止，苯乙烯和丁基锂都耗尽，计算活性聚苯乙烯链的数均分子量。

解

$$\overline{X}_n = \frac{n([M]_0 - [M])}{[C]} = \frac{100/104}{500/6.02 \times 10^{23}} = 1.15 \times 10^{21}$$

$$\overline{M}_n = \overline{X}_n M_0 = 1.2 \times 10^{23}$$

计算题【6-2】 将 1.0×10^{-3} mol 萘钠溶于四氢呋喃中，然后加入 2.0mol 苯乙烯，溶液的总体积为 1L。假如单体立刻混匀，发现 2000s 内已有一半单体聚合。计算聚合 2000s 和 4000s 时的聚合度。

解 萘钠引发苯乙烯聚合，活性种为双阴离子，故 $n = 2$。

$$\overline{X}_n = \frac{2([M]_0 - [M])}{[C]}$$

（1）当聚合时间为 2000s 时：

$[M]=1mol \cdot L^{-1}$，$[M]_0=2mol \cdot L^{-1}$，$[C]=1.0 \times 10^{-3}mol \cdot L^{-1}$，则：

$$\overline{X}_n = \frac{2([M]_0-[M])}{[C]} = \frac{2 \times (2-1)}{1.0 \times 10^{-3}} = 2000$$

即聚合时间为 2000s 时，聚合度为 2000。

（2）当聚合时间为 4000s 时，首先计算聚合达到 4000s 时已经消耗掉的单体数目。

阴离子聚合动力学方程为：

$$R_p = -\frac{d[M]}{dt} = k_p[C^-][M]$$

则：

$$\ln \frac{[M]_0}{[M]} = k_p[C^-]t$$

$$\frac{\left(\ln \frac{[M]_0}{[M]}\right)_{2000}}{\left(\ln \frac{[M]_0}{[M]}\right)_{4000}} = \frac{(k_p[C^-]t)_{2000}}{(k_p[C^-]t)_{4000}} = \frac{2000}{4000} = \frac{1}{2}$$

$$\ln \frac{[M]_0}{[M]_{4000}} = 2\ln 2$$

$$[M]_{4000} = 0.5mol \cdot L^{-1}$$

$$\overline{X}_n = \frac{2([M]_0-[M])}{[C]} = \frac{2 \times (2.0-0.5)}{1.0 \times 10^{-3}} = 3000$$

聚合时间为 4000s 时，聚合度为 3000。

计算题【6-3】 将苯乙烯加到萘钠的四氢呋喃溶液中，苯乙烯和萘钠的浓度分别为 $0.2mol \cdot L^{-1}$ 和 $1.0 \times 10^{-3}mol \cdot L^{-1}$。在 25℃下聚合 5s，测得苯乙烯的浓度为 $1.73 \times 10^{-3}mol \cdot L^{-1}$。

试计算：（1）增长速率常数；（2）初始链增长速率；（3）10s 的聚合速率；（4）10s 的数均聚合度。

解 （1）萘钠引发的阴离子聚合符合下列方程

$$R_p = -\frac{d[M]}{dt} = k_p[M^-][M] \tag{1}$$

$$\ln \frac{[M]_0}{[M]} = k_p[M^-]t \tag{2}$$

将 $[M]_0=0.2mol \cdot L^{-1}$，$[M^-]=1 \times 10^{-3}mol \cdot L^{-1}$，$t=5s$，$[M]=1.73 \times 10^{-3}mol \cdot L^{-1}$ 代入（2）式则：

$$\ln \frac{0.2}{1.73 \times 10^{-3}} = k_p \times 1.0 \times 10^{-3} \times 5$$

$$k_p = 950 L \cdot mol^{-1} s^{-1}$$

（2）初始链增长速率

$$R_p = k_p[M^-][M]_0 = 9.5 \times 10^2 \times 1 \times 10^{-3} \times 0.2 = 0.19mol \cdot L^{-1} \cdot s^{-1}$$

（3）10s 的聚合速率 要计算 10s 的聚合速率，首先计算聚合 10s 时单体的浓度。

$$\ln \frac{0.2}{[M]_{10}} = 950 \times 1 \times 10^{-3} \times 10$$

$$[M]_{10} = 1.50 \times 10^{-5} \, \text{mol} \cdot \text{L}^{-1}$$

$$R_{p10} = k_p [C][M]_{10} = 1.425 \times 10^{-5} \, \text{mol} \cdot \text{L}^{-1} \cdot \text{s}^{-1}$$

（4）10s 的数均聚合度

$$\overline{X}_n = \frac{2([M]_0 - [M])}{[C]} = \frac{2 \times (0.2 - 1.50 \times 10^{-5})}{1.0 \times 10^{-3}} = 400$$

计算题【6-4】　将 5g 充分纯化和干燥的苯乙烯在 50mL 四氢呋喃中的溶液保持在 −50℃。另将 1.0g 钠和 6.0g 萘加入干燥的 50mL 四氢呋喃中搅拌混匀，形成暗绿色萘钠溶液。将 1.0mL 萘钠绿色溶液注入苯乙烯溶液中，立刻变成橘红色，数分钟后反应完全。加入数毫升甲醇急冷，颜色消失。将反应混合物加热至室温，聚合物析出，用甲醇洗涤，无其他副反应，试求聚苯乙烯的 $\overline{M}_n$。如所有大分子同时开始增长和终止，则产物 $\overline{M}_w$ 应该为多少？

解　将 5g 苯乙烯溶于 50mL 四氢呋喃中，苯乙烯浓度为：

$$[M]_0 = \frac{5/104}{0.05} = 0.96 \, \text{mol} \cdot \text{L}^{-1}$$

1.0g 钠（23）＝0.0434mol，6.0g 萘（128）＝0.047mol，两者相近，萘钠溶液的浓度为：

$$[C]_1 = \frac{0.0434}{50 \times 10^{-3}} = 0.868 \, \text{mol} \cdot \text{L}^{-1}$$

活性种的浓度为：

$$[C] = \frac{0.868 \times 10^{-3}}{50 \times 10^{-3}} = 1.736 \times 10^{-2} \, \text{mol} \cdot \text{L}^{-1}$$

$$\overline{X}_n = \frac{2([M]_0 - [M])}{[C]} = \frac{2 \times 0.96}{0.01736} = 110$$

如所有大分子同时开始增长和同时终止，则 $\overline{X}_w / \overline{X}_n = 1$

$$\overline{X}_w = 110$$

$$\overline{M}_n = \overline{M}_w = 104 \times 110 = 11440$$

计算题【6-5】　25℃，四氢呋喃中，以 C_4H_9Li 作引发剂（0.005mol·L^{-1}），与 1-乙烯基萘（0.75mol·L^{-1}）进行阴离子聚合，计算：（1）平均聚合度；（2）聚合度的数量分布和质量分布。

解　（1）平均聚合度

$$\overline{X}_n = \frac{[M]_0 - [M]}{[C]} = \frac{0.75}{0.005} = 150$$

（2）聚合度的数量分布和质量分布

$$\overline{X}_n = v + 1$$

所以

$$v = 149$$

数量分布：

$$\frac{N_x}{N} = \frac{e^{-v} \cdot v^{x-1}}{(x-1)!}$$

质量分布：
$$\frac{xN_x}{N}=\frac{x\mathrm{e}^{-v}\cdot v^{x-1}}{(x-1)!}$$

计算题【6-6】 异丁烯阳离子聚合时，以向单体链转移为主要终止方式，聚合物末端为不饱和端基。现在 4.0g 聚异丁烯恰好使 6.0mL 的 $0.01\mathrm{mol}\cdot\mathrm{L}^{-1}$ 溴-四氯化碳溶液褪色，试计算聚合物的数均分子量。

解　异丁烯和溴-四氯化碳的反应为：
$$CH_2{-}C(CH_3){=}CH_2+Br_2\longrightarrow CH_2C(CH_3)BrCH_2Br$$

根据以上反应，每一个聚异丁烯分子链消耗一分子溴，则聚合物的物质的量为：
$$[C]=0.01\times6.0\times10^{-3}=6.0\times10^{-5}\mathrm{mol}$$

根据定义，聚合物的数均分子量为：
$$\overline{M}_n=\frac{聚合物的总质量}{聚合物的物质的量}=\frac{4.0}{6.0\times10^{-5}}=6.7\times10^4$$

计算题【6-7】 在搅拌下依次向装有四氢呋喃的反应器中加入 $0.2\mathrm{mol}$ $n\text{-}BuLi$ 和 20kg 苯乙烯，当单体聚合一半时，再加入 1.8g 水，然后继续反应。假如用水终止的和以后继续增长的聚苯乙烯的分子量分布指数均是 1。试计算：（1）由水终止的聚合物的数均分子量；（2）单体全部聚合后体系中全部聚合物的分子量；（3）水终止完成以后所得聚合物的分子量分布指数。

解　（1）由水终止的聚合物的数均分子量　水是阴离子聚合的终止剂，在水终止之前反应掉一半的单体，则反应掉的苯乙烯的质量 20000/2＝10000g，根据质量守恒，生成的聚苯乙烯的总质量为 10000g。

阴离子聚合过程中无终止反应时，增长活性种的浓度基本不变，用 BuLi 引发时引发剂物质的量为 0.2mol，因此水终止前聚合物链的总物质的量为 0.2mol，聚合物的总质量为 10000g，则由水终止的聚合物的数均分子量为：
$$\overline{M}_n=\frac{聚合物的总质量}{聚合物的物质的量}=\frac{10000}{0.2}=5\times10^4$$

（2）单体全部聚合后体系中全部聚合物的分子量　单体全部聚合后，体系中全部聚合物的总质量为 20000g，体系中总的大分子数为 0.2mol，其中 0.1mol 的大分子被水所终止（水的物质的量为 1.8/18＝0.1mol），0.1mol 为活性链。则总的数均聚合度为：
$$\overline{M}_n=\frac{聚合物的总质量}{聚合物的物质的量}=\frac{20000}{0.2}=10^5$$

（3）水终止完成以后所得聚合物的分子量分布指数　1mol H_2O 终止 1mol 活性种，所以被 H_2O 终止的活性种总数为 0.1mol，剩余的活性种为 0.1mol，引发 10kg 的苯乙烯，因此体系中的大分子具有下列分布：

大分子链	A	B
大分子的物质的量	0.1	0.1
质量	5000	15000
质量分数	0.25	0.75
分子量	5×10^4	1.5×10^5

数均分子量：

$$\overline{M}_n \equiv \frac{m}{\sum n_i} = 10^5$$

质均分子量：

$$\overline{M}_w = \frac{\sum m_i M_i}{\sum m_i} = \sum w_i M_i$$
$$= 0.25 \times 5 \times 10^4 + 0.75 \times 1.5 \times 10^5 = 1.25 \times 10^5$$

分子量分布指数：

$$\frac{\overline{M}_w}{\overline{M}_n} = \frac{1.25 \times 10^5}{10^5} = 1.25$$

计算题【6-8】　$-35\,℃$下，以 $TiCl_4$ 作引发剂，水作共引发剂，异丁烯进行低温聚合，单体浓度对平均聚合度的影响如下表，求：k_{tr}/k_p 和 k_t/k_p。

$[C_4H_8]/mol \cdot L^{-1}$	0.667	0.333	0.278	0.145	0.059
DP	6940	4130	2860	2350	1030

解　异丁烯进行低温聚合时，平均聚合度与单体浓度之间存在下列关系：

$$\frac{1}{\overline{X}_n} = \frac{k_t}{k_p[M]} + \frac{k_{tr,M}}{k_p}$$

以 $\frac{1}{\overline{X}_n} - \frac{1}{[M]}$ 作图，截距和斜率分别为 k_t/k_p 和 k_{tr}/k_p。根据题意作图如下，则 $k_t/k_p = 5 \times 10^{-5}$，$k_{tr}/k_p = 1 \times 10^{-4}$。

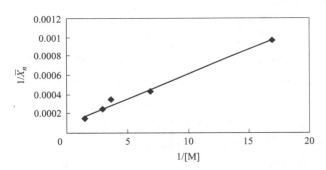

计算题【6-9】　在四氢呋喃中用 $SnCl_4 + H_2O$ 引发异丁烯聚合。发现聚合速率 $R_p \propto [SnCl_4][H_2O][异丁烯]^2$。起始生成的聚合度数均分子量为 20000。$1.00g$ 聚合物含 $3.0 \times 10^{-5} mol$ 的 —OH 基，但不含氯。写出引发、增长、终止反应式。推导聚合速率和聚合度的表达式。推导时用了何种假定？什么情况下聚合速率对水或 $SnCl_4$ 呈零级关系，对单体为一级反应？

解　根据终止反应，$1g$ 聚合物将产生 $1.0/20000 = 5 \times 10^{-5} mol$ 端基，端基中含有 $3.0 \times 10^{-5} mol$ 羟基，表明终止时存在与反离子碎片的加成终止，由于端基不含氯，所以不存在与反离子加成终止，其他 $2.0 \times 10^{-5} mol$ 的端基可能是向单体转移终止及自发终止。

(1) 当引发、增长和终止反应按下列机理（方程①～⑤）进行，其中引发反应中方程②为控制步骤，且稳态假设成立时：

$$SnCl_4 + H_2O \Longleftrightarrow SnCl_4 \cdot H_2O \tag{①}$$

$$SnCl_4 \cdot H_2O + M \xrightarrow{k_i} HM^+ (SnCl_4OH)^- \tag{②}$$

$$HM_n^+ (SnCl_4OH)^- + M \xrightarrow{k_p} HM_{n+1}^+ (SnCl_4OH)^- \tag{③}$$

$$HM_n^+ (SnCl_4OH)^- + M \xrightarrow{k_{tr,m}} M_n + HM^+ (SnCl_4OH)^- \tag{④}$$

$$HM_n^+ (SnCl_4OH)^- \xrightarrow{k_t} HM_nOH + SnCl_4 \tag{⑤}$$

当方程②决定引发速度并且稳态假设成立时：

$$R_i = k_i [H^+(SnCl_4OH)^-][M] = Kk_i[SnCl_4][H_2O][M]$$

$$R_p = k_p [HM^+(SnCl_4OH)^-][M]$$

$$R_t = k_t [HM_n^+(SnCl_4OH)^-]$$

稳态假定 $R_i = R_t$，$[HM^+(SnCl_4OH)^-] = \dfrac{R_i}{k_t} = \dfrac{Kk_i[SnCl_4][H_2O][M]}{k_t}$

$$R_p = k_p [HM^+(SnCl_4OH)^-][M] = \frac{Kk_ik_p[SnCl_4][H_2O][M]^2}{k_t}$$

符合 $R_p \propto [SnCl_4][H_2O][异丁烯]^2$

$$\frac{1}{\overline{X}_n} = \frac{k_t}{k_p[M]} + C_M$$

(2) 当引发、增长和终止反应按下列机理（方程⑥～⑩）进行，其中引发反应中方程⑥为控制步骤，且稳态假设成立时：

$$SnCl_4 + H_2O \longrightarrow SnCl_4 \cdot H_2O \tag{⑥}$$

$$SnCl_4 \cdot H_2O + M \xrightarrow{k_i} HM^+ (SnCl_4OH)^- \tag{⑦}$$

$$HM_n^+ (SnCl_4OH)^- + M \xrightarrow{k_p} HM_{n+1}^+ (SnCl_4OH)^- \tag{⑧}$$

$$HM_n^+ (SnCl_4OH)^- + M \xrightarrow{k_{tr,m}} M_n + HM^+ (SnCl_4OH)^- \tag{⑨}$$

$$HM_n^+ (SnCl_4OH)^- \xrightarrow{k_t} HM_nOH + SnCl_4 \tag{⑩}$$

引发反应中方程⑥为控制步骤时：

$$R_i = K[SnCl_4][H_2O]$$

当单体对活性中心溶剂化时：

$$R_p = k_p [HM^+(SnCl_4OH)^-][M]$$

稳态假设成立时：

$$R_t = k_t [HM_n^+(SnCl_4OH)^-]$$

$$[HM^+(SnCl_4OH)^-] = \frac{R_i}{k_t} = \frac{K[SnCl_4][H_2O][M]}{k_t}$$

$$R_p = k_p [HM^+(SnCl_4OH)^-][M] = \frac{Kk_p[SnCl_4][H_2O][M]^2}{k_t}$$

符合 $R_{\mathrm{p}} \propto [\mathrm{SnCl_4}][\mathrm{H_2O}][异丁烯]^2$

当水或 $\mathrm{SnCl_4}$ 分别过量时，且引发剂与单体反应为慢反应，由于引发速率 R_{i} 与该组分无关，则聚合速率 R_{p} 与水或 $\mathrm{SnCl_4}$ 为零级反应。

当引发速率 R_{i} 与 $[\mathrm{M}]$ 无关时，且引发剂与单体反应为慢反应，单体不参与活性中心的溶剂化时，聚合速率 R_{p} 对单体为一级反应。

计算题【6-10】 异丁烯阳离子聚合时的单体浓度为 $2\mathrm{mol \cdot L^{-1}}$，链转移剂浓度分别为 $0.2\mathrm{mol \cdot L^{-1}}$、$0.4\mathrm{mol \cdot L^{-1}}$、$0.6\mathrm{mol \cdot L^{-1}}$、$0.8\mathrm{mol \cdot L^{-1}}$，所得聚合物的聚合度依次是 25.34、16.01、11.70、9.20。向单体和向链转移剂的转移是主要终止方式，试用作图法求转移常数 C_{M} 和 C_{S}。

解 阳离子聚合的聚合度方程：

$$\frac{1}{\overline{X}_n} = \frac{k_{\mathrm{t}}}{k_{\mathrm{p}}[\mathrm{M}]} + C_{\mathrm{M}} + C_{\mathrm{S}} \frac{[\mathrm{S}]}{[\mathrm{M}]}$$

根据题意，向单体和向链转移剂的转移是主要终止方式：

$$\frac{1}{\overline{X}_n} = \frac{k_{\mathrm{t}}}{k_{\mathrm{p}}[\mathrm{M}]} + C_{\mathrm{M}} + C_{\mathrm{S}} \frac{[\mathrm{S}]}{[\mathrm{M}]} \approx C_{\mathrm{M}} + C_{\mathrm{S}} \frac{[\mathrm{S}]}{[\mathrm{M}]}$$

以 $\frac{1}{\overline{X}_n}$-S 作图，得斜率为 $\dfrac{C_{\mathrm{S}}}{[\mathrm{M}]_0}$，截距为 C_{M}。

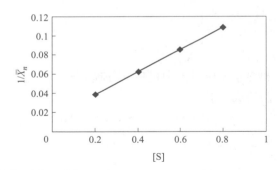

采用最小二乘法进行回归，得：$C_{\mathrm{M}} = 0.0163$

$$C_{\mathrm{S}} = 0.1154 \times [\mathrm{M}]_0 = 0.1154 \times 2 = 0.2308$$

6.5　提要

(1) 阴离子聚合　带吸电子基团和共轭烯类单体，如丙烯腈、丙烯酸酯类等，有利于阴离子聚合，碱金属及其烷基化合物（如丁基锂）等亲核试剂常用作引发剂，活性种是碳阴离子，与碱金属反离子构成离子对。溶剂对离子对的性质有影响。烃类是常用溶剂，可加少量四氢呋喃来调节介质的极性。

阴离子聚合活性（速率常数）与单体中基团的吸电子强度、碳阴离子的稳定性、引发剂活性、溶剂极性、反离子的溶剂化程度等有关。应该考虑单体、引发、溶剂三组分的综合影响。

(2) 阴离子引发剂萘钠和丁基锂　萘钠-四氢呋喃体系是研究工作常用的阴离子引发剂，钠将外层电子间接转移给萘，形成萘钠自由基-阴离子，其中阴离子转移给单体，形成自由基-阴离子，两自由基偶合成双阴离子，而后从两端阴离子同时引发单体增长聚合。

丁基锂是工业上常用的阴离子聚合引发剂，以烃类作溶剂时，常以缔合体存在，活性较低；加入少量四氢呋喃来解缔合，可以提高活性。丁基锂属于单阴离子引发机理。丁基锂常用来合成顺式聚丁二烯和顺式-1,4-聚异戊二烯。

(3) 阴离子聚合的机理和动力学特征　机理特征是快引发、慢增长、无终止、无转移，成为典型的活性聚合，可用来合成分子量窄分布的聚合物和嵌段共聚物。合成嵌段共聚物时，应使 pK_a 值较大的单体先聚合，再加 pK_a 值较小的单体后继聚合。

聚合动力学比较简单，速率和聚合度如下式：

$$R_p = -\frac{d[M]}{dt} = k_p[B^-][M]$$

$$\overline{X}_n = \frac{[M]_0 - [M]}{[M^-]/n} = \frac{n([M]_0 - [M])}{[C]}$$

(4) 阳离子聚合　带供电基团的烯类，如异丁烯、烷基乙烯基醚等，有利于阳离子聚合。Lewis 酸（如 BF_3、$AlCl_3$）用作引发剂，另加微量质子供体（如水）或阳离子供体（如氯乙烷）作共引发剂。重要工业产品有丁基橡胶。

(5) 阳离子聚合机理和动力学特征　机理特征是快引发、快增长、难终止、易转移。链转移是聚合度的控制反应，一般反应在低温下进行。动力学特征是低温高速。

(6) 离子共聚　极性相近的离子群才易共聚，近于理想共聚。能共聚的单体对数较少，很难找到适于极性相差很大的两单体群进行共聚。

7 配位聚合

○○ —— ○○ ○ ○○ —— ○ ○ ○○ ○

7.1 本章重点与难点

7.1.1 重要术语和概念

配位聚合和定向聚合，立构规整聚合物、等规聚合物、间规聚合物和无规聚合物，立构规整度和等规度，Ziegler-Natta（Z-N）催化剂和茂金属引发剂，双金属机理和单金属机理。

7.1.2 典型聚合物代表

聚乙烯，聚丙烯，聚丁二烯，乙丙橡胶。

7.1.3 难点

Z-N 催化，配位聚合机理，聚丙烯的配位聚合。

7.2 例题

例【7-1】 聚乙烯有几类？如何合成？结构与性能有什么不同？与生产方法有何关系？

解 聚乙烯主要有三类：低密度聚乙烯（LDPE），高密度聚乙烯（HDPE），线形低密度聚乙烯（LLDPE）。

（1）低密度聚乙烯（LDPE） 在 $100\sim350MPa$ 高压和 $160\sim200℃$ 高温下，以氧气或有机过氧化物为引发剂，乙烯按自由基机理聚合而成，旧称高压聚乙烯。聚合温度较高，易发生链转移反应，因此 LDPE 支化度高，长短支链不规整，结晶度低，密度小，制品的力学强度和耐热性较低，但韧性好，多用来制备薄膜。

（2）高密度聚乙烯（HDPE）　采用 $TiCl_4$-$Al(C_2H_5)_3$ 催化剂，$MgCl_2$ 为载体，H_2 作为分子量调节剂，在汽油溶剂中，于 $60 \sim 70℃$ 进行配位聚合而成。HDPE 支化度低，线形结构，结晶度高，密度大，制品的力学强度和耐热性较高，但韧性较差，适于制备注塑件。

（3）线形低密度聚乙烯（LLDPE）　以载于硅胶的铬和钛氟化物作催化剂，在压力 $0.7 \sim 12.1MPa$ 和温度 $85 \sim 95℃$ 下，H_2 作为分子量调节剂，乙烯和少量 $C_4 \sim C_8$ 烯烃共聚而成。性能和用途与 LDPE 相似。

例【7-2】 氯化钛是 α-烯烃的阴离子配位聚合的主引发剂，其价态将影响其定向能力，试从下列 3 种排列选出正确的次序。

（1）$TiCl_3(\alpha, \gamma, \delta) > \alpha\text{-}TiCl_3\text{-}AlEtCl_2 > TiCl_4$

（2）$TiCl_2 > TiCl_4 > TiCl_3(\alpha, \gamma, \delta)$

（3）$TiCl_4 > TiCl_3(\alpha, \gamma, \delta) > TiCl_2$

答案选（1）。

例【7-3】 聚丁二烯可分成哪几类？写出结构式，它们是如何合成的？它们的结构与性能有什么不同？与生产方法有何关系？

解　丁二烯可聚合成顺式-1,4-结构、反式-1,4-结构、1,2-结构的聚丁二烯，随所用的引发剂、溶剂、温度等条件而定。

$$CH_2=CH-CH=CH_2 \longrightarrow \begin{array}{l} +CH_2-CH=CHCH_2 \xrightarrow{}_n \\ +CH_2-CH \xrightarrow{}_n \\ \qquad\quad | \\ \qquad\quad CH=CH_2 \end{array}$$

丁二烯进行自由基聚合时，决定微观结构的主要条件是温度。例如，丁二烯乳液聚合时，聚合温度从 $-33℃$ 提高到 $100℃$，顺式-1,4-结构含量从 5.4% 增加到 28.0%；反式-1,4-结构含量从 78.0% 降至 51.0%；1,2-结构从 15.6% 增加到 21.0%。

在阴离子聚合中，聚丁二烯的微观结构主要取决于溶剂，反离子和聚合温度也有影响。例如，丁二烯在己烷中用正丁基锂引发聚合，聚丁二烯的顺式-1,4-结构含量为 35%，反式-1,4-结构为 52%，1,2-结构为 13%；而在 THF 中，1,2-结构高达 96%；在戊烷中用 Na、K、Rb 或 Cs 聚合，则得 $6\% \sim 10\%$ 顺式-1,4-结构，$25\% \sim 36\%$ 反式-1,4-结构，$59\% \sim 65\%$1,2-结构；若改用 THF 作溶剂，以萘钠、萘钾、萘铷引发丁二烯聚合，可得 1,2-结构含量很高（$75\% \sim 91\%$）的聚丁二烯。

丁二烯进行阳离子聚合时往往形成大量凝胶。

丁二烯用 Ziegler-Natta 引发剂聚合，可制得三种立构规整聚丁二烯：用 TiI_4/AlR_3，顺式-1,4-结构达 94%；用 $VOCl_3/AlEt_2Cl$，反式-1,4-结构达 $97\% \sim 98\%$；用 $MoO_2(OR)_2/AlR_3$，则 1,2-结构达 96%，其中，间同 1,2-结构达 75%。

例【7-4】 下列聚合物中哪些属于热塑性弹性体？

（a）ISI；（b）BS；（c）BSB；（d）SBS；（e）SIS。

解　在室温下呈橡胶弹性，而加热又能流动的弹性体叫热塑性弹性体，SBS 和 SIS 三嵌段共聚物为热塑性弹性体。答案选（d）和（e）。

例【7-5】　MMA 形成全同立构聚合物和间同立构聚合物的条件是什么？

解　丙烯酸酯类极性单体有很强的配位能力，只需均相引发剂，就可形成全同聚合物。

（1）以 n-BuLi 为引发剂，在甲苯中和 0℃下，使 MMA 聚合，得到 81% 全同立构的聚合物。

（2）在 THF 和 70℃下，用联苯钠来引发 MMA 聚合，间同结构可达 66%。

例【7-6】　举出两个用 Ziegler-Natta 引发剂引发聚合的弹性体的工业例子，说明选用的引发剂体系、产物的用途。

解　以 TiI_4/AlR_3 为引发剂，丁二烯聚合得到顺式-1,4-结构含量为 95% 的顺丁橡胶；以 $TiCl_4/AlEt_3$ 为引发剂，异戊二烯聚合得到顺式-1,4-结构含量为 96% 的聚异戊二烯。顺丁橡胶和顺式聚异戊二烯都是玻璃化温度很低的橡胶，可用于制作轮胎的胎面等。

例【7-7】　用 $\alpha\text{-}TiCl_3\text{-}AlEtCl_2$ 体系能否引发丙烯聚合？如不能，则应加入哪些物质使聚合能够进行？

解　$\alpha\text{-}TiCl_3\text{-}AlEtCl_2$ 引发体系对丙烯聚合无活性。应加入含有 N、P、S、O 等给电子体，使烷基铝转变成 $AlEt_2Cl$，与 $\alpha\text{-}TiCl_3$ 络合，可使配位聚合进行，但其效率不如直接使用 $AlEt_2Cl$。

7.3　思考题及参考答案

思考题【7-1】　如何判断乙烯、丙烯在热力学上能否聚合？采用哪一类引发剂和条件，才能聚合成功？

答　可根据聚合自由能差 $\Delta G = \Delta H - T\Delta S < 0$，作出判断。大部分烯类单体的 ΔS 近于定值，约 $-100\sim120\text{J}\cdot\text{mol}^{-1}$，在一般聚合温度下（$50\sim100℃$），$-T\Delta S = 30\sim42\text{kJ}\cdot\text{mol}^{-1}$，因此当 $-\Delta H \geqslant 30\text{kJ}\cdot\text{mol}^{-1}$ 时，聚合就有可能。乙烯和丙烯的 $-\Delta H$ 分别为 $950\text{kJ}\cdot\text{mol}^{-1}$、$85.8\text{kJ}\cdot\text{mol}^{-1}$，所以在热力学上很有聚合倾向。

在 $100\sim350\text{MPa}$ 的高压和 $160\sim270℃$ 高温下，采用氧气或有机过氧化物作引发剂，乙烯按自由基机理进行聚合，得到低密度的聚乙烯（LDPE）；若采用 $TiCl_4\text{-}Al(C_2H_5)_3$ 为催化剂，在汽油溶剂中，进行配位聚合，则得高密度的聚乙烯（HDPE）。

采用 $\alpha\text{-}TiCl_3\text{-}Al(C_2H_5)_3$ 为催化剂，于 $60\sim70℃$ 下和常压或稍高于常压的条件下，丙烯进行配位聚合，可制得等规聚丙烯。

思考题【7-2】　解释和区别下列诸名词：配位聚合、络合聚合、插入聚合、定向聚合、有规立构聚合。

答　配位聚合：是指单体分子首先在活性种的空位处配位，形成某些形式（σ-π）的配位络合物。随后单体分子插入过渡金属（Mt）-碳（C）键中增长形成大分子的过程，所以也可称作插入聚合。

络合聚合：与配位聚合的含义相同，可以互用。络合聚合着眼于引发剂有络合配位能力，一般认为配位聚合比络合聚合意义更明确。

插入聚合：烯类单体与络合引发剂配位后，插入 Mt-R 链增长聚合，故称为插入聚合。

定向聚合：也称有规立构聚合，指形成有规立构聚合物的聚合反应，配位络合引发剂是重要的条件。

有规立构聚合：是指形成有规立构聚合物为主的聚合反应。任何聚合过程或聚合方法，只要是形成有规立构聚合物为主，都是有规立构聚合。

思考题【7-3】　区别聚合物构型和构象。简述光学异构和几何异构。聚丙烯和聚丁二烯有几种立体异构体？

答　构型：指分子中原子由化学键固定在空间排布的结构，固定不变。要改变构型，必须经化学键的断裂和重组。

构象：由于 σ 单键的内旋转而产生的分子在空间的不同形态，处于不稳定状态，随分子的热运动而随机改变。

光学异构：即分子中含有手性原子（如手性 C^*），使物体与其镜像不能叠合，从而具有不同旋光性，这种空间排布不同的对映体称为光学异构体。

几何异构：又称顺、反异构，是指分子中存在双键或环，使某些原子在空间的位置不同而产生的立体结构。

聚丙烯可聚合成等规聚丙烯、间规聚丙烯和无规聚丙烯三种立体异构体。

聚丁二烯有顺式-1,4-结构、反式-1,4-结构和全同-1,2-结构、间同-1,2-结构四种立体异构。

思考题【7-4】　什么是聚丙烯的等规度？

答　聚丙烯的等规度是指全同聚丙烯占聚合物总量的百分数。聚丙烯的等规度或全同指数 IIP（isotactic index）可用红外光谱的特征吸收谱带来测定。波数为 $975 \mathrm{cm}^{-1}$ 是全同螺旋链段的特征吸收峰，而 $1460 \mathrm{cm}^{-1}$ 是与 CH_3 基团振动有关、对结构不敏感的参比吸收峰，取两者吸收强度（或峰面积）之比乘以仪器常数 K 即为等规度。

$$IIP = \frac{KA_{975}}{A_{1460}}$$

间规度可用波数 $987 \mathrm{cm}^{-1}$ 为特征峰面积来计算。

有时也用溶解性能、结晶度、密度等物理性质来间接表征等规度，例如常用沸腾的正庚烷萃取剩余物占聚丙烯试样的质量百分数来表示聚丙烯的等规度 IIP。

思考题【7-5】　下列哪些单体能够配位聚合，采用什么引发剂？形成怎样的立构规整聚合物？有无旋光活性？

（1）$CH_2{=}CHCH_3$

（2）$CH_2{=}C(CH_3)_2$

（3）$CH_2{=}CH{-}CH{=}CH_2$

（4）H_2NCH_2COOH

（5）$CH_2{=}CH{-}CH{=}CH{-}CH_3$

（6）$CH_2{-}CH{-}CH_3$
$\qquad\qquad\quad\diagdown\,\diagup$
$\qquad\qquad\qquad O$

答　（1）、（3）、（5）、（6）单体在特定引发剂下可以配位聚合，形成立构规整聚合物如下表：

单体	引发剂	聚合物	旋光活性
$CH_2=CHCH_3$	$\alpha\text{-}TiCl_3/AlEt_2Cl$	$+CH_2CH(CH_3)+_n$ （全同）	无
$CH_2=CH-CH=CH_2$	$Ni(naph)_2\text{-}AlEt_3\text{-}BF_3\cdot OEt_2$	$+CH_2-CH=CH-CH_2+_n$ （顺式）	无
	$VCl_3/AlEt_2Cl$	$+CH_2-CH=CH-CH_2+_n$ （反式）	无
	$MoO_2(acac)/AlR_3$	$\left[\begin{array}{c}CH_2-CH\\ \quad\ CH=CH_2\end{array}\right]_n$	无
$CH_2=CH-CH=CH-CH_3$	$Co(acac)_2/AlEt_2Cl$	$+CH_2-CH=CH-CH(CH_3)+_n$ （顺式）	无
	$Ti(OBu)_4/AlEt_3$	$+CH_2-CH=CH-CH(CH_3)+_n$ （顺式）	无
	$VCl_3/AlEt_3$	$+CH_2-CH=CH-CH(CH_3)+_n$ （反式）	无
	$Co(acac)_2/AlEt_2Cl$	$\left[\begin{array}{c}CH_2-CH\\ \quad\ CH=CH-CH_3\end{array}\right]_n$	无
$\begin{array}{c}CH_2-CH-CH_3\\ \ \ \backslash\ \ /\\ \ \ \ O\end{array}$	$ZnEt_2/CH_3OH$	$\left[\begin{array}{c}CH_2-CH-O\\ \quad\ CH_3\end{array}\right]_n$	无

根据引发体系的不同，丁二烯可以聚合成顺式-1,4-聚丁二烯、反式-1,4-聚丁二烯或 1,2-聚丁二烯，如下式：

$$CH_2=CH-CH=CH_2 \longrightarrow \begin{array}{l} +CH_2-CH=CH-CH_2+_n \quad \text{顺式或反式-1,4-聚丁二烯}\\ \\ +CH_2-CH+_n \quad \text{1,2-聚丁二烯}\\ \quad\ CH=CH_2 \end{array}$$

1-甲基丁二烯的反应式可以参照写出。

环氧丙烷分子含有手性碳原子 C^*，在 $ZnEt_2/CH_3OH$ 作用下，开环聚合成 R 和 S 两种对映体，但数量相等，产生外消旋，不显示光学活性。反应产物的分子式见上表，不另写出。

思考题【7-6】 下列哪一种引发剂可使乙烯、丙烯、丁二烯聚合成立构规整聚合物？

(1) $n\text{-}C_4H_9Li/$正己烷
(2) 萘钠/四氢呋喃
(3) $TiCl_4\text{-}Al(C_2H_5)_3$
(4) $\alpha\text{-}TiCl_3\text{-}Al(C_2H_5)_2Cl$
(5) $\pi\text{-}C_3H_5NiCl$
(6) $(\pi\text{-}C_4H_7)_2Ni$

答 (1) $TiCl_4\text{-}Al(C_2H_5)_3$ 可使乙烯配位聚合成高密度聚乙烯。该引发体系也能引发丁二烯聚合：当 Al/Ti<1，将形成约 91% 的反式-1,4-聚丁二烯；Al/Ti>1，则得顺式-1,4-结构和反式-1,4-结构各半的聚丁二烯。

(2) $\alpha\text{-}TiCl_3\text{-}Al(C_2H_5)_2Cl$ 可使丙烯聚合成等规聚丙烯。

（3）n-C$_4$H$_9$Li/正己烷可使丁二烯聚合成低顺式-1,4-聚丁二烯（36%～44%），而萘钠/四氢呋喃则使丁二烯聚合成以 1,2-结构为主的聚丁二烯。π-C$_3$H$_5$NiCl 能引发丁二烯聚合，形成顺式-1,4-结构（约 92%）为主的聚丁二烯。（π-C$_4$H$_7$）$_2$Ni 引发丁二烯配位聚合时活性很低，只能得环状低聚物。

思考题【7-7】　简述 Ziegler-Natta 引发剂两主要组分对烯烃、共轭二烯烃、环烯烃配位聚合在组分选择上有何区别。

答　Z-N 催化剂由ⅣB-ⅧB族过渡金属化合物与ⅠA～ⅢA族金属有机化合物两大组分配合而成。其中ⅣB-ⅧB族过渡金属化合物为主引发剂，ⅠA～ⅢA族金属有机化合物为助引发剂。可用于 α-烯烃、二烯烃、环烯烃的定向聚合。但在聚合时在组分选择上存在差别，通常 α-烯烃，由 Ti、V、Mo、Zr、Cr 的卤化物 MtCl$_n$、氧卤化物 MtOCl$_n$、乙酰丙酮物 Mt(acac)$_n$ 或环戊二烯基金属卤化物 Cp$_2$TiCl$_2$ 等与有机卤化物组成的引发剂。

共轭二烯烃：由 Co、Ni、Fe、Ru、Rh 的卤化物或羧酸盐与有机铝化物（如 AlR$_3$、AlR$_2$Cl）等组成的引发剂。

环烯烃：MoCl$_5$ 和 WCl$_6$ 组分专用于环烯烃的开环聚合。

思考题【7-8】　试举可溶性和非均相 Ziegler-Natta 引发剂的典型代表，并说明对立构规整性有何影响。

答　Z-N 引发体系可以分为不溶于烃类（非均相）和可溶（均相）两大类，溶解与否与过渡金属组分和反应条件有关，立构规整聚合物的合成一般与非均相引发体系有关。

非均相引发体系以钛系为典型代表，如用于乙烯聚合的 TiCl$_4$-Al(C$_2$H$_5$)$_3$，用于丙烯定向聚合的 α-TiCl$_3$-Al(C$_2$H$_5$)$_2$Cl。

均相引发体系以钒系为典型代表，如合成乙丙橡胶用的 VOCl$_3$/AlEt$_2$Cl，V(acac)$_3$/AlEt$_2$Cl，以及 Cp$_2$TiCl$_2$-AlEt$_3$。

思考题【7-9】　丙烯进行自由基聚合、离子聚合及配位阴离子聚合，能否形成高分子量聚合物？试分析其原因。

答　自由基聚合：由于丙烯上带有供电基 CH$_3$，使 C≡C 上的电子云密度增大，不利于自由基的进攻，故很难发生自由基聚合，即使能被自由基进攻，也很快发生链转移，形成稳定的烯丙基自由基，不能再引发单体聚合。

离子聚合：由于甲基供电不足，对质子或阳离子亲和力弱，聚合速率慢；接受质子后的二级碳阳离子易发生重排和链转移，因此，丙烯阳离子聚合最多只能得到低分子油状物。

配位聚合：丙烯在 α-TiCl$_3$/AlR$_3$ 作用下发生配位聚合。在适宜条件下可形成高分子量结晶性全同聚丙烯。

思考题【7-10】　乙烯和丙烯配位聚合所用 Ziegler-Natta 引发剂两组分有何区别？两组分间有哪些主要反应？钛组分的价态和晶形对聚丙烯的立构规整性有何影响？

答　乙烯配位聚合时所用的引发剂为 TiCl$_4$/AlR$_3$，而丙烯配位聚合则用 α-TiCl$_3$/AlR$_3$。

（1）首先是两组分进行基团交换或烷基化，形成钛-碳键，方程式如下：

$$TiCl_4 + AlR_3 \longrightarrow RTiCl_3 + AlR_2Cl$$
$$TiCl_4 + AlR_2Cl \longrightarrow RTiCl_3 + AlRCl_2$$

$$RTiCl_3 + AlR_3 \longrightarrow R_2TiCl_2 + AlR_2Cl$$

（2）烷基氯化钛不稳定，进行还原性分解，在低价钛上形成空位，供单体配位。

$$RTiCl_3 \longrightarrow TiCl_3 + R\cdot$$
$$R_2TiCl_2 \longrightarrow RTiCl_2 + R\cdot$$
$$TiCl_4 + R\cdot \longrightarrow TiCl_3 + RCl$$
$$2R\cdot \longrightarrow 偶合或歧化终止$$

钛组分的价态对聚丙烯的立构规整性有较大的影响。对丙烯聚合而言，+4、+3、+2价钛都能成为活性中心，但定向能力各异，低价钛有利于定向作用，不同价态的定向能力大小顺序为：$TiCl_3$（α，γ，δ）$> TiCl_2 > TiCl_4 \approx \beta\text{-}TiCl_3$。

三氯化钛的晶型对聚丙烯的立构规整性有较大的影响，三氯化钛具有 α、β、γ、δ 四种晶型，其中 α、δ、γ 三种结构相似，为层状结晶，可以形成高等规度的聚丙烯。而 β-$TiCl_3$ 是线形结构，定向能力低，只能形成无规聚合物。

思考题【7-11】 丙烯配位聚合时，提高引发剂的活性和等规度有何途径？简述添加给电子体和负载的方法和作用。

答 提高引发剂的活性和等规度的关键途径：添加给电子体和负载。

（1）添加给电子体：加入含有 O、N、P、S 等的给电子体后，聚合活性和 IIP 均明显提高，分子量也增大。如 α-$TiCl_3$-$AlEt_3$ 对丙烯的聚合活性为 5×10^3 gPP/gTi，IIP 的 90%，加入 HMPTA（六甲基磷酸胺）后对丙烯的聚合活性为 5×10^4 gPP/gTi，增加了 10 倍；若添加酯类给电子体并负载，对丙烯的聚合活性为 2.4×10^6 gPP/gTi，IIP>98%。

（2）负载：裸露在晶体表面、边缘或缺陷处而成为活性中心的 Ti 原子对 PP 的聚合具有活性，但是这部分的数量太少，只占 1%，若将氯化钛充分分散在载体上，使大部分的 Ti 原子裸露（90%）而成为活性中心，可大幅度提高活性。对 PP 聚合，常用的载体为 $MgCl_2$。常用的无水氯化镁多为 α-晶型，结构规整，钛负载量少，活性也低。负载时，如经给电子体活化，则可大幅度地提高活性。活化方法有研磨法和化学反应法两种。

思考题【7-12】 简述丙烯配位聚合中增长、转移、终止等基元反应的特点。如何控制分子量？

答 丙烯由 α-$TiCl_3$-$AlEt_3$（或 $AlEt_2Cl$）体系引发进行配位聚合，机理特征与活性阴离子聚合相似，基元反应主要由链引发、链增长组成，难终止，难转移。

（1）链引发 钛-铝两组分反应后，形成活性种 ⓒ$^{\delta+}$-R$^{\delta-}$（简写为 ⓒ-R），引发在表面进行。

（2）链增长 单体在过渡金属-碳键间（ⓒ-C 或 $Mt^{\delta+}$-$^{\delta-}CH_2\text{～}P_n$）插入而增长。

$$\textcircled{C}-CH_2CH-C_2H_5 + nCH_2=CH \xrightarrow{k_p} \textcircled{C}-CH_2CH \left(CH_2CH\right)_{\overline{n}} C_2H_5$$
$$\qquad\quad | \qquad\qquad\qquad | \qquad\qquad\qquad\qquad | \qquad\qquad | $$
$$\qquad\quad R \qquad\qquad\qquad R \qquad\qquad\qquad\qquad R \qquad\qquad R$$

（3）链转移　活性链可能向烷基铝、丙烯转移，但转移常数较小。生产时，须加入氢作链转移剂来控制分子量。

向烷基铝转移：

$$\textcircled{C}-CH_2CH \left(CH_2CH\right)_{\overline{n}} C_2H_5 + AlEt_3 \xrightarrow{k_{tr,Al}} \textcircled{C}-Et + AlEt_2-CH_2CH \left(CH_2CH\right)_{\overline{n}} C_2H_5$$
$$\qquad\qquad | \qquad\qquad | \qquad\qquad\qquad\qquad\qquad\qquad\qquad\qquad | \qquad\qquad | $$
$$\qquad\qquad R \qquad\qquad R \qquad\qquad\qquad\qquad\qquad\qquad\qquad\qquad R \qquad\qquad R$$

向单体转移：

$$\textcircled{C}-CH_2CH \left(CH_2CH\right)_{\overline{n}} C_2H_5 + C_3H_6 \xrightarrow{k_{tr,M}} \textcircled{C}-C_3H_7 + CH_2=C \left(CH_2CH\right)_{\overline{n}} C_2H_5$$
$$\qquad\qquad | \qquad\qquad | \qquad\qquad\qquad\qquad\qquad\qquad\qquad\qquad\qquad | \qquad\qquad | $$
$$\qquad\qquad R \qquad\qquad R \qquad\qquad\qquad\qquad\qquad\qquad\qquad\qquad\qquad R \qquad\qquad R$$

向氢转移：

$$\textcircled{C}-CH_2CH \left(CH_2CH\right)_{\overline{n}} C_2H_5 + H_2 \xrightarrow{k_{tr,H}} \textcircled{C}-H + CH_3CH \left(CH_2CH\right)_{\overline{n}} C_2H_5$$
$$\qquad\qquad | \qquad\qquad | \qquad\qquad\qquad\qquad\qquad\qquad\qquad | \qquad\qquad | $$
$$\qquad\qquad R \qquad\qquad R \qquad\qquad\qquad\qquad\qquad\qquad\qquad R \qquad\qquad R$$

（4）链终止　配位聚合难终止，经过长时间，也可能向分子链内的 β-H 转移而自身终止。

$$\textcircled{C}-CH_2CH \left(CH_2CH\right)_{\overline{n}} C_2H_5 \xrightarrow{k_t} \textcircled{C}-H + CH_2=C \left(CH_2CH\right)_{\overline{n}} C_2H_5$$
$$\qquad\qquad | \qquad\qquad | \qquad\qquad\qquad\qquad\qquad\qquad | \qquad\qquad | $$
$$\qquad\qquad R \qquad\qquad R \qquad\qquad\qquad\qquad\qquad\qquad R \qquad\qquad R$$

水、醇、酸、胺等含活性氢的化合物是配位聚合的终止剂。聚合前，要除净这些活性氢物质，对单体纯度有严格的要求。聚合结束后，可加入醇一类终止剂人为地结束聚合。

$$\textcircled{C}-CH_2CH \left(CH_2CH\right)_{\overline{n}} C_2H_5 + ROH \xrightarrow{k_t} \textcircled{C}-OR + CH_3CH \left(CH_2CH\right)_{\overline{n}} C_2H_5$$
$$\qquad\qquad | \qquad\qquad | \qquad\qquad\qquad\qquad\qquad\qquad\qquad | \qquad\qquad | $$
$$\qquad\qquad R \qquad\qquad R \qquad\qquad\qquad\qquad\qquad\qquad\qquad R \qquad\qquad R$$

思考题【7-13】　简述配位聚合两类动力学曲线的特征和成因。动力学方程为什么要用 Langmuir-Hinschelwood 和 Rideal 模型来描述？

答　根据引发剂制备方法的不同，聚合动力学曲线分为两类。A 型曲线为衰减型，由研磨或活化后的引发体系所产生。A 曲线分为三段：第Ⅰ段为增长期，在短时间内，速率即增至最大值；第Ⅱ段为衰减期，可延续数小时；第Ⅲ段为稳定期，速率几乎不变。B 型曲线采用未经研磨或未经活化的引发剂，为加速型，可分为两段：第Ⅰ段开始速率就随时间而增加，第Ⅱ段为稳定期。A 型和 B 型稳定期的速率基本接近。

考虑到共引发剂（烷基铝）和单体在引发剂微粒表面的吸附平衡，稳定期的速率可用 Langmuir-Hinschelwood 和 Rideal 模型来描述。当单体的极性可与烷基铝在表面上的吸附竞争时，速率服从 Langmuir-Hinschelwood 模型；当单体的极性低从而在表面上的吸附弱得多时，则符合 Rideal 模型。

思考题【7-14】 简述丙烯配位聚合时的双金属机理和单金属机理模型的基本论点。

答 双金属机理的核心思想是：单体在 Ti 上配位，然后在 Al—C 键间插入，在 Al 上增长。这一观点有待修正。

单金属机理的核心思想是：活性种由单一过渡金属（Ti）构成，单体在 Ti 上配位，后在 Ti—C 键间插入增长。

思考题【7-15】 简述茂金属引发剂的基本组成、结构类型、提高活性的途径和应用方向。

答 茂金属引发剂是由五元环的环戊二烯基类（简称茂）、ⅣB 族过渡金属、非茂配体三部分组成。它有普通结构、桥链结构和限定几何构型配位体结构（如下图）。

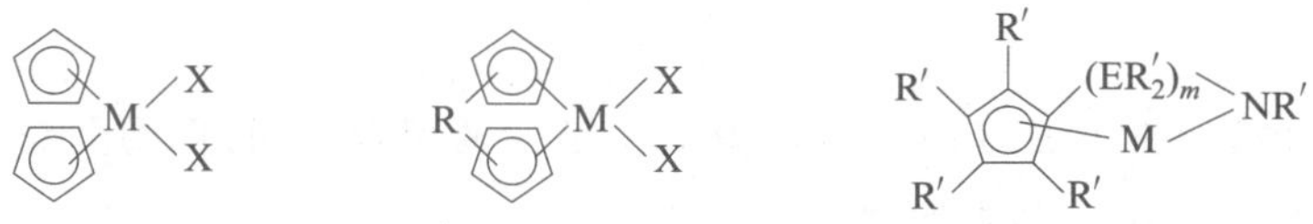

(a) 普通结构　　(b) 桥链结构　　(c) 限定几何构型配体结构

单独茂金属引发剂对烯烃聚合基本没有活性，须加甲基铝氧烷 MAO［含—Al(CH_3)—O—］作共引发剂，一般要求 MAO 大大过量，充分包围茂金属分子，以防引发剂双分子失活。此外还可以添加非 MAO 共引发剂，如 $AlMe_3$/$(MeSn)_2O$。茂金属引发剂也可负载，赋予非均相引发剂的优点。

茂金属引发剂已经成功地用来合成线形低密度聚乙烯、高密度聚乙烯、等规聚丙烯、间规聚丙烯、间规聚苯乙烯、乙丙橡胶、聚环烯烃等。可采用淤浆、溶液和气相聚合诸方法，无需脱灰工序。

思考题【7-16】 列举丁二烯进行顺式-1,4-聚合的引发体系，并讨论顺式-1,4-结构的成因。

答 顺式-1,4-聚丁二烯的引发体系有 Z-N 催化剂，如钛系（TiI_4-$AlEt_3$）、钴系（$CoCl_2$-2py-$AlEt_2Cl$）、镍系［$Ni(naph)_2$-$AlEt_3$-$BF_3 \cdot O$-(i-Bu)$_2$］。

Ziegler-Natta 体系引发丁二烯聚合时，可用单体-金属的配位来解释定向机理，其观点是单体在过渡金属（Mt）d 空轨道上的配位方式决定着单体加成的类型和聚合物的微结构。

若丁二烯以两个双键和 Mt 进行顺式配位（双座配位），1,4-位插入，将得到顺式-1,4-聚丁二烯；若单体只以一个双键与金属单座配位，则单体倾向于反式构型，1,4-位插入得反式-1,4-结构，1,2-位插入得 1,2-聚丁二烯，如下图。当有给电子体（L）存在时，L 占据了空位，单体只能以一个双键（单座）配位，因此反式-1,4-链或 1,2-链节增多。

单座或双座配位取决于两个因素：①中心金属配位座间的距离，适于 S-顺式的距离约 28.7nm，为双座配位，适于 S-反式的距离为 34.5nm 者则为单座配位；②金属同单体分子轨道的能级是否接近，金属轨道的能级同时受金属和配体电负性的影响，电负性强的金属与电负性强的配体配合，才能获得顺式-1,4-聚丁二烯。

丁二烯-金属配位机理模型
Mt=Ni或Co, L=给电子体

思考题【7-17】　简述 π-烯丙基卤化镍引发丁二烯聚合的机理。用（π-C$_3$H$_5$）$_2$Ni、π-C$_3$H$_5$NiCl 和 π-C$_3$H$_5$NiI，结果如何？

答　π-allyl-NiX 中配体 X 对聚丁二烯微结构深有影响：π-烯丙基镍中若无卤素配体，则无聚合活性，只得到环状低聚物。若引入 Cl，则顺式-1,4-结构含量很高（约92%）；而且顺式-1,4-结构含量和活性随负性基吸电子能力而增强。π-C$_3$H$_5$NiI 却表现为反式-1,4-结构；但对水稳定，可用于乳液聚合。π-C$_3$H$_5$NiI 与 CF$_3$COOH 共用时，I 与 OCOCF$_3$ 交换，可变为顺式-1,4-结构特性。若 π-C$_3$H$_5$NiI 中加有 I$_2$，I 和 I$_2$ 络合，使 Ni 的正电性增大，也可提高顺式-1,4-结构含量。π-烯丙基有对式（anti）和同式（syn）两种异构体，互为平衡。引发聚合时，同式 π-烯丙基链端将得到顺式-1,4-结构，而对式链端则得到反式-1,4-结构。

思考题【7-18】　生产等规聚丙烯和顺丁橡胶，可否采用本体聚合和均相溶液聚合？体系的相态特征有哪些？

答　聚丙烯可采用淤浆聚合（溶液聚合）和液相本体聚合；顺丁橡胶采用均相溶液聚合。

7.4　提要

（1）**聚合物的立体异构现象**　聚合物的立体异构有手性异构和几何异构两类；聚丙烯的手性异构体有等规、间规、无规三种，等规度可以用红外来表征，一般用庚烷中不溶物的百分数来表示，深入研究时则用序列结构来表征。丁二烯可以 1,2-加成和 1,4-加成，1,4-聚丁二烯有顺式 、反式 2 种几何异构体。不同立体异构体的性质有很大的差异。

（2）**Ziegler-Natta 引发剂**　从早期用于乙烯聚合的 TiCl$_4$-AlEt$_3$ 和用于丙烯聚合的

$TiCl_3$-$AlEt_2Cl$，发展到ⅣB～ⅧB族过渡金属化合物与ⅠA～ⅢA族金属有机化合物两大组分配合的系列，其中以钛系为代表的非均相引发体系用于乙烯、丙烯的配位聚合，而以钒系为代表的可溶性体系则用于乙丙橡胶的合成。

在引发剂配制过程中，两组分经过系列反应，形成活性中心；添加给电子体和负载，可以提高活性和立构规整性。近期还发展了茂金属引发体系。

（3）丙烯的配位聚合机理特征　具有活性阴离子聚合的性质，活性种难终止，链转移是主要终止方式，常加氢作分子量调节剂。定向聚合的机理先后有双金属机理和单金属机理，有待完善。聚合过程可以归纳为：两组分络合形成活性中心（和空位），吸附单体定向配位，络合活化，插入增长，而后定向聚合，类似模板聚合。

（4）共轭二烯烃的配位聚合　有3类引发剂可用于丁二烯的立构规整聚合：丁基锂、Ziegler-Natta引发剂、π-烯丙基镍，3种引发体系的配位定向机理互有联系，但有差别。

7

8 开环聚合

○○ —————— ○○ ○ ○○ ———————○ ○ ○○ ○

8.1 本章重点与难点

8.1.1 重要术语和概念

环氧乙烷的阴离子聚合和起始剂，四氢呋喃阳离子聚合和活化剂，己内酰胺阴离子开环聚合和酰化剂，三聚甲醛的阳离子开环聚合。

8.1.2 典型聚合物代表

聚醚，氯化聚醚，聚氧化四亚甲基，聚甲醛，聚己内酰胺，聚二甲基硅氧烷，聚磷氮烯，聚氮化硫。

8.1.3 难点

开环聚合的机理。

8.2 例题

例【8-1】 在下列四种大小方案中，确定四元环烃、七元环烃、八元环烃开环聚合能力的大小顺序是＿＿＿＿＿。

（1）四元环烃＞七元环烃＞八元环烃　　　（2）七元环烃＞四元环烃＞八元环烃

（3）八元环烃＞四元环烃＞七元环烃　　　（4）四元环烃＞八元环烃＞七元环烃

解 环的开环能力可用聚合自由熵来量化。环的大小、环上取代基和构成环的元素（碳环或杂环）是影响环张力的三大因素。三、四元环角张力和聚合热很大，易开环聚合。五元环键角$108°$，角张力和ΔH甚小，则ΔS项对开环聚合起了重要作用。环己烷六元环呈椅式或船式，键角变形趋于零，$\Delta H \approx 0$，$\Delta G > 0$，无法聚合。五元环和七元环因邻近氢原子的相斥，形成构象张力。八元以上环的氢或取代基处于拥挤状态，因斥力而形成跨环张力（构象张力）。环烷烃在热力学上容易开环的程度可简化为三、四元环＞八元环＞七、五元环。故答案为（4）。

例【8-2】 四氢呋喃开环聚合时，为什么常加入环氧乙烷或丁氧环作为活化剂？

解 四氢呋喃开环聚合过程中，PF_5、SbF_5、$[Ph_3C]^+[SbCl_6]^-$ 均可用作引发剂，四氢呋喃与 PF_5 可形成络合物，Lewis 酸络合物所提供的质子直接引发四氢呋喃开环的速率较慢，这是因为引发初始，活性种往往是碳阳离子，而环醚阳离子聚合的增长活性种却是三级氧鎓离子。质子引发环醚开环，先形成二级氧鎓离子，再次开环，才形成三级氧鎓离子，因而产生了诱导期。体系中加入环氧乙烷或丁氧环时，环氧乙烷却很容易被引发开环，直接形成三级氧鎓离子，从而缩短或消除诱导期，因此环氧乙烷或丁氧环常用作四氢呋喃开环聚合的活化剂。

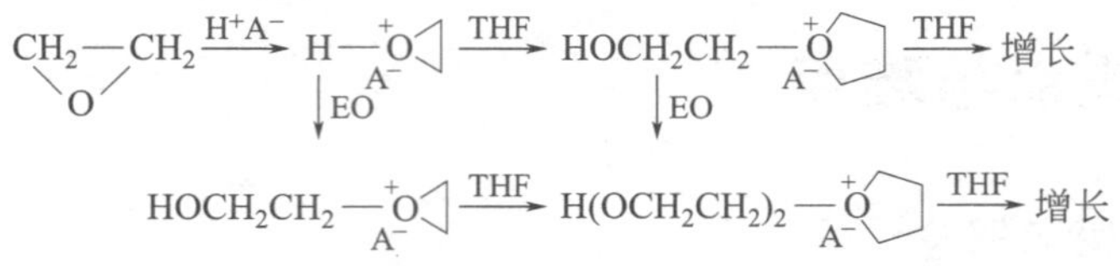

二级氧鎓离子　　　　　三级氧鎓离子

例【8-3】 用 BF_3-H_2O 引发四氢呋喃开环聚合，要提高反应速率又不降低聚合度的最好方法是_____。（1）提高反应温度；（2）增加引发剂用量；（3）提高搅拌速率；（4）加入少量环氧氯丙烷。

解 用 BF_3-H_2O 引发四氢呋喃开环聚合，要提高反应速率又不降低聚合度的最好方法是加入少量环氧氯丙烷，这是因为环氧氯丙烷起到促进剂的作用，原因同例【8-2】。答案选（4）。

例【8-4】 聚甲醛合成后要加入醋酸酐处理，其目的是_____。（1）洗除低聚物；（2）除去引发剂；（3）提高聚甲醛热稳定性；（4）增大聚合物相对分子质量。

解 聚甲醛合成后要加入醋酸酐处理，其目的是提高聚甲醛热稳定性。聚甲醛有显著的解聚倾向，受热时，往往从末端开始，作连锁解聚，在聚合后期，加入醋酸酐，与端基反应，使乙酰化封端，可以防止聚甲醛从端基开始解聚。答案选（3）。

$$\sim\!\!\sim(CH_2O)_nCH_2OH \xrightarrow{(RCO)_2O} RCOO(CH_2O)_nCH_2OCOR$$

例【8-5】 写出氯化聚醚的合成方程式，说明其用途。

解 氯化聚醚是 3,3'-二（氯亚甲基）丁氧环，在 0℃ 或较低的温度下，采用 Lewis 酸（如 BF_3、PF_5）引发进行阳离子聚合得到的聚合产物，方程式如下：

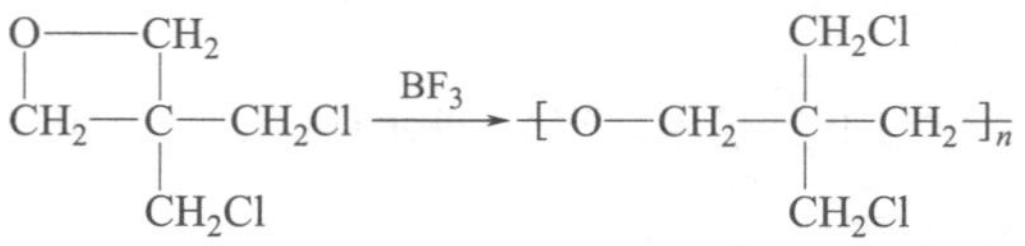

氯化聚醚是结晶性成膜材料，熔点 177℃，机械强度比氟树脂好，吸水性低，耐化学药品，尺寸稳定性好，电性能优良，可用作工程塑料。

例【8-6】 商品苯乙烯的自由基聚合、三聚甲醛的阳离子开环聚合、己内酰胺的阴离子开环聚合皆存在诱导期，它们在本质上有什么不同？如何消除诱导期。

解 苯乙烯的自由基聚合中存在诱导期是因为在聚合体系中存在阻聚杂质，消耗掉初级自由基，使聚合速度为零。除去杂质或阻聚剂，即可消除诱导期。

三聚甲醛开环聚合时，有聚甲醛-甲醛平衡或增长-解聚平衡的现象，诱导期就相当于产生平衡甲醛的时间。预先加入适量甲醛，即可消除诱导期。

$$\sim\!\!OCH_2OCH_2OC^{\cdot}H_2^{+} \rightleftharpoons \sim\!\!OCH_2OC^{+}H_2 + HCHO \text{（反应1）}$$

己内酰胺与碱金属（M）或其衍生物 $B^{-}M^{+}$（如 $NaOH$、CH_3ONa 等）反应，形成己内酰胺单体阴离子（Ⅰ）。己内酰胺单体阴离子（Ⅰ）与己内酰胺单体加成（反应2），生成活泼的二聚体胺阴离子活性种（Ⅱ）。

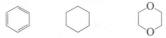

己内酰胺单体阴离子（Ⅰ）与环上羰基双键共轭，活性较低；而己内酰胺单体中酰胺键的碳原子缺电子性又不足，活性也较低，在两者活性都较低的条件下，反应2缓慢，有诱导期。

如果以酰氯、酸酐、异氰酸酯等酰化剂与己内酰胺反应，预先形成 N-酰化己内酰胺，而后加到聚合体系中，则可消除诱导期，加速反应，缩短聚合周期。

8.3　思考题及参考答案

思考题【8-1】　举出不能开环聚合的 3 种六元环。为什么三氧六环却能开环聚合？

答　环状化合物的开环倾向各异，三、四元环容易开环聚合，五、六元环能否开环与环中杂原子有关。不能开环聚合的六元环有：

三聚甲醛（三氧六环）六元环的键角与上述六元环不同，容易开环聚合。

思考题【8-2】　环烷烃开环倾向大致为：三、四元环＞八元环＞七、五元环，试分析其原因。

答　环烷烃的开环倾向可以用聚合自由焓来衡量，不同环烷烃的聚合自由焓如下表所示。不同环烷烃的聚合自由焓 $-\Delta G_{1c}(kJ \cdot mol^{-1})$ 的顺序为：三、四元环，八元环，七、五元环。$-\Delta G_{1c}$ 越大，开环倾向越大，所以环烷烃开环倾向为：三、四元环＞八元环＞七、五元环。

$(CH_2)_n$	3	4	5	6	7	8
$-\Delta G_{1c}/kJ \cdot mol^{-1}$	92.5	90	9.2	-5.9	16.3	34.3

思考题【8-3】　下列单体选用哪一引发体系进行聚合？写出综合聚合反应式。

单　体	环氧乙烷	丁氧环	乙烯亚胺	八甲基四硅氧烷	三聚甲醛
引发剂	$n\text{-}C_4H_9Li$	$BF_3 + H_2O$	H_2SO_4	CH_3ONa	H_2O

解 环氧乙烷以 CH_3ONa 为引发剂，进行阴离子聚合，综合聚合反应如下：

$$CH_2\!\!-\!\!CH_2 \xrightarrow{CH_3ONa} +CH_2CH_2O \,+_n$$
（环氧）

丁氧环以 BF_3+H_2O 为引发剂，进行阳离子聚合，综合聚合反应如下：

$$\underset{CH_2Cl}{\overset{\displaystyle O\!-\!CH_2}{CH_2\!-\!\overset{|}{C}\!-\!CH_2Cl}} \xrightarrow{BF_3} +O\!-\!CH_2\!-\!\underset{CH_2Cl}{\overset{CH_2Cl}{\overset{|}{C}}}\!-\!CH_2\!+_n$$

乙烯亚胺以 H_2SO_4、BF_3+H_2O 为引发剂，进行阳离子聚合，综合聚合反应如下：

$$CH_2\!\!-\!\!CH_2 \xrightarrow[BF_3+H_2O]{H_2SO_4} +CH_2CH_2NH\,+_n$$
（NH）

二甲基二氯硅烷可水解，预缩聚成八元环四聚体 $\left[(CH_3)_2SiO\right]_4$ 或六元环三聚体，进行阳离子聚合，综合聚合反应如下：

$$Cl\!-\!\underset{CH_3}{\overset{CH_3}{\overset{|}{Si}}}\!-\!Cl \xrightarrow{H_2O,\,-HCl} [HO\!-\!\underset{CH_3}{\overset{CH_3}{\overset{|}{Si}}}\!-\!OH] \xrightarrow{-H_2O} \cdots \xrightarrow{碱或酸} +O\!-\!\underset{CH_3}{\overset{CH_3}{\overset{|}{Si}}}\,+_n$$

三聚甲醛以 H_2SO_4、BF_3+H_2O 为引发剂，进行阳离子聚合，综合聚合反应如下：

$$H_2C \overset{\displaystyle O\!-\!CH_2}{\underset{\displaystyle O\!-\!CH_2}{\Big\langle}} O \xrightarrow{BF_3+H_2O} \sim\!\!\sim(OCH_2)_3\sim\!\!\sim$$

思考题【8-4】 以辛基酚为起始剂，甲醇钾为引发剂，环氧乙烷进行开环聚合，简述其开环机理。辛基酚用量对聚合速率、聚合度、聚合度分布有何影响？

解 上述体系开环聚合时有下列基元反应：

（1）引发 烷氧阴离子进攻环氧乙烷中的碳原子，形成单加成物 $ROCH_2CH_2O^-$。

$$CH_3O^-K^+ + CH_2\!\!-\!\!CH_2 \longrightarrow CH_3O\!-\!CH_2\!-\!CH_2O^-K^+$$
（O）

（2）交换 引发形成的环氧乙烷单加成物 $ROCH_2CH_2O^-$，很快就与 $C_8H_{17}C_6H_4^-$ 交换成 $C_8H_{17}C_6H_4O^-$。

$$ROCH_2CH_2O^- + C_8H_{17}C_6H_4OH \Longleftrightarrow ROCH_2CH_2OH + C_8H_{17}C_6H_4O^-$$

（3）增长 $C_8H_{17}C_6H_4O^-$ 阴离子进攻环氧乙烷中的碳原子，开环聚合成线形聚合物。

$$A\!-\!CH_2\!-\!CH_2O^-M^+ + CH_2\!\!-\!\!CH_2 \longrightarrow A\!-\!CH_2CH_2O\!-\!CH_2CH_2O^-B^+$$
$$\xrightarrow{\overset{CH_2CH_2}{O}} A(CH_2CH_2O)_nCH_2CH_2O^-B^+$$

当起始剂 RXH 全部交换成 RX 以后，才同步增长，产物分子量分布窄，反映出快引发、慢增长的活性阴离子聚合特征。酚用量越大，聚合速率变化不大、聚合度越小，聚合度分布越宽。

思考题【8-5】　以甲醇钾为引发剂聚合得到的聚环氧乙烷分子量可以高达 3 万～4 万，但在同样条件下，聚环氧丙烷的分子量却只有 3000～4000，为什么？说明两者聚合机理有何不同？

答　环氧丙烷经阴离子开环，所得聚环氧丙烷的分子量只有 3000～4000 的原因在于，环氧丙烷分子中甲基上的氢原子容易被夺取而转移，转移后形成的单体活性种很快转变成活性较低的烯丙醇-钠离子对，致使分子量降低。

思考题【8-6】　丁氧环、四氢呋喃开环聚合时需选用阳离子引发剂，环氧乙烷、环氧丙烷聚合时却多用阴离子引发剂，而丁硫环则既可选用阳离子聚合，也可选用阴离子聚合，为什么？

答　含氧杂环，如环氧乙烷、环氧丙烷、丁氧环、四氢呋喃中含有氧原子，由于氧原子容易受阳离子的进攻，所以上述化合物都可以采用阳离子引发剂进行开环聚合。由于三元环醚的张力大，所以环氧乙烷、环氧丙烷既可以进行阳离子开环聚合，还可以进行阴离子开环聚合，但阳离子开环聚合容易引起链转移副反应，因此工业上多舍弃阳离子聚合而采用阴离子聚合。

环硫醚酷似环醚，由于硫原子也容易受阳离子的进攻，所以环硫醚可以采用阳离子开环聚合。另一方面，环硫醚的碳-硫键更易极化，活性比环醚高，以致四元丁硫环也可阴离子聚合。因此，丁硫环则既可阳离子聚合，也可阴离子聚合。

思考题【8-7】　甲醛和三聚甲醛均能聚合成聚甲醛，但实际上多选用三聚甲醛作单体，为什么？在较高的温度下，聚甲醛很容易连锁解聚成甲醛，提高聚甲醛的热稳定性有哪些措施？

答　因为甲醛精制困难，不易提纯，较少直接作为单体用来合成聚甲醛。而是预聚成三聚甲醛（甲醛的三聚体，三氧六环），经精制后，三氧六环很容易受 BF_3-H_2O 引发进行阳离子开环聚合。

三聚甲醛开环聚合时，发现有聚甲醛-甲醛平衡的特殊现象，诱导期就相当于产生平衡甲醛的时间。如果预先加入适量甲醛，则可消除诱导期，缩短聚合时间。

聚合结束前，加入醋酸酐作端基封锁剂，与端基反应，使其乙酰化，这就可以防止聚甲醛从端基开始降解，该技术制成的产品称为均聚甲醛。

思考题【8-8】　己内酰胺可以由中性水和阴、阳离子引发聚合，为什么工业上很少采用阳离子聚合？阴离子开环聚合的机理特征是什么？如何提高单体活性？什么叫乙酰化剂，有何作用？

答　己内酰胺进行阳离子聚合时，可用质子酸或 Lewis 酸引发聚合，但有许多副反应，产物转化率和分子量都不高，最高分子量可达 1 万～2 万，所以工业上较少采用。

阴离子开环聚合时具有活性聚合的特点，聚合由引发和增长组成。引发由两步反应组成：①己内酰胺和碱金属或其衍生物反应，生成内酰胺单体阴离子；②内酰胺单体阴离子与己内酰胺单体加成，生成活泼的二聚体胺阴离子活性种。

己内酰胺的阴离子聚合其增长中心不是碳负离子，而是酰化的环酰胺键，不是单体加在增长链上，而是单体阴离子加在增长链上。为了提高单体的聚合活性，通常在己内酰胺聚合体系中加入活化剂，这些活化剂能与己内酰胺反应形成 N-酰化己内酰胺，N-酰化己内酰胺可以消除诱导期，加速反应，缩短聚合周期。通常活化剂又称酰化剂。按照化学结构进行分类，酰化剂可以分为：①有机酯、无机酸及内酯化合物；②酰氯、氰、氨基酸；

③酰胺、腈；④异氰酸酯、硫代异氰酸酯、氨基甲酸酯、尿素；⑤硫酸或磷酸衍生物；⑥金属氯化物和氧化物。

思考题【8-9】 合成聚硅氧烷时，为什么选用八甲基环硅氧烷作单体，碱作引发剂？如何控制聚硅氧烷分子量？

答 聚二甲基硅氧烷是聚硅氧烷的代表，主链由硅和氧相间而成，硅上连有 2 个甲基，其起始单体为二甲基二氯硅烷。氯硅烷中 Si—Cl 键不稳定，易水解成硅醇，硅醇迅速缩聚成聚硅氧烷，但分子量不高。一般常将二甲基二氯硅烷水解，预缩聚成八元环四聚体，经过精制，再开环合成聚硅氧烷。八元环四聚体为无色油状液体，在 100℃ 以上，可由碱或酸开环聚合成油状或冻胶状线形聚硅氧烷，分子量高达 2×10^6。KOH 是环状硅氧烷开环聚合常用的阴离子引发剂，可使硅氧键断裂，形成硅氧阴离子活性种，碱引发可合成高分子量的聚硅氧烷，通常加入 $(CH_3)_3SiOSi(CH_3)_3$ 作封锁剂，进行链转移反应，控制分子量。

思考题【8-10】 聚硅氧烷和聚磷氮烯都是具有低温柔性和高弹性的半无机聚合物，试说明其结构有何相似之处。聚硅氧烷多由分子量和交联来改变品种，较少改变侧基；相反，聚磷氮烯却通过侧基的变换来改变品种，较小调节分子量和交联。试说明原因。

答 聚二甲基硅氧烷的结构特征是硅和氧相间，硅上连有 2 个甲基，氧的键角较大，侧基间相互作用较小，容易绕 Si—O 单键内旋，玻璃化温度较低（−130℃），可以在很宽温度范围内保持柔性和高弹性。聚硅氧烷的工业产品主要有硅橡胶、硅油和硅树脂三类。高分子量的线形聚硅氧烷进一步交联，就成为硅橡胶，低分子线形聚二甲基硅氧烷和环状低聚物的混合物可用作硅油。有三官能度存在的聚硅氧烷，俗称硅树脂，可以交联固化，用作涂料。

聚磷氮烯主链由 P、N 交替而成，磷原子上有 2 个侧基，分子量很大。聚磷氮烯的分子结构与聚硅氧烷类似，氮原子上留有一对孤电子对，可供其他分子配位。氮 p 轨道上的其他电子则与磷 d 轨道上的电子构成 π 键，P＝N 键能很大，因此聚磷氮烯比较稳定，氮磷键角大，无侧基，主链内旋自由度很大，因此玻璃化温度很低，柔性大，可用作弹性体。

聚磷氮烯的性能与侧基有关，如侧基引入甲氧基或乙氧基，则成为弹性体；如侧基引入氟烷氧基或酚氧基或氨基，则成为成膜材料；如果引入 OCH_2CF_3 和 $OCH_2(CF_2)_xCF_2H$ 两种基团，则成为特种橡胶，热稳定性、疏水性、耐溶剂、低温弹性均佳。

8.4 计算题及参考答案

计算题【8-1】 70℃下用甲醇钠引发环氧丙烷聚合，环氧丙烷和甲醇钠的浓度分别为 $0.80 mol \cdot L^{-1}$ 和 $2.0 \times 10^{-4} mol \cdot L^{-1}$，有链转移反应，试计算 80% 转化率时聚合物的数均分子量。

解 引发剂甲醇钠的浓度 $[N]_0$ 为 $2.010 \times 10^{-4} mol \cdot L^{-1}$，单体环氧丙烷的浓度 $[M]_0$ 为 $0.8 mol \cdot L^{-1}$。

转化率为 80% 时，$[M] = (1-C) \times [M]_0 = 0.2 \times 0.8 = 0.16 mol \cdot L^{-1}$

$$\overline{X}_n = \frac{[M]_0 - [M]}{[N]_0} = \frac{0.8 - 0.16}{2.010 \times 10^{-4}} = 3184$$

70℃下，用甲醇钠引发环氧丙烷开环聚合，C_M 为 0.013。

有向单体链转移的平均聚合度：

$$\frac{1}{\overline{X}_n}=\frac{1}{(\overline{X}_n)_0}+\frac{C_M}{1+C_M}$$

$$\overline{X}_n=76$$

$$M_n=76\times58=4408$$

有链转移反应存在时，80%转化率下聚合物的数均分子量为4408。

8.5　提要

（1）环状化合物开环聚合的倾向　环的稳定性与环的大小、环中杂原子、取代基三因素有关。三、四元环张力大，容易开环聚合，聚合热是主要推动力，熵的影响次之。六元环烷烃不能开环聚合，六元杂环的开环倾向有些变异。七、八元环能开环聚合，但存在着可逆平衡。

多数开环聚合属于连锁离子聚合机理，阴离子活性种往往是氧、硫、胺阴离子。阳离子活性种是三级氧鎓离子或锍离子。

（2）三元环醚的开环聚合　三元环醚张力大，聚合活性特高，能够进行阴离子或阳离子聚合。为避免副反应，多选用阴离子聚合，低活性的醇钠用作引发剂。环氧乙烷开环聚合的动力学特征是二级亲核取代反应。合成聚醚型表面活性剂时，加入起始剂，先进行交换反应。环氧丙烷开环聚合时，有链转移反应，形成烯丙醇钠离子对，活性降低，分子量受限制。

（3）四、五元环醚的阳离子开环聚合　丁氧环和四氢呋喃可进行阳离子开环聚合，其增长活性种是三级氧鎓离子，聚合时，除加阳离子引发剂外，尚需添加环氧乙烷作活化剂，直接形成三级氧鎓离子，消除诱导期。

（4）三氧六环的阳离子开环聚合　三聚甲醛开环聚合时，存在聚甲醛-甲醛平衡，产生诱导期，预先加少量甲醛，可以消除诱导期。均聚甲醛易连锁解聚，可加醋酸酐，封锁端基，或与二氧五环共聚，增加热稳定性。

（5）己内酰胺开环聚合　己内酰胺开环聚合存在可逆平衡，体系中约有8%～10%环状单体。阳离子聚合副反应多，工业上较少采用。合成纤维用的尼龙-6，由水或酸作催化剂来合成，而浇铸尼龙则选用金属钠作引发剂进行阴离子聚合而成。

己内酰胺单体阴离子活性低，较难引发低活性的单体聚合，诱导期长。常加入酰氯、酸酐等酰化剂，使单体乙酰化，提高活性，加速聚合。

（6）聚硅氧烷　主链由硅和氧交替而成，硅原子上另有烷基、乙烯基、苯基等取代基。聚硅氧烷的起始单体是二氯二甲基硅氧烷，先水解环化成八元的四聚体，再经阴离子开环聚合而成。聚合过程中存在线-环平衡。

聚硅氧烷有硅橡胶、硅油、硅树脂三类工业产品，能在180℃以下长期使用。

（7）聚磷氮烯　起始单体是二氯磷氮烯，先预聚成三聚体六元环，再开环聚合成聚二氯磷氮烯。该聚合物易水解，不稳定，只能当作中间体。其中氯原子被烷氧、苯氧、氟烷氧、氨基等取代后，可形成多种多样半无机高分子。

9　聚合物的化学反应

9.1　本章重点与难点

9.1.1　重要术语和概念

概率效应和邻近基团效应，功能高分子、离子交换树脂、高分子试剂和高分子催化剂，接枝、嵌段、扩链和硫化，大单体、遥爪聚合物，老化、降解和解聚，燃烧性能和氧指数。

9.1.2　典型聚合物代表

黏胶纤维，硝化纤维，醋酸纤维，甲基纤维素和羟丙基纤维素，聚乙烯醇和维纶，氯化聚乙烯和氯磺酰化聚乙烯，高抗冲聚苯乙烯，ABS、MBS、ACR、AOS、SBS 热塑性弹性体。

9.1.3　难点

概率效应，邻近基团效应。

9.2　例题

例【9-1】　为什么聚甲基丙烯酰胺在强碱液中水解时，其水解程度低于70%？

解　可以采用邻近基团效应来解释上述现象。聚甲基丙烯酰胺在强碱液中水解，某一酰胺基团两侧如已转变成羧基，则对碱羟基有斥力，从而阻碍了水解，故水解程度一般在70%以下。

例【9-2】 试解释为什么聚氯乙烯在 200℃ 以上会使产品颜色变深？为什么聚丙烯腈不能采用熔融纺丝而只能采用溶液纺丝？

解 聚氯乙烯加热到 200℃ 以上会发生分子内脱 HCl 反应，使主链部分带有共轭双键结构而使颜色变深。

聚丙烯腈在高温条件下会发生环化反应而不会熔融，所以只能采用溶液纺丝。

例【9-3】 将 PMMA 和 PVC 分别进行热解，得到何种产物？利用有机玻璃边角料热降解来回收单体时，若边角料中混有 PVC 杂质，结果如何？试用化学反应式说明原因。

解 有机玻璃（PMMA）热降解时，发生解聚，生成单体 MMA。

$$\sim\!CH_2\!-\!\underset{\underset{COOCH_3}{|}}{\overset{\overset{CH_3}{|}}{C}}\!-\!CH_2\!-\!\underset{\underset{COOCH_3}{|}}{\overset{\overset{CH_3}{|}}{C}}\cdot \longrightarrow \sim\!CH_2\!-\!\underset{\underset{COOCH_3}{|}}{\overset{\overset{CH_3}{|}}{C}}\cdot + CH_2\!=\!\underset{\underset{COOCH_3}{|}}{\overset{\overset{CH_3}{|}}{C}}$$

聚氯乙烯热解时，形成不饱和双键，并产生氯化氢气体。

$$\sim\!CH_2CHClCH_2CHCl\!\sim \longrightarrow \sim\!CH\!=\!CHCH\!=\!CH\!\sim + 2HCl$$

氯化氢与甲基丙烯酸甲酯起加成反应，降低了甲基丙烯酸甲酯单体的产率和产品质量。

$$CH_2\!=\!\underset{\underset{COOCH_3}{|}}{\overset{\overset{CH_3}{|}}{C}} + HCl \longrightarrow CH_3\!-\!\underset{\underset{COOCH_3}{|}}{\overset{\overset{CH_3}{|}}{CCl}}$$

因此，有机玻璃和聚氯乙烯废料不宜混合热解来回收甲基丙烯酸甲酯单体。

例【9-4】 从聚苯乙烯废料中回收苯乙烯单体时，发现在 350℃ 真空系统中进行聚苯乙烯热降解可得到 40% 的单体，问若将热降解温度提高到 410℃ 时，能否增加单体的回收率？说明理由。

解 可以。PS 热解时同时有断链和解聚，提高温度，可增加解聚，从而使单体增加。

例【9-5】 下列聚合物用哪类交联剂进行交联，简示反应式。

（1）聚异戊二烯；（2）聚乙烯；（3）二元乙丙橡胶；（4）氯磺化聚乙烯；（5）线形酚醛树脂。

解 （1）聚异戊二烯用硫和有机硫化合物交联，这一交联反应属于阴离子聚合机理，交联过程中伴有链转移反应，比较复杂，现简示如下：

$$S_8 + 2\sim\!CH_2\!-\!CH\!=\!\underset{\underset{(顺式)}{}}{\overset{\overset{CH_3}{|}}{C}}\!-\!CH_2\!\sim \longrightarrow \begin{matrix} \sim\!CHCH\!=\!CCH_2\!\sim \\ | \qquad\quad | \\ S_m \qquad CH_3 \\ | \\ \sim\!CH_2\!\underset{|}{\overset{|}{C}}\!-\!CH_2CH_2\!\sim \\ CH_3 \end{matrix}$$

（2）聚乙烯用过氧化物交联：

$$ROOR \longrightarrow 2RO\cdot$$
$$RO\cdot + \sim\!CH_2CH_2\!\sim \longrightarrow ROH + \sim\!CH_2\dot{C}H\!\sim$$
$$2\sim\!CH_2\dot{C}H\!\sim \longrightarrow \begin{matrix} \sim\!CH_2CH\!\sim \\ | \\ \sim\!CH_2CH\!\sim \end{matrix}$$

（3）乙丙橡胶用过氧化物交联：

$$ROOR \longrightarrow 2RO\cdot$$

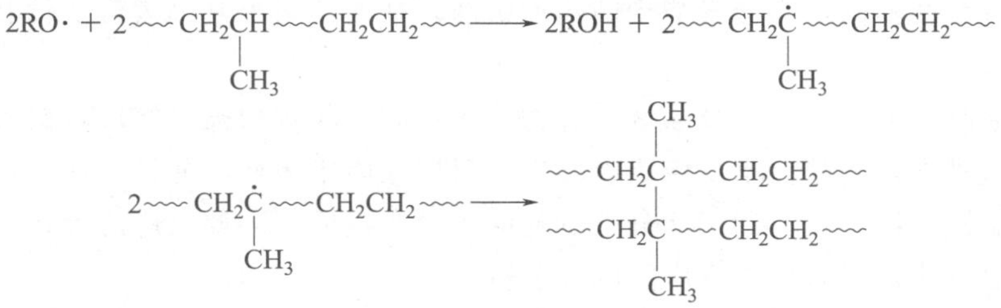

2RO· + 2 ～CH₂CH～CH₂CH₂～ ⟶ 2ROH + 2 ～CH₂Ċ～CH₂CH₂～
　　　　　　　　｜CH₃　　　　　　　　　　　　　　　　｜CH₃

2 ～CH₂Ċ～CH₂CH₂～ ⟶
　　　　｜CH₃

（4）氯磺化聚乙烯用 PbO_2 交联：

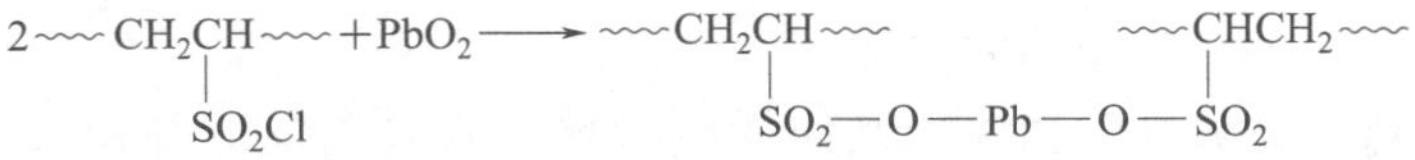

2 ～CH₂CH～ +PbO₂ ⟶ ～CH₂CH～　　　　　～CHCH₂～
　　　　｜SO₂Cl　　　　　　　　｜SO₂—O—Pb—O—SO₂

（5）线形酚醛树脂用六亚甲基四胺（乌洛托品）交联：

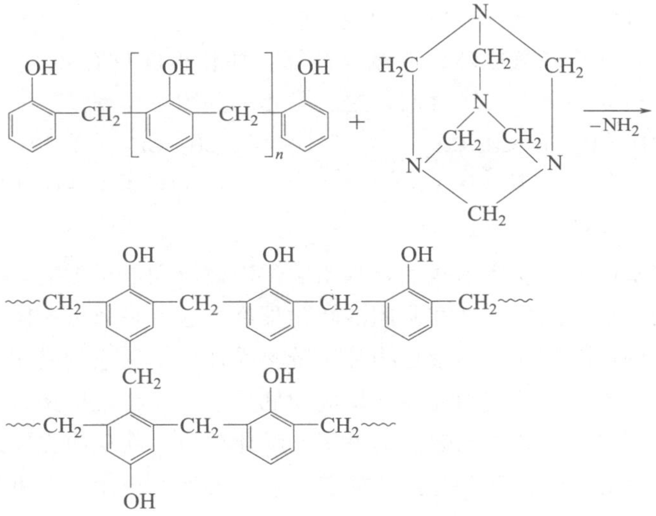

9.3　思考题及参考答案

思考题【9-1】　聚合物化学反应浩繁，如何进行合理分类，便于学习和研究？

答　目前聚合物化学反应尚难按照机理进行分类，但可按结构和聚合度的变化粗分为 3 类：

（1）聚合度不变，如侧基反应、端基反应；

（2）聚合度增加，如接枝、扩链、嵌段和交联等；

（3）聚合度变小，如降解、解聚和热分解。

思考题【9-2】　聚集态对聚合物化学反应影响的核心问题是什么？举一例子来说明促

使反应顺利进行的措施。

答　欲使聚合物与低分子药剂进行反应，首先要求反应的基团处于分子级接触，结晶、相态、溶解度不同，都会影响到药剂的扩散，从而反映出基团表观活性和反应速率的差异。

对于高结晶度的聚合物，结晶区聚合物分子链间的作用力强，链段堆砌致密，化学试剂不容易扩散进去，内部化学反应难以发生，反应仅限于表面或非结晶区。此外，玻璃态聚合物的链段被冻结，也不利于低分子试剂的扩散和反应。因此反应之前，通常将这些固态聚合物先溶解或溶胀来促进反应的顺利进行。

纤维素分子间有强的氢键，结晶度高，高温下只分解而不熔融，也不溶于一般溶剂中，但可被适当浓度的氢氧化钠溶液、硫酸、醋酸所溶胀。因此纤维素在参与化学反应前，需预先溶胀，以便化学试剂的渗透。

思考题【9-3】　概率效应和邻近基团效应对聚合物基团反应有什么影响？各举一例说明。

答　当聚合物相邻侧基作无规成对反应时，中间往往留有未反应的孤立单个基团，最高转化程度因而受到限制，这种效应称为概率效应。

聚氯乙烯与锌粉共热脱氯成环，按概率计算，环化程度只有 86.5%，尚有 13.5% 氯原子未能反应，被孤立隔离在两环之间，这就是相邻基团按概率反应所造成的。

高分子中原有基团或反应后形成的新基团的位阻效应和电子效应，以及试剂的静电作用，均可能影响到邻近基团的活性和基团的转化程度，这就是邻近基团效应。

（1）邻近基团的位阻效应　当聚合物分子链上参加化学反应的基团邻近的是体积较大的基团时，往往会由于位阻效应而使参与反应的低分子反应物难以接近反应部位，使聚合物基团转化程度受到限制。如聚乙烯醇的三苯乙酰化反应。在反应先期进入大分子链的体积庞大的三苯乙酰基对邻近的羟基起到"遮盖"或"屏蔽"作用，严重妨碍了低分子反应物向邻位羟基的接近，最终导致该反应的最高反应程度为 50%。

（2）邻近基团的静电作用　聚合物化学反应往往涉及酸碱催化过程，或者有离子态反应物参与反应，该化学反应进行到后期，未反应基团的进一步反应往往受到邻近带电荷基团的静电作用而改变速度。

带电荷的大分子和电荷相反的试剂反应，结果加速，例如以酸作催化剂，聚丙烯酰胺可以水解成聚丙烯酸，其初期水解速率与丙烯酰胺的水解速率相同。但反应进行之后，水解速率自动加速到几千倍。因为水解所形成的羧基—COOH 与邻近酰氨基中的羰基

$\rangle$C=O 静电相吸，形成过渡六元环，有利于酰氨基中氨基—NH_2 的脱除而迅速水解。

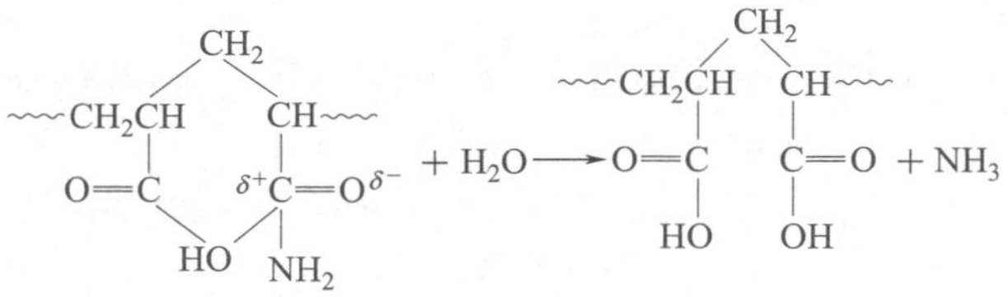

如聚甲基丙烯酰胺在强碱液中水解时，某一酰氨基两侧如已转变成羧基，则对碱羟基有斥力，从而阻碍了水解，故水解程度一般在 70%以下。

思考题【9-4】 在聚合物基团反应中，各举一例来说明基团变换、引入基团、消去基团、环化反应。

答 基团变换：在酸或碱的催化下，聚醋酸乙烯酯可用甲醇醇解成聚乙烯醇，即醋酸根被羟基所取代。醇解前后聚合度几乎不变，是典型的相似转变。反应如下：

$$\sim CH_2\underset{\underset{OCOCH_3}{|}}{CH}\sim + CH_3OH \xrightarrow{NaOH} \sim CH_2\underset{\underset{OH}{|}}{CH}\sim + CH_3COOCH_3$$

引入基团：聚烯烃的氯化和氯磺酰化反应为引入基团反应，如聚乙烯的四氯化碳悬浮液与氯、二氧化硫的吡啶溶液进行反应，则形成氯磺化聚乙烯，约含 26%～29% Cl 和 1.2%～1.7% S，相当于 3～4 单元有 1 个氯原子，40～50 单元有 1 个磺酰氯基团（—SO_2Cl）。氯磺酰化反应如下：

$$\sim CH_2CH_2\sim CH_2CH_2\sim \xrightarrow[-HCl]{Cl_2,\ SO_2} \sim CH_2\underset{\underset{Cl}{|}}{CH}\sim CH_2\underset{\underset{SO_3H}{|}}{CH}\sim$$

消去基团：PVC 在 180～200℃下加热，将脱除氯化氢的消去反应。

$$\sim CH_2CHClCH_2CHCl\sim \longrightarrow \sim CH{=}CHCH{=}CH\sim + 2HCl$$

环化反应：有多种反应可在大分子链中引入环状结构，环的引入，使聚合物刚性增加，耐热性提高。如聚丙烯腈或黏胶纤维，经热解后，可能环化成梯形结构，甚至稠环结构。

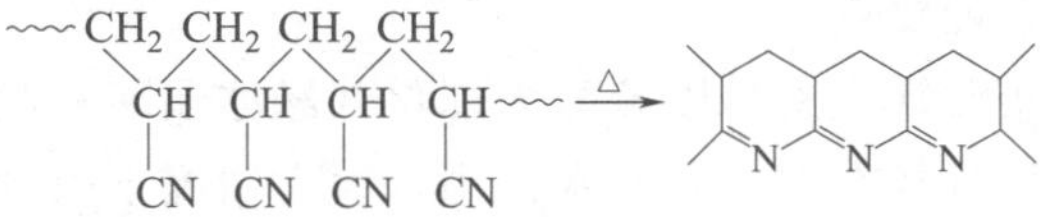

思考题【9-5】 从醋酸乙烯酯到维纶纤维，需经过哪些反应？写出反应式、要点和关键。

答 聚乙烯醇是维纶纤维的原料，乙烯醇不稳定，无法游离存在，将迅速异构成乙醛。因此，聚乙烯醇只能由聚醋酸乙烯酯经醇解（水解）来制备。

维纶纤维的生产由聚醋酸乙烯酯的制备、醇解，聚乙烯醇的纺丝拉伸、缩醛等工序组成。其反应过程分为：①醋酸乙烯酯聚合成聚醋酸乙烯酯；②聚醋酸乙烯酯醇解；③聚乙烯醇的纺丝拉伸；④聚乙烯醇缩醛化。反应式如下所示。

$$n\text{CH}_2{=}\underset{\underset{\text{OCOCH}_3}{|}}{\text{CH}} \xrightarrow{\text{AIBN}} \sim\sim\text{CH}_2\underset{\underset{\text{OCOCH}_3}{|}}{\text{CH}}\sim\sim$$

$$\sim\sim\text{CH}_2\underset{\underset{\text{OCOCH}_3}{|}}{\text{CH}}\sim\sim + \text{CH}_3\text{OH} \xrightarrow{\text{NaOH}} \sim\sim\text{CH}_2\underset{\underset{\text{OH}}{|}}{\text{CH}}\sim\sim + \text{CH}_3\text{COOCH}_3$$

$$2\sim\sim\text{CH}_2\underset{\underset{\text{OH}}{|}}{\text{CH}}{-}\text{CH}_2\underset{\underset{\text{OH}}{|}}{\text{CH}}\sim\sim \xrightarrow{+\text{HCHO}} \begin{array}{c}\sim\sim\text{CH}_2\text{CH}{-}\text{CH}_2\underset{\underset{\text{OH}}{|}}{\text{CH}}\sim\sim\\ |\\ \text{O}\\ |\\ \text{HCH}\\ |\\ \text{O}\\ |\\ \sim\sim\text{CH}_2\text{CH}{-}\text{CH}_2\underset{\underset{\text{OH}}{|}}{\text{CH}}\sim\sim\end{array}$$

$$\sim\sim\text{CH}_2\text{CH}\underset{\underset{\text{HO}}{}}{}\overset{\overset{\text{CH}_2}{|}}{}\text{CH}\underset{\underset{\text{OH}}{}}{}\sim\sim + \text{HCHO} \longrightarrow \sim\sim\text{CH}_2\text{CH}\overset{\overset{\text{CH}_2}{\diagup\ \ \diagdown}}{\underset{\diagdown\ \ \diagup}{\underset{\text{CH}_2}{\text{O}\quad\text{O}}}}\text{CH}\sim\sim + \text{H}_2\text{O}$$

维纶纤维的生产过程中各反应的要点和关键如下所述。

（1）醋酸乙烯酯聚合成聚醋酸乙烯酯　反应采用溶液聚合，选用甲醇作溶剂，以偶氮二异丁腈作引发剂，在回流条件下（65℃）聚合，转化率控制在 60% 左右，过高将引起支链化。产物聚合度约 1700～2000。

（2）聚醋酸乙烯酯醇解　在酸或碱的催化下，聚醋酸乙烯酯可用甲醇醇解成聚乙烯醇，即醋酸根被羟基所取代，在醇解过程中，并非全部醋酸根都转变成羟基，转变的摩尔分数（%）称作醇解度（DH），纤维用聚乙烯醇要求 DH>99%。

（3）聚乙烯醇的纺丝拉伸　聚乙烯醇配成热水溶液，经纺丝、拉伸，即成部分结晶的纤维。晶区虽不溶于热水，但无定形区却亲水，能溶胀。

（4）聚乙烯醇缩醛化　以酸作催化剂，进一步与醛（一般用甲醛）反应，使缩醛化。分子间缩醛，形成交联；分子内缩醛，将形成六元环。由于概率效应，缩醛化并不完全，尚有孤立羟基存在。但适当缩醛化后，就足以降低其亲水性。

思考题【9-6】　由纤维素合成部分取代的醋酸纤维素、甲基纤维素、羧甲基纤维素，写出反应式，简述合成原理要点。

答　醋酸纤维素：醋酸纤维素是以硫酸为催化剂经冰醋酸和醋酸酐乙酰化而成。反应加入适量醋酸和硫酸，同时具有催化和脱水作用，通常情况下得到彻底乙酰化三醋酸纤维素、部分水解可得不同酰化度和不同用途产品。

$$\text{P}\!\!-\!\!(\text{OH})_3 + \text{CH}_3\text{COOH} \xrightarrow{\text{H}_2\text{SO}_4} \text{P}\!\!-\!\!(\text{OOCCH}_3)_3 + \text{H}_2\text{O}$$

部分乙酰化纤维素只能由三醋酸纤维素部分皂化（水解）而成。

$$\text{P}\!\!-\!\!(\text{OOCCH}_3)_3 + \text{NaOH} \longrightarrow \text{P}\!\!-\!\!(\text{OOCCH}_3)_2 + \text{CH}_3\text{COONa}$$

甲基纤维素：将纤维素浸渍于 20℃ 的 NaOH 溶液中（浓度 220g·L^{-1}），经数小时溶胀生成碱纤维素。碱纤维素和氯甲烷反应，生成甲基纤维素，反应式如下：

$$\boxed{P}-OH \cdot NaOH + RCl \longrightarrow \boxed{P}-OR + NaCl + H_2O$$

羧甲基纤维素：由碱纤维素与氯代醋酸（$ClCH_2COOH$）反应而成，取代度 $0.5\sim$
0.8 的品种用作织物处理剂和洗涤剂；高取代度品种则用作增稠剂和钻井泥浆添加剂，反
应式如下：

$$\boxed{P}-OH \cdot NaOH + ClCH_2COONa \longrightarrow \boxed{P}-OCH_2COONa + NaCl + H_2O$$

思考题【9-7】 简述黏胶纤维的合成原理。

答 纯净纤维素在稀碱溶液中溶胀，转变成碱纤维素，碱纤维素可以溶解在二硫化碳
中，生成可溶性的黄（原）酸盐胶液，然后水解，脱除 CS_2，再生成纤维素，即得到黏胶
纤维。合成路径简示如下：

$$\begin{array}{ccc}
\boxed{P}-OH & \xrightarrow[1]{NaOH} & \boxed{P}-ONa \\
{}_{-CS_2}\Big\uparrow 4 & & 2\Big\downarrow +CS_2 \\
\boxed{P}-O-CSSH & \xleftarrow[3]{H^+} & \boxed{P}-O-CSSNa
\end{array}$$

思考题【9-8】 试就高分子功能化和功能基团高分子化，各举一例来说明功能高分子
的合成方法。

答 根据功能高分子由骨架和基团组成的特征，其合成方法可以归纳成高分子功能化
和功能基团高分子化两大类。

高分子功能化主要是在高分子骨架（母体）上键接上功能基团，如交联聚苯乙烯常选
作母体，因为苯环容易接上各种基团。如离子交换树脂的制备（001 树脂的合成-磺化反
应）。

功能基团高分子化主要由功能单体聚合而成，如丙烯酸聚合成聚丙烯酸。

思考题【9-9】 高分子试剂和高分子催化剂有何关系？各举一例。

答 高分子试剂是键接有反应基团的高分子，高分子过氧酸可选作例子。

在二甲基亚砜溶液中，用碳酸氢钾处理氯甲基化交联聚苯乙烯（$\boxed{P}-\phi-CH_2Cl$），
先转变成醛，进一步用过氧化氢氧化成高分子过氧酸。

$$\boxed{P}-\phi-CH_2Cl \xrightarrow{KHCO_3} \boxed{P}-\phi-CHO \xrightarrow{H_2O_2,\ H^+} \boxed{P}-\phi-CO_3H$$

在适当溶剂中，高分子过氧酸可以氧化烯烃成环氧化合物，流程示意如下。

$$\text{P}-\phi-\text{CO}_3\text{H} \xrightarrow{R_2C=CR_2} \text{过滤} \Rightarrow \begin{cases} \text{P}-\phi-\text{CO}_2\text{H} \xrightarrow{H_2O_2, H^+} \text{P}-\phi-\text{CO}_3\text{H} \text{ 循环使用} \\ R_2C\underset{O}{—}CR_2 \xrightarrow[\text{精制}]{\text{溶剂蒸发}} \text{精制品} \end{cases}$$

高分子过氧酸　　　　　　　　　　　　　　　　　　　低分子粗产物

高分子过氧酸被烯烃还原成高分子酸，过滤，使环氧化合物粗产物与高分子酸分离。蒸出粗产物中溶剂，经纯化，即成环氧化合物精制品。高分子酸则可用过氧化氢再氧化成过氧酸，循环使用。

高分子催化剂由高分子母体 P 和催化基团 A 组成，催化基团不参与反应，只起催化作用；或参与反应后恢复原状。因属液固相催化反应，产物容易分离，催化剂可循环使用。

$$\text{P}-\text{A} + \text{低分子反应物} \longrightarrow \text{P}-\text{A} + \text{产物}$$

苯乙烯型阳离子交换树脂可用作酸性催化剂，用于酯化、烯烃的水合、苯酚的烷基化、醇的脱水，以及酯、酰胺、肽、糖类的水解等。带季铵羟基的高分子，则可用作碱性催化剂，用于活性亚甲基化合物与醛、酮的缩合、酯和酰胺的水解等。

思考题【9-10】 按链转移原理合成抗冲聚苯乙烯，简述丁二烯橡胶品种和引发剂种类的选用原理，写出相应的反应式。

答 抗冲聚苯乙烯（HIPS）是由聚丁二烯/苯乙烯体系进行溶液接枝共聚制得。将聚丁二烯橡胶溶于苯乙烯单体中，加入自由基引发剂，如过氧化二苯甲酰或过氧化二异丙苯，引发剂受热分解成初级自由基，一部分引发苯乙烯聚合成聚苯乙烯，另一部分与聚丁二烯大分子加成或转移，进行下列三种反应而产生接枝点，而后形成接枝共聚物：

（1）初级自由基与乙烯基侧基双键加成：

$$R^* + \sim\!\!\text{CH}_2\text{CH}\!\!\sim \underset{\underset{\text{CH}=\text{CH}_2}{|}}{} \xrightarrow{k_1} \sim\!\!\text{CH}_2\text{CH}\!\!\sim \underset{\underset{^*\text{CHCH}_2R}{|}}{} \xrightarrow{\text{CH}_2=\text{CHR}} \sim\!\!\text{CH}_2\text{CH}\!\!\sim \underset{\underset{\text{RCH}_2\text{CH}(\text{CH}_2\text{CHR})_n\sim}{|}}{}$$

（2）初级自由基与聚丁二烯主链中双键加成：

$$R^* + \sim\!\!\text{CH}_2\text{CH}=\text{CHCH}_2\!\!\sim \xrightarrow{k_2} \sim\!\!\text{CH}_2\text{CHR}-\text{C}^*\text{HCH}_2\!\!\sim \xrightarrow{\text{CH}_2=\text{CHR}} \sim\!\!\text{CH}_2\text{CHR}-\underset{\underset{\text{CH}_2\text{CHR}(\text{CH}_2\text{CHR})_n\sim}{|}}{\text{CHCH}_2}\!\!\sim$$

（3）初级自由基夺取烯丙基氢而链转移：

$$R^* + \sim\!\!\text{CH}_2\text{CH}=\text{CHCH}_2\!\!\sim \xrightarrow[-RH]{k_3} \sim\!\!{}^*\text{CHCH}=\text{CHCH}_2\!\!\sim \xrightarrow{\text{CH}_2=\text{CHR}} \sim\!\!\underset{\underset{\text{CH}_2\text{CHR}(\text{CH}_2\text{CHR})_n\sim}{|}}{\text{CHCH}}=\text{CHCH}_2\!\!\sim$$

上述三反应速率常数大小依次为 $k_1 > k_2 > k_3$，可见，1,2-结构含量高的聚丁二烯有利于接枝，因此低顺丁二烯橡胶（含 30%～40% 的 1,2-结构）优先选作合成抗冲聚苯乙烯的接枝母体。

用过氧化二苯甲酰作引发剂，可以产生相当量的接枝共聚物；用过氧化二叔丁基时，接枝物很少；用偶氮二异丁腈，就很难形成接枝物；因为叔丁基和异丁腈自由基活性较低，不容易链转移。

思考题【9-11】 比较嫁接和大单体共聚技术合成接枝共聚物的基本原理。

答　嫁接合成接枝共聚物：预先裁制主链和支链，主链中有活性侧基 X，支链有活性端基 Y，两者反应，就可将支链嫁接到主链上。这类接枝可以是链式反应，也可以是缩聚反应。反应式示意如下：

$$\sim\sim\text{AAAAA}\sim\sim + Y\text{—CH}_2\text{CHR—CH}_2\text{CHR}\sim\sim \longrightarrow \sim\sim\text{AAAAA}\sim\sim + XY$$
$$|\qquad\qquad\qquad\qquad\qquad\qquad\qquad\qquad\qquad |$$
$$X\qquad\qquad\qquad\qquad\qquad\qquad\qquad \text{CH}_2\text{CHR—CH}_2\text{CHR}\sim\sim$$

大单体共聚合成接枝共聚物：大单体大多是带有双键端基的低聚物，或看作带有较长侧基的乙烯基单体，与普通乙烯基单体共聚后，大单体的长侧基成为支链，而乙烯基单体就成为主链。反应式如下：

$$\text{CH}_2\text{=CH} + \text{CH}_2\text{=CH} \longrightarrow \sim\sim\text{CH}_2\text{CH—CH}_2\text{CH—CH}_2\text{CH}\sim\sim$$
$$|\qquad\qquad |\qquad\qquad\qquad |\qquad\qquad |\qquad\qquad |$$
$$R\qquad\quad X\qquad\qquad\qquad X\qquad\quad R\qquad\quad X$$

思考题【9-12】　以丁二烯和苯乙烯为原料，比较溶液丁苯橡胶、SBS 弹性体、液体橡胶的合成原理。

答　(1) 溶液丁苯橡胶　采用丁基锂作引发剂，苯乙烯和丁二烯经阴离子聚合而成。

(2) SBS 弹性体　SBS 弹性体中的 S 代表苯乙烯链段，分子量约 1 万～1.5 万；B 代表丁二烯链段，分子量约 5 万～10 万。理论上说，SBS 弹性体可以采用双官能团二步法、偶联法、单官能团引发剂活性聚合三步法来合成。工业上多采用后一种方法。

根据 SBS 三段的结构特征，原设想用双功能引发剂经两步法来合成，例如以萘钠为引发剂，先引发丁二烯成双阴离子 $^-B^-$，并聚合至预定的长度 $^-B_n^-$，然后再加苯乙烯，从双阴离子两端继续聚合而成 $^-S_mB_nS_m^-$，最后终止成 SBS 弹性体。但该法需用极性四氢呋喃作溶剂，定向能力差，很少形成顺式-1,4-结构，玻璃化温度过高，达不到弹性体的要求。

因此，工业上生产 SBS 采用丁基锂/烃类溶剂体系，保证顺式-1,4-结构。一般采用三步法合成，即依次加入苯乙烯、丁二烯、苯乙烯（记作 S→B→S），相继聚合，形成 3 个链段。苯乙烯和丁二烯的加入量按链段长要求预先设计计量。第一段加入的苯乙烯容易被丁基锂引发，并增长成苯乙烯阴离子，苯乙烯阴离子很容易引发丁二烯继续聚合。后形成的丁二烯阴离子的活性虽然略次于苯乙烯，但属于同一级别，仍能引发苯乙烯聚合，保证 SBS 三嵌段共聚物的合成。

(3) 液体橡胶　聚丁二烯液体橡胶是以萘钠/四氢呋喃体系来引发丁二烯聚合，形成双阴离子，聚合结束前，加入环氧乙烷，使两端都成为羟基的聚合物，即遥爪聚合物。该聚合物分子量不高，呈液态，故称为液体橡胶。加工时，加入扩链剂（或偶联剂），提高分子量。

$$2\text{CH}_2\text{=CH—CH=CH}_2 \xrightarrow{+\text{Na}}_{+\text{萘}} 2[\cdot\text{CH}_2\text{—CH=CH—CH}_2\text{—Na}^+] \xrightarrow{\text{偶合}}$$

$$^+\text{Na—CH}_2\text{—CH=CH—CH}_2\text{CH}_2\text{—CH=CH—CH}_2\text{—Na}^+ \xrightarrow[+n\text{Bu}]{} \xrightarrow{+\text{H}_2\text{C—CH}_2} \xrightarrow{+\text{CH}_3\text{OH}}$$

$$\text{HO(CH}_2)_2 \text{—}[\text{CH}_2\text{CH=CHCH}_2]_{n+1}\text{—(CH}_2)_2\text{OH}$$

思考题【9-13】　下列聚合物选用哪一类反应进行交联？

① 天然橡胶；② 聚甲基硅氧烷；③ 聚乙烯涂层；④ 乙丙二元胶和三元胶。

答 ①天然橡胶用硫和有机硫化合物交联；②聚甲基硅氧烷用过氧化物交联；③聚乙烯涂层用过氧化物作交联剂或辐射交联；④乙丙二元胶的分子主链上无双键，用过氧化物交联；乙丙三元胶的分子主链上有双键，则用硫或有机硫来交联，但比天然橡胶交联速度慢。

思考题【9-14】 如何提高橡胶的硫化效率，缩短硫化时间和减少硫化剂用量？

答 单质硫的硫化速度慢，需要几小时。硫的利用率低（40%～50%），原因有：①硫交联过长（40～100 个硫原子）；②形成相邻双交联，却只起着单交联的作用；③成硫环结构等。为了提高硫化速度和硫的利用效率，工业上硫化常加有机硫化合物（如四甲基秋兰姆二硫化合物）作促进剂，再添加氧化锌和硬脂酸作活化剂，提高硫化速度，硫化时间可缩短到几分钟，而且大多数交联较短，只有 1～2 硫原子，甚少相邻双交联和硫环，从而提高了硫的利用率。

思考题【9-15】 研究热降解有哪些方法？简述其要点。

答 主要有 3 种仪器可用来研究热降解性能。

（1）**热重分析法** 将一定量的聚合物放置在热天平中，从室温开始，以一定的速度升温，记录失重随温度的变化，绘制热失重-温度曲线。根据失重曲线的特征，分析聚合物热稳定性或热分解的情况。

（2）**恒温加热法** 将试样在真空下恒温加热 40～50min（或 30min），用质量减少一半的温度 T_h（半衰期温度）来评价热稳定性。一般 T_h 越高，则热稳定性越好。

（3）**差热分析法** 在升温过程中测量物质发生物理变化或化学变化时的热效应 ΔH，用来研究玻璃化转变、结晶化、溶解、氧化、热分解等。

思考题【9-16】 哪些基团是热降解、氧化降解、光（氧化）降解的薄弱环节？

答 热降解：PVC 分解过程中产生的烯丙基氯等。

氧化降解：碳-碳双键、羟基、烯丙基和叔碳上的 C—H 键。

光（氧化）降解：醛、酮等羰基以及双键、烯丙基、叔氢。

思考题【9-17】 热降解有几种类型？简述聚甲基丙烯酸甲酯、聚苯乙烯、聚乙烯、聚氯乙烯热降解的机理特征。

答 热降解基本上可以分成解聚、无规断链和基团脱除三类。

解聚：聚合物在降解反应中完全转化为单体的过程，相当于聚合物的逆反应。凡主链碳-碳键断裂后生成的自由基能被取代基所稳定，并且碳原子上无活泼氢的聚合物，一般都能按解聚机理进行热降解。如 PMMA、聚异丁烯、PTFE。利用解聚原理，可以加热这些聚合物来回收单体。

无规断链：聚合物受热时，主链发生随机断裂，相对分子质量迅速下降，产生各种低分子产物，几乎不生成单体。凡主链碳-碳键断裂后生成的自由基不稳定，且 α-碳原子上具有活泼氢原子的聚合物易发生这种无规断链反应。聚乙烯热解时发生无规降解，主要产物为不同聚合度的低分子产物。聚丙烯、聚环氧乙烷热解也属于这一类。

聚苯乙烯受热降解是解聚和断链的混合型，在 350℃ 热解，产生 40% 单体，725℃ 高温裂解，产生 85% 苯乙烯单体。

基团脱除反应：一些大分子受热会发生基团消去反应，有些还可能成环。聚氯乙烯受热时脱除氯化氢，在大分子链中形成双键，导致变色，强度降低。其他如 PFC、PVAc、

PAN 也将脱除基团。

思考题【9-18】 抗氧化剂有几种类型？它们的抗氧化机理有何不同？

答 抗氧化剂有主抗氧剂、辅助抗氧剂、金属钝化剂三类，前两类为自由基捕捉剂。

（1）主抗氧剂 实质上是链终止剂或自由基捕捉剂，通过链转移反应，及时消灭已经产生的初始自由基，而其本身则转变成不活泼的自由基 A·，终止连锁反应。

$$ROO· + AH \longrightarrow ROOH + A·$$

典型的抗氧剂一般是带有体积较大供电基团的"阻位"型酚类和芳胺。酚类抗氧剂多数是 2,4,6-三烷基苯酚类。

2,6-二叔丁基-4-甲基苯酚(264)   苯基-β-萘胺

（2）副抗氧剂 实质上是过氧化物分解剂，主要是有机还原剂，如硫醇 RSH、有机硫化物 R_2S、三级膦 R_3P、三级胺 R_3N 等，用来及时破坏尚未分解的过氧化物。

（3）金属钝化剂——助抗氧剂 金属钝化剂的作用是与铁、钴、铜、锰、钛等过渡金属络合或螯合，减弱对氢过氧化物的诱导分解。钝化剂通常是酰肼类、肟类、醛胺缩合物等，与酚类、胺类抗氧剂合用非常有效。例如水杨醛肟与铜螯合。

上述三类抗氧剂往往复合使用，复合方案将随待稳定的聚合物而定。

思考题【9-19】 紫外光屏蔽剂、紫外光吸收剂、紫外光淬灭剂对光稳定的作用机理有何不同？

答 光稳定剂有下列三类。

（1）光屏蔽剂 能反射紫外光，防止透入聚合物内部而遭受破坏的助剂，如炭黑、二氧化钛、活性氧化锌、多种颜料等。

（2）紫外光吸收剂 能吸收 290～400nm 的紫外光，从基态转变成激发态，然后本身能量转移，放出强度较弱的荧光、磷光，或转变成热，或将能量转送到其他同种分子而自身回复到基态。目前使用的紫外光吸收剂有邻羟基二苯甲酮、水杨酸酯类、邻羟基苯并三唑三类。

（3）紫外光淬灭剂 作用机理是：处于基态的高分子 A 经紫外光照射，转变成激发态 A^*。淬灭剂 D 接受了 A^* 中的能量，转变成激发态 D^*，却使 A^* 失活而回到稳定的基态 A。激发态 D^* 以光或热的形式释放出能量，恢复成原来的基态 D。淬灭剂属于异分子之间的能量转移。目前用得最广泛的淬灭剂是二价镍的有机螯合物或络合物。

淬灭剂往往与紫外光吸收剂混合使用，提高光稳定效果。

思考题【9-20】 比较聚乙烯、聚丙烯、聚氯乙烯、聚氨酯装饰材料的耐燃性和着火危害性。评价耐热性的指标是什么？

答 评价材料耐燃性的指标是（最低）氧指数。所谓氧指数，是指材料在氧氮混合气流中能够继续保持燃烧的最低含氧量，以体积百分数表示。氧指数越高，表明材料越难燃烧，借此可以评价聚合物燃烧的难易程度和阻燃剂的效率。氧指数大于 22.5%（或0.225），为难燃；大于 27%，则自熄。对人体危害性来说，尚需考虑有毒气体的产生和

聚合物熔体的灼伤。

聚乙烯、聚丙烯氧指数仅 17.4%，易燃烧，不生烟，但熔融淌滴类似石蜡，有灼伤危险。聚苯乙烯氧指数与之相近（18.2%），也易燃烧，但产生浓重黑烟，窒息。聚氯乙烯的氧指数为 $45\%\sim49\%$，难燃，自熄，但释放出窒息有毒的氯化氢气体；聚氨酯装饰材料燃烧后，释放出氰化氢剧毒气体，是致命危害的关键。

9.4　提要

（1）聚合物的化学反应　可按聚合度的变化，粗分成三类：聚合度不变或变化较小的相似转变，如基团的加成、取代、消去、环化等；聚合度变大，如接枝、嵌段、扩链、交联等；聚合度变小，如解聚、无规断链等降解。聚合物的老化往往兼有降解和交联。

（2）聚合物化学反应的特征　与低分子反应有所不同。在物理因素上，受聚集态和溶解性能的影响；在化学因素上，则有概率效应和邻近基团效应。

（3）纤维素化学改性　纤维素结晶度高，反应之前，须经碱、硫酸或铜氨液溶胀。然后与适当药剂反应，制备再生纤维素、酯类、醚类的衍生物。

（4）接枝共聚　有长出支链、嫁接支链、大单体共聚等多种方法，涉及自由基聚合、阴离子聚合、缩聚等反应。

（5）嵌段共聚　活性阴离子聚合是主要方法，如 SBS 的制备，也会涉及自由基聚合和缩聚。

（6）扩链　利用预聚物的端基反应，可以进行扩链，使聚合度增加；可能涉及自由基聚合、阴离子聚合和缩聚。

（7）交联　二烯烃橡胶的硫化是典型的交联反应，硫化技术、硫化机理和硫化剂都比较成熟。饱和聚烯烃用过氧化物或辐射交联。多官能团单体的缩聚将引起交联，辐射将引起交联或降解，随单体种类而异。

（8）功能高分子　涉及范围很广，是近期重要的研究领域。其中反应功能高分子包括高分子试剂、高分子催化剂、固定化酶，其核心思想是将反应或催化基团化学结合、络合、吸附、分散或包埋在聚合物载体上。

（9）离子交换树脂　多以交联聚苯乙烯为母体，接上离子交换基团而成，其中 SO_3H 是强酸交换基团，NR_3 是强碱基团。离子交换树脂还可以用作高分子催化剂。

（10）降解和老化的因素　物理因素有热、光、辐射、力等，化学因素有氧、酸、碱、盐、水、微生物等。

（11）热降解　研究方法主要有热失重、半衰期温度、差热分析三种方法。降解有解聚、无规断链、基团脱除三种类型。双键、烯丙基氢、叔氢、氯原子等是热降解的弱键。聚合物受热时，1,1-双取代乙烯基聚合物，如甲基丙烯酸甲酯倾向于解聚，聚乙烯倾向于无规断链，苯乙烯兼有解聚和无规断链，聚氯乙烯主要是脱氯化氢。

（12）氧化降解和抗氧剂　双键、烯丙基氢、叔氢是氧化降解的弱键，易氧化成过氢化物或过氧化物，构成自由基连锁氧化降解过程。抗氧剂多以位阻酚类和胺类链终止剂作主抗氧剂，用来消灭自由基；有机硫还原剂作副抗氧剂，用来分解过氧化物；过渡金属钝化剂减弱催化作用。一般情况下，往往三种抗氧剂复合使用。

（13）光降解和光氧化降解　醛酮等羰基、双键、烯丙基、叔氢是易光降解的基团。聚丙烯、天然橡胶易光（氧）降解。光屏蔽剂（如炭黑、二氧化钛）、紫外光吸收剂（如邻羟基二苯甲酮）、淬灭剂（如二价镍的螯合剂）是三种性能不同的光稳定剂，往往复合使用。

（14）燃烧性能和机理　有机聚合物是可燃物，多数是分解型气相燃烧。可燃性可用氧指数来表示。氧指数大于 22.5% 为难燃，大于 27% 则自熄。燃烧时还要注意熔融淌滴以及黑烟、有毒气体的危害性。

9

10 考研全真试题

○○ ——— ○○ ○ ○○ ———————○ ○ ○○○ ○

全真试题一

一、名词解释

1. 稳态假设 2. 聚合上限温度 3. 平均官能度 4. 配位聚合 5. 接枝

二、选择题

1. 在自由基聚合反应中，乙烯基单体活性的大小顺序是_____。

    A. 苯乙烯＞丙烯酸＞氯乙烯   B. 氯乙烯＞苯乙烯＞丙乙烯

    C. 丙乙烯＞苯乙烯＞氯乙烯   D. 氯乙烯＞丙乙烯＞苯乙烯

2. 开环聚合反应中，四元环烃，七元环烃，八元环烃的开环能力大小的顺序是_____。

    A. 四元环烃，七元环烃，八元环烃   B. 七元环烃，四元环烃，八元环烃

    C. 八元环烃，四元环烃，七元环烃   D. 四元环烃，八元环烃，七元环烃

3. 在自由基聚合中，竞聚率为_____时，可以得到交替共聚物。

    A. $r_1 = r_2 = 1$ B. $r_1 = r_2 = 0$

    C. $r_1 > 1$，$r_2 > 1$ D. $r_1 < 1$，$r_2 < 1$

4. 在线型缩聚反应中，延长聚合时间主要是提高_____和_____。

    A. 转化率   B. 官能度

    C. 反应程度   D. 交联度   E. 分子量

5. 高聚物受热分解时，发生侧链环化的聚合物是_____。

    A. 聚乙烯   B. 聚氯乙烯

    C. 聚丙烯腈   D. 聚甲基丙烯酸甲酯

6. 用钠-萘（$NaPh^+Na^-$）引发剂合成了甲基丙烯酸甲酯（M）和苯乙烯（S）的嵌段共聚物，得到的嵌段共聚物的顺序结构是_____。

    A. Na^{+-} MMMMM…MMMMMSSSSS…SSSSSMMMMM…MMMMM$^-$ Na^+

    B. Na^{+-} SSSSS…SSSSSMMMMM…MMMMMSSSS…SSSSS$^-$ Na^+

    C. $NaPh^-$ MMMMM…MMMMMSSSSS…SSSSS$^-$ Na^+

    D. $NaPh^-$ SSSSS…SSSSSMMMMM…MMMMM$^-$ Na^+

7. 丙烯酸乙酯的聚合速度比醋酸乙烯的聚合速度慢很多，在相同条件下得到的聚丙

烯酸乙酯的分子量比聚醋酸乙烯的分子量_____。

    A. 几乎相等　　　　　　　　B. 大　　　　　　　　C. 小

三、写出下列反应的化学反应式

1. 以乙烯为原料制备聚丙烯酸甲酯

2. 以环氧乙烷为原料制备聚丙烯腈

四、填空

1. 阳离子聚合机理的特点可以总结为_____，_____，_____，_____。

2. 乳液聚合是单体由_____分散成_____进行聚合，乳液聚合最简单的配方是由_____，____，_____，_____四组分组成。

3. 苯酚-甲醛以____为催化剂，酚-醛摩尔比为_____进行聚合时，得到甲阶酚醛树脂，以_____为催化剂，酚-醛摩尔比为_____进行聚合时，得到热塑性酚醛树脂。

五、回答下列问题

1. 简述离子共聚合的影响因素。

2. 简述功能高分子的制备方法。

六、计算

已知丁二烯的 e 值为 -1.05，Q 值为 2.39，苯乙烯的 e 值为 -0.80，Q 值为 1.00，试求它们共聚时的竞聚率 r_1，r_2。

全真试题二

一、名词解释

1. $Q\text{-}e$ 方程　2. 本体聚合　3. 均缩聚和混缩聚　4. 全同指数　5. 凝胶点　6. 接枝共聚物

二、选择填空

1. 三大合成材料是指_____，_____，_____。

2. 非晶高聚物随温度的变化而出现的三种力学状态分别为_____，_____，_____。

3. 逐步聚合方法通常有_____，_____，_____。

4. 影响聚合物反应活性的化学因数主要有_____效应和_____效应。

5. CA 是一著名的化学文摘的简称，其全称（中文）是_____。

6. 写出两位获得过诺贝尔化学奖的高分子科学家：_____，_____。

三、问答题

1. 下列烯类单体适于何种机理聚合（自由基聚合、阳离子聚合、阴离子聚合）？简述原因。

  （1）$CH_2\!=\!CHCl$　　　　　　　　（2）$CH_2\!=\!CHC_6H_5$

  （3）$CH_2\!=\!C（CH_3）_2$　　　　　　（4）$CH_2\!=\!CCNCOOR$

2. 在自由基聚合和离子聚合反应过程中，能否出现自动加速效应？为什么？

3. 简述逐步聚合的主要特点。

四、计算题

1. 两单体的竞聚率 $r_1=2.0$，$r_2=0.5$，$f_1^0=0.5$，转化率为 $C=50\%$，试求共聚物的平均组成。

2. 苯乙烯 $[M_1]$ 与丁二烯 $[M_2]$ 在 5℃下进行自由基共聚时，其 $r_1=0.64$，$r_2=1.38$，已知苯乙烯和丁二烯的均聚增长速率常数分别为 $49L \cdot mol^{-1} \cdot s^{-1}$ 和 $25.1L \cdot mol^{-1} \cdot s^{-1}$。试求：

（1）计算共聚时的速率常数；

（2）比较两种单体和两种链自由基的反应活性的大小；

（3）要制备组成均一的共聚物需要采取什么措施？

3. 以过氧化叔丁基作引发剂，60℃时苯乙烯在苯中进行溶液聚合，苯乙烯浓度为 $1.0 \ mol \cdot L^{-1}$，过氧化物浓度 $0.01 \ mol \cdot L^{-1}$，初期引发速率和聚合速率分别为 $4.0 \times 10^{-11} mol \cdot L^{-1} \cdot s^{-1}$ 和 $1.5 \times 10^{-7} mol \cdot L^{-1} \cdot s^{-1}$。苯乙烯-苯为理想体系，计算 fk_d、初期聚合度、初期动力学链长，求由过氧化物分解所产生的自由基平均要转移几次，分子量分布宽度如何？（计算时采用下列数据：$C_M=8.0 \times 10^{-5}$，$C_I=3.2 \times 10^{-4}$，$C_S=2.3 \times 10^{-6}$，60℃下苯乙烯密度 $0.887g \cdot mL^{-1}$，苯的密度 $0.839g \cdot mL^{-1}$。）

4. 据报道，一定浓度的氨基庚酸在间甲酚溶液中缩聚生成聚酰胺的反应为二级反应，其反应速率常数如下：

$T/℃$	150	187
$K/kg \cdot mol^{-1} \cdot min^{-1}$	1×10^{-2}	2.74×10^{-2}

（1）写出单体缩聚成分子量为 12718 的聚酰胺的化学平衡方程式；

（2）计算该反应的活化能；

（3）欲得到数均分子量为 $4.24 \times 10^3 g \cdot mol^{-1}$ 的聚酰胺，其反应程度需多大？欲得到重均分子量为 $2.22 \times 10^4 g \cdot mol^{-1}$ 的聚酰胺，反应程度又需多大？

全真试题三

一、填空

1. 熔点 T_m 是 _____ 聚合物的热转变温度，而玻璃化温度 T_g 则主要是 _____ 聚合物的热转变温度。

2. 光引发聚合有 _____，_____ 两种。

3. 工业上常用到一些简化名称或俗称，指出它们的化学名称：聚苯 _____，电玉 _____，电木 _____。

4. 聚合度变大的化学转变有 _____，_____，_____ 等。

5. 研究热降解的方法有 _____，_____，_____。

6. 化学功能高分子的种类有高分子试剂、高分子催化剂、_____、_____、_____ 等。

7. 在离子聚合反应过程中，活性中心离子和反离子之间的结合形式有：共价键、

_____、_____、_____。

8. 影响开环聚合难易程度的因素有_____，_____，_____
_____。

9. 根据主链结构可将聚合物分成_____，_____，_____
_____三类。

10. 我国习惯以"纶"作为合成纤维商品后缀字，指出下列合成纤维的化学名称：涤
纶_____，腈纶_____，丙纶_____。

11. 常用测定连锁聚合动力学的研究方法有直接法_____，间接法_____。

12. 线形非晶态高聚物的力学三态_____，_____，_____。室温下，塑料处
于_____态。_____温度是它的使用____限。室温下橡胶处于_____
态，_____温度是其使用上限，_____温度为其使用下限。

13. 自由基聚合速率方程推导时用的三个假设_____，_____，_____
_____。

二、名词解释

1. 树脂　2. 热塑性　3. 动力学链长　4. 反应程度　5. 甲阶酚醛树脂　6. 环氧值　7. 聚
合物的相似转变　8. 立构规整度　9. 配位聚合　10. 混缩聚

三、醋酸乙烯在 60℃ 下进行本体聚合，已知链增长速率常数 $K_p = 3700$，链终止常数
$K_t = 7.4 \times 10^7$，$C_M = 1.91 \times 10^{-4}$ 单体的浓度 [M] $= 10.86 \mathrm{mol \cdot L^{-1}}$。AIBN 的浓度
[I] $= 0.206 \times 10^{-3}$ 引发效率 $f = 0.75$，引发剂分解速率常数 $K_d = 1.16 \times 10^{-5}$，设引发
速率与单体浓度无关，并双基偶合终止占 90%。试求此聚合反应产物——聚醋酸乙烯的
动力学链长和数均聚合度 X_a。

四、选用适当的单体和引发剂及有关试剂，合成下列三种遥爪聚合物并简要说明如何
控制其分子量。

$$X-(CH-CH_2 \sim\sim\sim CH_2-CH)-X$$

X — COOH
X — CH$_2$ — CH$_2$OH
X — CH$_2$CH$_2$SH

五、试述聚酰胺尼龙-66 的生产过程中如何保证原料的等物质的量比，如何控制其分
子量。

六、已知丙烯腈 [M$_1$] 与偏二氯乙烯 [M$_2$] 进行共聚。$r_1 = 0.91$，$r_2 = 0.37$，请作
$F_1 \sim f_1$ 共聚的组成图，采用何种投料比，才能获得组成较均匀的共聚物。

七、何谓 Ziegler-Natt 引发剂？试采用双金属机理说明高定向指数的聚丙烯是如何进
行微观控制的？

八、设计一简单试验或说明能测出阴离子聚合的表观反应速率常数 K_p 及离子对的反
应速率常数 $K_{(\pm)}$。

全真试题四

一、简答题：

1. 指出下列科学家对高分子科学发展的最主要贡献：

（1）Staudinger　　（2）Carothers　　（3）Flory　　（4）Ziegler 和 Natta

（5）Heeger，MacDimird 和 Shirakawa

2. 在自由基聚合过程中，链转移反应主要有哪几种方式？链转移对聚合度有什么影响？

3. 什么是临界束胶浓度？在临界束胶浓度处，溶液的若干物理性能都发生突变，试给出三种发生突变的物理性能。

4. 什么是功能高分子？各举例说明功能高分子有哪两种主要制备方法。试给出三种化学功能高分子。

5. 什么是配位聚合？与其他聚合途径相比，配位聚合在结构上最突出的优势是什么？近年来，配位聚合的 Ziegler-Natta 引发体系研究取得重大进展，请问这是什么引发体系？

6. 什么是单位的竞聚率？若分别以 r_1，r_2 代表单体 M_1 和 M_2 的竞聚率，则当 $r_1 = r_2 = 0$ 和 $r_1 > 1$，$r_2 > 1$ 时，各得到何种类型的共聚物？

7. 对于多官能团缩合聚合反应，什么是凝胶现象？什么是凝胶现象？什么是凝胶点？

8. 阴离子聚合引发体系主要有哪两类？活性阴离子聚合具有哪些典型特征？

二、仔细阅读以下描述，回答问题。

1. 为了研究一种新型丙烯酸酯单体的自由基聚合微观动力学，研究者用 BPO 和 AIBN 两种不同引发剂进行了系列溶液聚合实验，发现用聚合反应速率 R_p 的对数（$\ln R_p$）与引发剂浓度 [I] 的对数（$\ln$ [I]）之间存在良好的线性关系，且斜率为 1/2；在确定引发剂种类和浓度、在一定范围内改变单体浓度而其他反应条件不变的情况下，$\ln R_p$ 与单体浓度 [M] 的对数 $\ln$ [M] 之间也存在线性关系，且直线斜率为 1。根据这两个实验结果，判断该新型丙烯酸酯单体的自由基聚合在微观动力学上是否符合自由基等活性理论、分子量很大和稳态三个基本设定，并写出判断依据（不要求详细推导过程）。

2. 当不改变其他聚合条件，采用较高的单体浓度时，反应体系很快呈糖浆状，进而形成果冻状混合物。请问这是什么现象？此时，链段重排受阻，活性末端基运动被限制，双基终止困难，你认为自由基聚合微观动力学理论还成立吗？

3. 当活性链被包埋或隔离、难以双基终止时，聚合速率因终止速率降低而提高。在自由基聚合所实施的四种主要方法中，哪一种方法成功应用了这个原理？与其他三种方法相比，这种方法在聚合速率和分子量控制上有什么特点？

4. 自由基反应的聚合速率可以用通式 $R_p = K$ [I]^n [M]^m 表示，其中 R_p、K、[I]、[M] 分别代表反应速率、综合常数、引发剂浓度和单体浓度，n、m 分别为反应级数。假设一个自由基聚合反应的条件满足自由基等活性理论、分子量很大和稳定三个基本假定，那么，当形成单体自由基的速率等于引发剂的分解速率，链终止全部以偶合终止或歧化终止方式发生，则 n 和 m 取何值？

三、阅读以下叙述，依据短文内容回答问题

甲基丙烯酸甲酯-苯乙烯（简称 MS 共聚物）是制备透明高抗冲塑料 MBS 的原料之一，MS 共聚物的折射率可以通过调节甲基丙烯酸甲酯-苯乙烯的组成而改变，因此化学组成的均一性是重要的指标。实验室合成化学组成均一的 MS 的过程如下：在装有搅拌器、温度计、回流冷凝器和氮气导管的 500mL 四颈瓶中，加入 150mL 蒸馏水、100mL 浆状碳酸镁，开动搅拌使磷酸钙分散均匀，并快速加热至 95℃，0.5h 后，在氮气保护下冷却系统到 70℃。一次性向反应瓶内加入用氮气除氧后的单体混合液（28g 基丙烯酸甲酯，33g 苯乙烯和 0.6g 过氧化苯甲酰）。通入氮气，开动搅拌，控制转速在 1000～1200r·min^{-1}，烧瓶内温度保持在 70～75℃。1h 后，取少量烧瓶内的液体滴入盛有清水的烧杯，若有白色沉淀生成，则可以将反应体系缓慢升温至 95，继续反应 3h，使珠状产物进一步硬化。结束后，将反应混合物上层清液倒出，加入适量稀硫酸，使 pH 值达到 1～1.5，待大量气体冒出，静止 30min，倾去酸液。用大量蒸馏水洗涤珠状产物至中性。过滤，干燥，称重，计算产率。

1. 本实验采用的是自由基聚合的四大聚合方法中的哪一种？

2. 碳酸镁的作用是什么？

3. 为什么要控制搅拌器的速率（如在 1000～1200r·min^{-1}）？

4. 为什么不在 95℃反应，而是降低到 70～75℃反应？

5. 通 N_2 的作用是 什么？

6. 为什么选择 28g 甲基丙烯酸甲酯、33g 的苯乙烯的投料比（已知竞聚率 r_{MMA}＝0.46，r_{st}＝0.52）？

全真试题五

一、图解题

1. 已知甲基丙烯酸甲酯和丙烯酸甲酯的竞聚率分别为 r_1＝1.91 和 r_2＝0.5，此时，$r_1 r_2$＜1，是典型的非理想共聚。请用图定性描述甲基丙烯酸甲酯和丙烯酸的共聚曲线。

2. 用平面锯齿图表示全同（又称等规）聚丙烯（it-PP）和间同（又称间规）聚丙烯（st-PP）的立构图像。

3. 请给出未除尽聚合杂质的情况下，苯乙烯自由基聚合过程中单体转化率与聚合反应时间的关系曲线，在图中定性标明四个基本阶段。

4. 请用示意图比较自由基聚合、阴离子活性聚合，缩合聚合三种聚合反应的分子量与转化率（％）的关系。

5. 若分别以 ● 和 ○ 表示两种结构单元，请给出下列聚合物的结构示意图：

（1）嵌段共聚物；（2）交替共聚物；（3）梳状共聚物；（4）星形共聚物。

6. 画出减压蒸馏去除苯乙烯单体中阻聚剂的实验装置示意图（只画玻璃仪器）。

二、根据下列要求写出聚合单体或者聚合物结构简式

1. 芳香型聚酰亚胺是一类具有高模量、高韧性、低热膨胀系数的高性能聚合物，通常用缩合聚合路线制备，其所依赖的基本化学反应如图 1 所示。请据此写出图 1 中四甲酸酐 1 和 2 分别与二胺 3 进行缩聚得到的聚合物的结构简式。

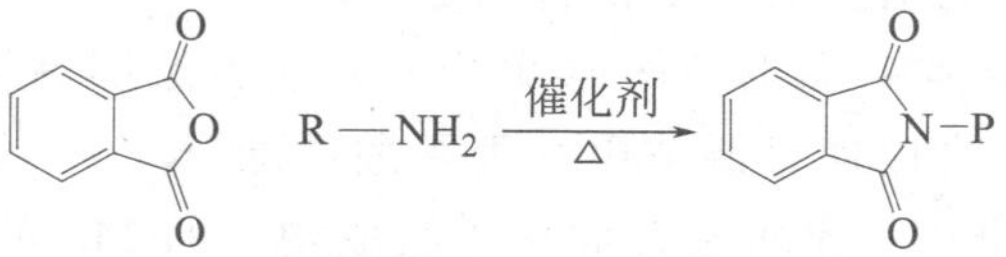

2. 图 2 所示的偶合反应目前成为合成聚芴、聚噻吩等共轭聚合物的最常用路线，试根据图 2 给出的聚合物 4 和 5 的重复结构单元写出可能的聚合单体。

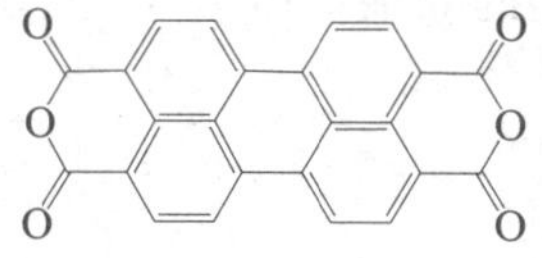

图 1 伯胺与酸酐生成酰亚胺的反应以及聚合单体的化学结构式

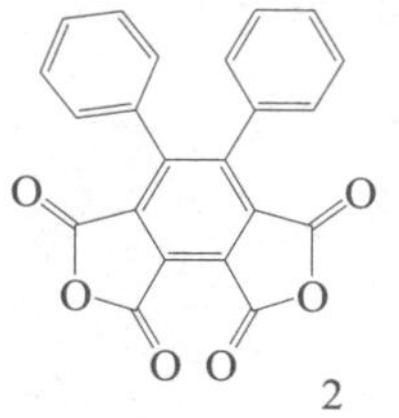

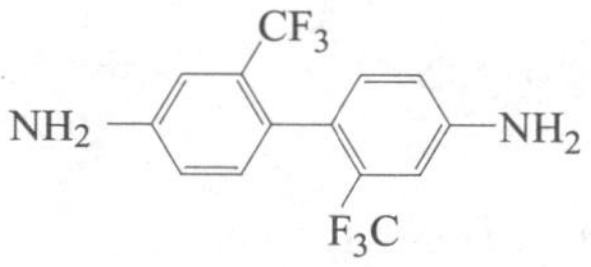

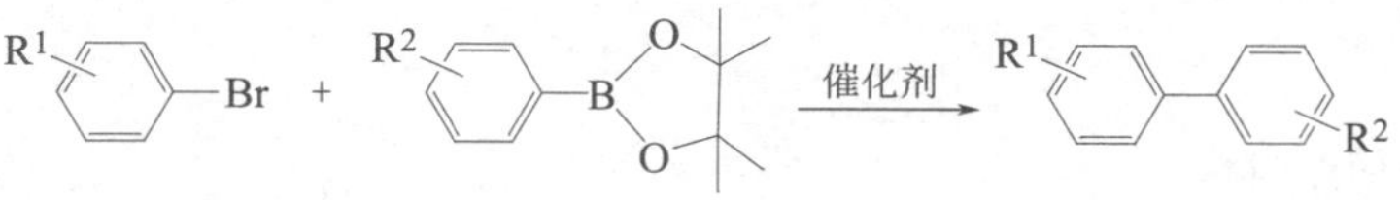

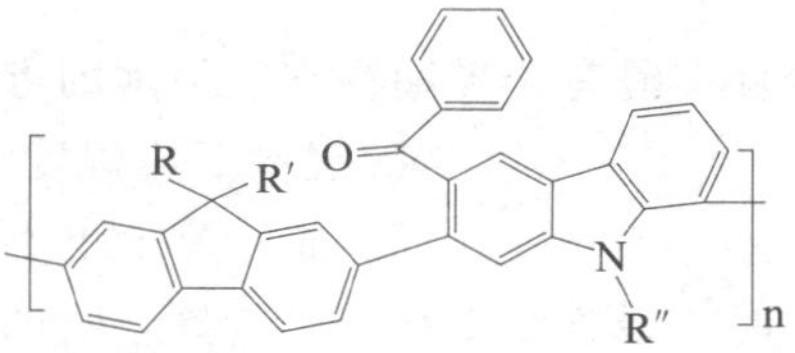

图 2 Suzuki 偶合反应示例以及两种聚合物的结构式

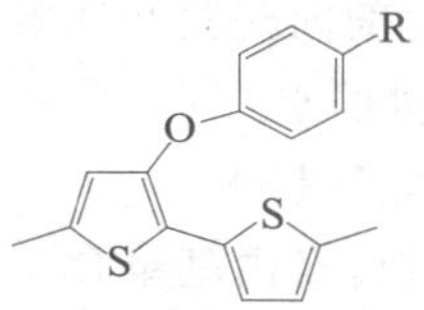

3．写出下列常用高分子的聚合单体。

（1）涤纶 （2）乙丙橡胶 （3）尼龙-66 （4）ABS 树脂 （5）PVC

4．请根据以下描述写出得到的共聚物的结构简式。首先将苯乙烯（St）在干燥的四氢呋喃中以仲丁基锂为引发剂在−78℃进行聚合；然后加入 3 倍于仲丁基锂的 1,1-二苯基乙烯（DPE）和氯化锂（LiCl 的作用是改善共聚物嵌入多分散性）。DPE 与聚苯乙烯阴离子反应，使之转变成具有较大空间位阻的 PS-DPE 阴离子。接着加入甲基丙烯酸三甲基硅氧乙酯（HEMA-TMS），在 PS-DPE 阴离子的存在下引发 HEMA-TMS 聚合。最后，加水终止反应得到嵌段共聚物。

全真试题六

一、名词解释

1. 玻璃化转变温度 　2. 理想共聚和恒比共聚 　3. 定向聚合

4. 自动加速效应 　5. 降解与解聚

二、选择题（单选）

1. 要消除负离子聚合中的正丁基锂缔合现象，应该（ 　 ）。

　A. 提高反应温度 　　　　　　　　　B. 降低反应温度

　C. 剧烈搅拌 　　　　　　　　　　　D. 加入冠醚等化合物

2. 进行自由基反应时，不易发生交联作用的双烯单体是（   ）。

A. $H_2C=CH-$⟨苯环⟩$-CH=CH_2$

B. $H_2C=CH \cdot \overset{\displaystyle O}{\overset{\|}{C}}-NH \cdot CH_2 \cdot CH_2 \cdot NH \cdot \overset{\displaystyle O}{\overset{\|}{C}}-CH=CH_2$

C. $(CH_2=CH-CH_2)_2^{+}N^{+}$

D. ⟨苯环⟩$\overset{\displaystyle O}{\overset{\|}{C}}-O-CH=CH_2$ / $\overset{\displaystyle }{\underset{\displaystyle O}{\overset{\|}{C}}}-O-CH=CH_2$

3. 既能进行正离子聚合又能进行负离子聚合的反应的单体是（   ）。

A. $\underset{\displaystyle O}{CH_2-CH-CH_3}$ B. ⟨环状结构⟩

C. $O\diagup\!\!\diagdown\overset{CH_2 \cdot Cl}{\underset{CH_2 \cdot Cl}{}}$ D. ⟨环状结构⟩

4. 用强碱引发剂内酰胺开环聚合反应时有诱导期存在，消除的方法是（   ）。

A. 加入适量的水   B. 提高反应温度

C. 增加引发剂用量   D. 加入 N-己内酰胺

5. 下列单体进行自由基聚合反应时，最难获得高分子量聚合物的单体是（   ）。

A. $CF_2=CF_2$ B. $\overset{\displaystyle CH_2=CH}{⟨咔唑环结构⟩}$

C. ⟨茚环结构⟩   D. $H_2C=CH \cdot O-\overset{\displaystyle O}{\overset{\|}{C}}-CH_3$

6. 丙烯醛经聚合反应后聚合物中含有两种结构单元 $-CH_2 \cdot \underset{CHO}{\overset{\displaystyle}{CH}}-$ $-\underset{CH=CH_2}{\overset{\displaystyle}{CH}} \cdot O-$，此反应是（   ）。

A. 自由基聚合   B. 离子型聚合

C. 氢转移聚合   D. 异构化聚合

7. 苯乙烯加醋酸乙烯酯不能很好共聚合是由于（   ）。

A. Q 值相差太大   B. Q 值相差太小

C. e 值相差太大   D. Q、e 值很接近

8. 丁苯橡胶的工业合成是采用（   ）。

A. 溶液聚合   B. 悬浮聚合   C. 乳液聚合   D. 本体聚合

9. 用 BF_3-H_2O 引发四氢呋喃开环聚合，要提高反应速率，又不降低聚合度的最好方法是（   ）。

A. 提高反应温度   B. 增加反应剂用量

C. 提高搅拌速度   D. 加入少量环氧氯丙烷

10. 在自由聚合反应中，最难生成共聚物的单体对是（　　）。

　　A. 氯乙烯-丁二烯　　　　　　　　B. 氯乙烯-醋酸乙烯酯

　　C. 苯乙烯-异戊二烯　　　　　　　D. 马来酸酐-醋酸乙烯酯

11. 下列聚合物中，最易热降解生成单体的是（　　）。

　　A. 聚丙烯酸甲酯　　　　　　　　B. 聚四氯（氟）乙烯

　　C. 聚乙烯　　　　　　　　　　　D. 聚苯乙烯

12. 当逐步聚合反应 100% 完成时，聚合度与当量系数的关系是（　　）。

　　A. $X_a = (1+r)/(1-r)$　　　　　　　B. $X_a = (1-r)/(1+r)$

　　C. $X_a = (1+r)/(r-1)$　　　　　　　D. $X_a = r/(1-r)$

三、由适当单体合成下列聚合物，并注明聚合反应类型及条件

1. $* \ce{-[O-CH2\cdot CH2\cdot CH2\cdot CH2]_n-} *$

2. $* \ce{-[HN-\overset{O}{\overset{\|}{C}}-CH2\cdot CH2]_n-} *$

3. $* \ce{-[CH2-CH2]_n-} *$

四、计算题

1. 将 0.5000g 不饱和聚酯树脂与过量乙酸酐反应，然后用 $0.0102 mol\cdot L^{-1}$ KOH 滴定，需 8.17mL 达到终点，试求该聚合物的数均分子量。

2. 计算苯乙烯乳液聚合速率和聚合度。

反应条件：$60℃$，$k_p = 175 L\cdot mol^{-1}\cdot s^{-1}$，$[M] = 5.0 mol\cdot L^{-1}$，$N = 3.2\times10^{14}$ 个·mL^{-1}，$r_1 = 1.1\times10^{12}$ 个·mL^{-1}（假定 $n=0.5$）

3. 以四氢呋喃为溶剂，在 $1.0\times10^{-3} mol\cdot L^{-1}$ 的萘钠引发下，$2.0 mol\cdot L^{-1}$ 的苯乙烯聚合会达到多大分子量？若反应在 $25℃$ 下进行，k_p 为 $80 L\cdot mol^{-1}\cdot s^{-1}$，问达到 90% 转化率需多长时间？

4. 已知一缩聚反应体系为：

单体	官能度	分子数（mol）
$\ce{H2N-[CH2]_n-NH2}$		1
$\ce{HO-\overset{O}{}>[CH2]_n<\overset{O}{OH}}$		0.99
$\ce{H3C-[CH2]_n-\overset{O}{OH}}$		0.01

试采用平均功能度（Ⅰ）和过量分数（g）两种方法求在 $P=0.99$ 时的数均分子量。

五、试讨论影响缩聚反应方向（环化还是线形缩聚）的主要因素。

全真试题七

一、选择题

1. 当下列体系进行共聚反应时，聚合速率几乎为零的体系是（　　）。

  A. 95％醋酸乙烯酯＋5％苯乙烯

  B. 95％苯乙烯＋5％醋酸乙烯酯

  C. 95％醋酸乙烯酯＋5％氯乙烯

2. 下列单体在相同条件下进行本体聚合，出现自动加速现象时，转化率最高的单体是（　　）。

  A. 丙烯腈   B. 甲基丙烯酸甲酯   C. 醋酸乙烯酯

3. 苯乙烯在下列溶剂中进行聚合反应，发现聚合物分子量最小的溶剂是（　　）。

  A. 2-氯丁烷   B. 四氯化碳   C. 氯仿

4. 下列单体进行自由基共聚时，发现有一单体对只能得到均聚产物。这一单体对是（　　）。

  A. 苯乙烯-乙烯基吡啶   B. 苯乙烯-马来酸酐

  C. 苯乙烯-丙烯腈   D. 乙基乙烯基醚-羧酸乙烯酯

5. 下列单体在 70℃ 下进行自由基聚合，当聚合条件相同时，得到聚合物最少的是（　　）。

  A. 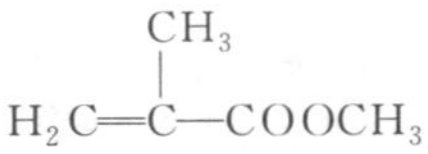 $H_2C = C(CH_3) - COOCH_3$ B. （苯环上）$C(CH_3) = CH_2$ C. $H_2C = CH \cdot O - C(=O) - CH_3$

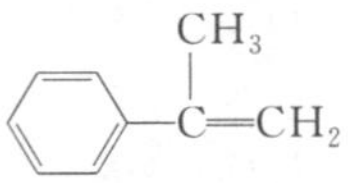

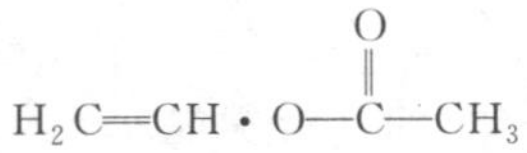

6. 在 60℃ 下用下列方式引发单体聚合，测得聚合物的分子量相等。若提高聚合反应温度至 80℃，则聚合速率最大的引发方式是（　　）。

  A. 紫外光照射

  B. 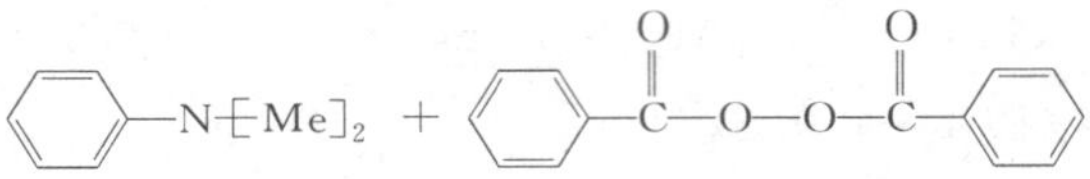 （苯基）$-N[Me]_2$ ＋ （苯甲酰过氧化物）

  C. 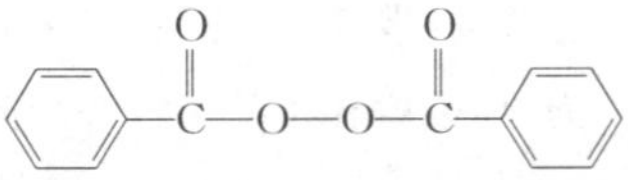 （苯甲酰过氧化物）

7. 聚合反应生成的聚甲醛，通常用乙酸酐处理，这是为了（　　）。

  A. 洗去低分子量产物   B. 提高聚合物的热稳定性

  C. 提高聚合物的抗氧化性

8. 用 Zieglar-Natta 催化剂引发丙烯聚合时，为了控制丙烯分子量，最有效的方法是（　　）。

  A. 增加Ⅰ-Ⅱ族金属烷基化合物的用量

  B. 适当降低温度

  C. 加入适量的氢气

9. 下列哪一种聚合物降解时所得的单体产率最高？（　　）。

  A. 聚甲基丙烯酸甲酯   B. 聚氯乙烯

  C. 聚苯乙烯   D. 聚丙烯腈

10. 异丁烯聚合的引发剂和催化剂应是（　　）。

  A. 偶氮二异丁腈   B. 丁基锂

  C. Zieglar-Natta 催化剂   D. 三氯化铝　水

11. 丙烯在下列催化剂表面进行定向聚合，其中有一种晶型是非活性的，它是（　　）。

  A. α 晶型 $TiCl_3$ B. β 晶型 $TiCl_3$

  C. γ 晶型 $TiCl_3$ D. δ 晶型 $TiCl_3$

12. 在适当的溶剂中，离子型聚合的活性中心可能有多种形式，对聚合反应速率贡献最大的是（　　）。

  A. 自由离子   B. 被溶剂隔开的离子对

  C. 紧密离子对   D. 共价键结合

二、合成题

1.

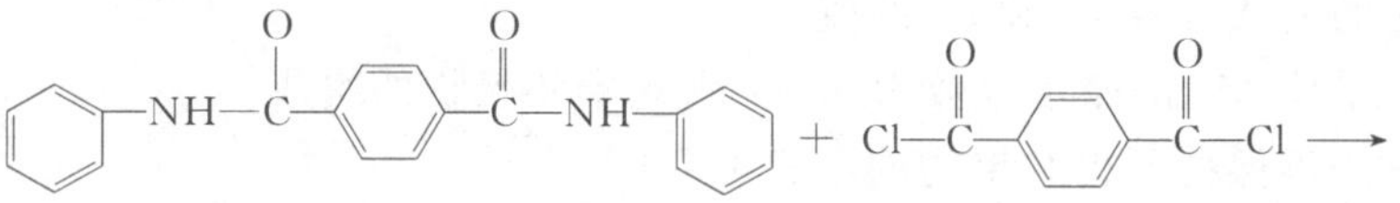

2.

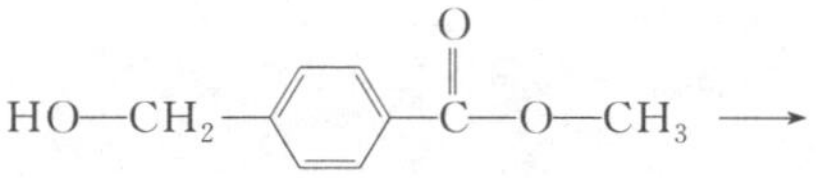

3.

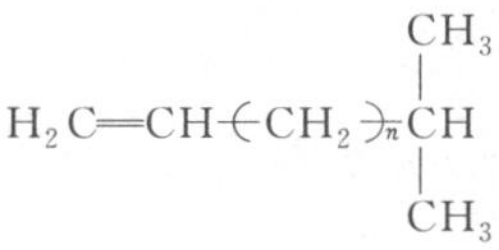

三、实验题

1. 为保证贮存稳定，市售的单体如苯乙烯，甲基丙烯酸甲酯等单体中常富有哪类化合物？在实验如何进行纯化处理？

2. 自由基聚合反应动力学常数（K_p）的测定常采用膨胀剂法，它根据的基本原理是什么？如何进行膨胀剂法的实验操作（列出要点)？

四、解释题

1. 低密度聚乙烯中往往含有支链丁基和乙基。试用反应说明这些支链是如何产生的。

2. 将顺丁烯二酸酐和 1，2-二苯基乙烯分别在自由基引发剂作用下进行均聚反应均得不到聚合产物，而将该两种单体放在一起，则可以进行共聚，试说明原因。

3. 采用 α-氨基酸很难得到尼龙-4，尼龙-5。

五、计算题

1. 邻苯二甲酸酐与等摩尔季戊四醇进行缩聚。

（1）按 Carothers 法求凝胶点；

（2）按统计法求凝胶点；

（3）对所得结果进行讨论。

2. 在 60℃下 BPO 引发苯乙烯进行聚合反应，BPO 的半衰期 $t_{1/2}=19.25h$，引发效率 $f=0.5$，$K_p=145L \cdot mol^{-1} \cdot s^{-1}$，$K_t=3.125 \times 10^4 \ L \cdot mol^{-1} \cdot s^{-1}$，引发剂浓度 $0.01mol \cdot L^{-1}$。

（1）求聚合反应速率 R_p；

（2）求动力学链长 ν；

（3）若为双基终止反应，求聚苯乙烯分子量（苯乙烯密度为 $0.832g \cdot cm^{-1}$）。

3. 在不同的配比下，反式丁烯二酸二乙酯（$M_1=172$）及氯乙烯（$M_2=62.5$）进行共聚反应，控制转化率在 4% 以下即可终止反应。测得聚合物中的氯含量，结果列于下表中

10

序号	投料中的单体摩尔比		共聚物中氯含量/%
	M_1	M_2	
1	1.3	1.0	11.51
2	0.81	1.0	13.9

（1）试用截距法的公式计算 r_1 和 r_2 的值。

（2）若进料中，单体 M_1 的摩尔分数为 0.5，求起始共聚物的组成。

（3）采用何种方法可保持所得共聚物的组成不变？

全真试题八

一、名词解释

1. 动力学链长　　2. 逐步缩聚反应　　3. 基团的孤立效应

4. 阻聚与缓聚　　5. 理想共聚反应

二、选择题

1. 在乙酸乙烯酯的自由基聚合反应体系中加入苯乙烯时，会发生（　　）。

　　A. 聚合反应加速　　　　　　　　B. 聚合反应减速

　　C. 聚合反应速率不变　　　　　　D. 阻聚现象

2. 解释配位聚合反应中等规立构控制机理的模型是（　　）。

　　A. 单体-单体相互作用　　　　　　B. 溶剂-单体相互作用

　　C. 配位体-单体相互作用　　　　　D. 单体-聚合物相互作用

3. 用自由基聚合反应获得的聚乙烯带有一些短支链，其原因归于（　　）。

　　A. 大分子链间的链转移反应　　　　B. 向引发剂的链转移反应

　　C. 向单体的链转移反应　　　　　　D. 大分子内的链转移反应

4. 出现凝胶效应现象的原因是（　　）。

　　A. 发生了交联反应　　　　　　　　B. 扩散控制终止反应

　　C. 搅拌不均匀　　　　　　　　　　D. 引发剂用量过大

5. 能阴离子聚合获得高分子量聚合物的单体是（　　）。

　　A. 丙烯　　　　　　　　　　　　　B. 异丁烯

　　C. 乙烯丁基醚　　　　　　　　　　D. α-氰基丙烯酸乙酯

6. 甲基丙烯酸甲酯与甲基丙烯酸丙基酯进行共聚反应时，会发生（　　）。

　　A. 初期交联　　　B. 后期交联　　　C. 不发生共聚　　　D. 不发生交联

7. 不宜与马来酸酐发生交替共聚的反应的单体是（　　）。

　　A. 1，2-二苯基乙烯　　　　　　　B. 苯乙烯

　　C. 乙烯基丁基醚　　　　　　　　　D. 丙烯腈

8. 苯乙烯自由基溶液聚合时的溶剂不宜选择（　　）。

　　A. 四氯化碳　　　B. 苯　　　　　C. 乙酸乙酯　　　　D. 四氢呋喃

9. 异丁烯用 $AlCl_3$-H_2O 引发聚合反应时，最为合适的溶剂是（　　）。

　　A. 二氯甲烷　　　B. AIBN　　　　C. 乙酸乙酯　　　　D. 苯甲醚

三、要合成分子链中有以下特征基团的聚合物，应选用哪类单体，并通过何种反应聚

合而成?

1. —NH—CO—

2. —NH—CO—O—

3. —NH—CO—HN—

4. —O—CH$_2$CH$_2$—

　　四、连锁反应聚合中, 聚合速率可用单体时间内单体消耗量或聚合物生成量来表示, 简述膨胀剂的基本构造和利用膨胀及测定聚合速率的基本原理。

　　五、某一新发现的引发体系引发是有如下特征:

(1) 加水有阻聚作用;

(2) 溶剂极性增加时聚合速率变快;

(3) 分子量随反应温度升高而降低;

(4) 引发 St(M$_1$)-MMA(M$_2$)共聚时, 得 $r_1 < 1$, $r_2 > 1$。

　　试回答这一聚合是按自由基、阳离子还是阴离子聚合?

全真试题九

一、名词解释

1. 自动加速效应　　　　2. 活性聚合反应　　　　3. 界面聚合

4. 立构有规聚丙烯　　　5. 胶束与临界胶束浓度　　6. 构型

二、选择题

1. 两种单体的 Q 值和 e 值越相近, 就越 (　　　)。

　　A. 难以共聚　　　　　　　　　　　　B. 倾向于交替共聚

　　C. 倾向于理想共聚　　　　　　　　　D. 倾向于嵌段共聚

2. 当下列单体进行自由基聚合反应时最不容易发生交联反应的是 (　　　)。

　　A. 丙烯酸甲酯-双丙烯酸乙二酸酯　　B. 苯乙烯-丁二烯

　　C. 丙烯酸甲酯-二乙烯基苯　　　　　D. 苯乙烯-二乙烯基苯

3. 聚氨酯通常是由两种单体反应获得, 它们是 (　　　)。

　　A. 己二醇-二异氰酸酯　　　　　　　B. 己二胺-二异氰酸酯

　　C. 己二胺-己二酸二甲酯　　　　　　D. 三聚氰胺-甲醛

4. 聚甲醛通常是由三聚甲醛开环聚合制备的, 最常用的引发剂是 (　　　)。

　　A. 甲醇钠　　　　　　　　　　　　　B. 盐酸

　　C. 过氧化苯甲酰　　　　　　　　　　D. 三氟化硼-H$_2$O

5. 合成橡胶通常采用乳液聚合反应主要是因为乳液聚合 (　　　)。

　　A. 不易发生凝胶效应　　　　　　　　B. 散热容易

　　C. 易获得高分子聚合物　　　　　　　D. 以水作介质廉价无污染

6. 合成线形酚醛预聚物的催化剂应选用 (　　　)。

　　A. 草酸　　　　　B. 氢氧化钙　　　　　C. 过氧化氢　　　　　D. 正丁基锂

三、排序与填空

1. 按聚合物热稳定性从大到小排列下列聚合物_____。

　　A. 聚甲基丙烯酸甲酯　　　　　　　　B. 聚 α-甲基苯乙烯

　　C. 聚四氟乙烯　　　　　　　　　　　D. 聚苯乙烯

2. 按阴离子聚合反应活性从大到小排列下述单体_____。

　　A. α-氰基丙烯酸乙酯　　　　　　　　B. 乙烯
　　C. 甲基丙烯酸甲酯　　　　　　　　　D. 苯乙烯

四、问答题

1. 为什么高压聚乙烯比低压聚乙烯的密度低？聚合物结构有何差异？聚合机理有何不同？低密度聚乙烯的结构是怎样产生的？

2. 甲基丙烯酸甲酯能进行自由基聚合反应生成高分子量聚合物，而异丁烯则不能，为什么？

五、计算题

要求制备数均分子量 15000 的聚酰胺，若转化率为 99.5% 时，

（1）己二酸和己二胺的配比是多少？产物的端基是什么？

（2）如果是等摩尔的己二酸和己二胺进行聚合反应，当反应程度为 99.5% 时，聚合物的数均聚合度是多少？

六、从适当的单体出发，合成下列聚合物，写出反应方程式并注明引发体系及必要的反应条件。

1. SBS
2. 聚酰亚胺

全真试题十

一、名词解释

1. 胶束成核和均相成核　2. 调聚反应　3. Ziegler-Natta 引发剂与聚合反应　4. 理想共聚合反应　5. 热塑弹性体

二、选择题

1. 已知一对单体在进行共聚合反应时获得了恒比共聚物，其条件必定是（　　）。

　　A. $r_1=1.5$，$r_2=1.5$　　　　　　　　B. $r_1=0.1$，$r_2=1.0$
　　C. $r_1=0.5$，$r_2=0.5$　　　　　　　　D. $r_1=1.5$，$r_2=0.7$

2. 一个聚合反应中将反应程度从 97% 提高到 98% 需要 0~97% 同样多的时间，它应是（　　）。

　　A. 链式聚合反应　　　　　　　　　　B. 逐步聚合反应
　　C. 开环聚合反应　　　　　　　　　　D. 界面聚合反应

3. 交联聚合物的合成要用少量二烯烃，下列聚合反应中初期就会发生凝胶化的体系是（　　）。

　　A. 苯乙烯-二乙烯基苯　　　　　　　　B. 苯乙烯-丁二烯
　　C. 丙烯酸甲酯-丙烯酸烯丙酯　　　　　D. 丙烯酸甲酯-己二酸二乙烯酯

4. 如果将 A-B 和 B 单官能团单体的聚合物与 A-B 和 B 三官能团单体的聚合物比较，当 r=1，反应程度趋于 1 时，发现分子量分布（　　）。

　　A. 前者窄　　　　　B. 后者窄　　　　　C. 相同　　　　　D. 都趋于 2

5. 自由基本体聚合反应时，会出现凝胶效应，而离子聚合反应则不会，原因在于（　　）。

　　A. 链增长方式不同　　　　　　　　　B. 引发反应方式不同
　　C. 聚合温度不同　　　　　　　　　　D. 终止反应方式不同

6. 乳液聚合和悬浮聚合都是将单体分散于水相中，但聚合机理却不同，这是因为

（　　）。

  A. 聚合场所不同所致　　　　　　　　　B. 聚合温度不同所致

  C. 搅拌速度不同所致　　　　　　　　　D. 分散剂不同所致

三、排序与填空

1. 按聚合物热降解中单体的收率从大到小排列下列聚合物。（　　　）

  A. 聚乙烯　　　　　　　　　　　　　　B. 聚 α-甲基苯乙烯

  C. 聚异丁烯　　　　　　　　　　　　　D. 聚苯乙烯

2. 按对 α-氰基丙烯酸乙酯阴离子聚合引发活性从大到小排列下述引发剂。（　　　）

  A. 钠＋萘　　　　　B. H_2O　　　　　C. CH_3OK　　　　　D. $BuMgBr$

3. 在推导自由基聚合反应动力学方程式时做了三个假定，分别是（　　　）、（　　　）和（　　　）。

四、问答题

谈谈你对活性聚合的理解。

五、合成下列聚合物，写出反应式并注明所使用的引发剂。

1. 尼龙-6

2. 聚（α-乙氨酸）

六、计算题

在 1L 甲基丙烯酸甲酯中加入 0.242g 过氧化苯甲酰，于 60℃反应 1.5h，得到 30g 聚合物。已知 60℃过氧化苯甲酰的半衰期为 48h，$f=0.8$。甲基丙烯酸甲酯的密度为 0.93g·mL^{-1}，试计算 60℃下的 $k_p/k_t^{1/2}$ 和动力学链长。

全真试题十一

一、名词解释

1. 官能团等活性　　2. 动力学链长　　3. 乳液聚合　　4. 竞聚率　　5. 聚合物的老化

二、给出下列聚合物的英文全称、系统名称和结构式

1. 等规聚甲基丙烯酸甲酯

2. 全顺式聚 1,4-丁二烯

三、单选题

1. 一对单体共聚物的竞聚率 r_1 和 r_2 的值，将随（　　　）。

  A. 聚合时间而变化　　　　　　　　　　B. 聚合温度而变化

  C. 单体的配比不同而变化　　　　　　　D. 单体的总浓度不同而变化

2. 在开放体系中进行线性缩聚反应，为了得到最大聚合度的产品，应该（　　　）。

  A. 选择平衡常数大的有机反应

  B. 选择适当高的温度和极高的真空，尽可能除去小分子副产物

  C. 尽可能延长反应时间

  D. 尽可能提高反应温度

3. 在乳液聚合反应速率和时间的关系曲线上，一般存在加速，恒速和降速三个阶段。出现恒速和降速这一转变时，不同单体的转化率不同，其中转化率最高的单体是（　　　）。

  A. 乙酸乙烯酯　　　　　　　　　　　　B. 甲基丙烯酸甲酯

          C. 丁二烯   D. 氯乙烯

4. 下列环状单体中，能开环聚合的是（   ）。

    A. γ-丁内酯   B. 二氧六环

    C. δ-戊内酰胺   D. 八甲基环四硅氧烷

5. 下列体系进行聚合时，聚合物的数均聚合度与引发剂用量无关的体系是（   ）。

    A. 丙烯腈＋AIBN

    B. 丙烯腈＋N，N-二甲基苯胺＋BPO

    C. 氯乙烯＋BPO

    D. MMA＋N，N-二甲基苯胺＋BPO

6. 自动加速效应是自由基聚合特有的现象，它不会导致（   ）。

    A. 聚合速率增加   B. 爆聚现象

    C. 聚合物分子量增加   D. 分子量分布变窄

7. 用 BF_3-H_2O 引发四氢呋喃开环聚合，要提高反应速率又不降低聚合度的最好方法是（   ）。

    A. 提高反应温度   B. 增加引发剂用量

    C. 提高搅拌速度   D. 加入少量环氧氯丙烷

8. 聚甲醛合成后要加入乙酸酐处理，其目的是（   ）。

    A. 洗除低聚物   B. 除去引发剂

    C. 提高聚甲醛热稳定性   D. 增大聚合物分子量

9. 最接近理想共聚反应体系的是（   ）。

    A. 丁二烯（$r_1=1.39$）-苯乙烯（$r_2=0.78$）

    B. 马来酸酐（$r_1=0.045$）-正丁基乙烯醚（$r_2=0$）

    C. 丁二烯（$r_1=0.3$）-丙烯腈（$r_2=0.2$）

    D. 苯乙烯（$r_1=1.38$）-异戊二烯（$r_2=2.05$）

四、简要回答下列问题

1. 链转移反应对聚合反应有怎样的影响？这种影响如何依赖于哪些参数？

2. 说明合成接枝共聚物的三种方法。

3. 商品苯乙烯的自由基聚合，三聚甲醛的阳离子开环聚合和己内酰胺阴离子开环聚合皆存在诱导期，它们在本质上有什么不同？如何消除诱导期？

4. 做出下列三种情况下的共聚曲线：（a）$r_1=r_2=1$；（b）$r_1r_2=1$，$r_1=1$；（c）$r_1=0.1$，$r_2=0.5$。

5. 丙烯的自由基聚合和阳离子聚合皆得不到高分子量聚合物. 试分析和比较两者的原因。

6. 什么是 Ziegler-Natta 引发剂？它由哪些部分组成？其作用是什么？

五、合成题

1. 下述合成路线曾用于制备梳形聚合物，给出 A-D 各聚合物的结构。

$$CH_2{=}CH-C_6H_5 \xrightarrow[]{BuLi} A \xrightarrow[\text{等摩尔}]{CH_2-CH_2 / O} B \xrightarrow[]{CH_3 / CH_2{=}C{-}COCl} C \xrightarrow[]{AIBN} D$$

2. 写出由下列单体生成的聚合物的结构. 并给出必要的反应条件。

$$HOCH_2-\!\!\!\bigcirc\!\!\!-COOCH_3$$

六、计算题

1. 60℃进行苯乙烯的溶液聚合，单体浓度为 $1mol\cdot L^{-1}$，要得到分子量为 125000 的聚苯乙烯，使用引发剂过氧化苯甲酰（$k_d=1.45\times10^{-6}L\cdot mol^{-1}\cdot s^{-1}$，60℃）的用量是多少？假设终止方式为偶合终止，无链转移反应，引发效率为 100%，$k_p=1.76\ L\cdot mol^{-1}\cdot s^{-1}$，$k_t=7.2\times10^7\ L\cdot mol^{-1}\cdot s^{-1}$。

2. 等摩尔的二元胺和二元酸在封闭体系中进行聚合，若平衡常数为 400，聚合反应所能达到的最大反应程度和聚合度分别为多少？假如二元胺的起始浓度为 $1mol\cdot L^{-1}$。最后得到的聚合物平均重复结构单元数目为 100，那么体系中残留水的浓度应控制到怎样的水平？

全真试题十二

一、名词解释

1.诱导期　2.引发效率　3.链转移常数　4.阳离子聚合　5.定向聚合和有规立构聚合物　6.最高聚合温度　7.竞聚率　8.聚合物老化　9.官能团等反应活性

二、选择题

1. 凝胶效应现象就是（　　）。
   A. 凝胶化　　　　　　　　　　　B. 自动加速效应
   C. 凝固化　　　　　　　　　　　D. 胶体化

2. 当两种单体的 Q-e 值越是接近时越是（　　）。
   A. 难以共聚　　　　　　　　　　B. 趋于理想共聚
   C. 趋于交替共聚　　　　　　　　D. 趋于恒比共聚

3. 在具有强溶剂化作用的溶剂中进行阴离子聚合反应时，聚合速率将随离子的体积增大而（　　）。
   A. 增加　　　　B. 下降　　　　C. 不变　　　　D. 无规律变化

4. 在聚合物热降解过程中，单体回收率最高的聚合物是（　　）。
   A. 聚苯乙烯　　　　　　　　　　B. 聚乙烯
   C. 聚丙烯酸甲酯　　　　　　　　D. 聚四氟乙烯

5. 在自由基聚合反应中导致聚合速率与引发剂浓度无关的可能原因是发生了（　　）。
   A. 双基终止　　　　　　　　　　B. 单基终止
   C. 初级终止　　　　　　　　　　D. 扩散控制终止

6. 当 $r_1>1$，$r_2<1$ 时若提高聚合反应温度，反应将趋向于（　　）。
   A. 交替共聚　　B. 理想共聚　　C. 嵌段共聚　　D. 恒比共聚

7. 乳液聚合反应进入恒速阶段的标志是（　　）。
   A. 单体液滴全部消失　　　　　　B. 体系黏度恒定
   C. 胶束全部消失　　　　　　　　D. 引发剂消耗掉一半

8. 在合成丁苯橡胶的聚合反应中，分子量调节剂应选用（　　）。
   A. 十二烷基硫醇　　　　　　　　B. 四氯化碳
   C. 对苯二酚　　　　　　　　　　D. 十二烷基磺酸钠

10

9. 在下列聚合反应体系中，当 $P=1$，$r=1$ 时，预测分子量分布最窄的是（　　）。
    A. 对苯二甲酸＋对羟基苯甲酸　　　　　B. 对羟基苯甲酸
    C. 均苯四甲酸＋对羟基苯甲酸　　　　　D. 均苯三甲酸＋对羟基苯甲酸

10. 进行调聚反应的条件是（　　）。
    A. $k_p \gg k_{tr}$，$k_a = k_p$　　　　　　　B. $k_p \gg k_{tr}$，$k_a < k_p$
    C. $k_p \ll k_{tr}$，$k_a = k_p$　　　　　　　D. $k_p \ll k_{tr}$，$k_a < k_p$

11. 丁基橡胶通常用硫磺作硫化剂，而不用过氧化物，这是因为过氧化物（　　）。
    A. 产生的自由基会引起链断裂　　　　　B. 反应不易控制
    C. 毒性大　　　　　　　　　　　　　　D. 过氧化物价格昂贵

12. 在缩聚反应中界面缩聚的最突出的优点是（　　）。
    A. 反应温度低　　　　　　　　　　　　B. 低转化率下获得高分子量聚合物
    C. 反应速度快　　　　　　　　　　　　D. 当量比要求严格

13. 在只有三官能团单体 A 和三官能团单体 B 的缩聚反应体系中，若单体是等摩尔加入时，预计聚合物分子量分布最宽处的反应程度是（　　）。
    A. 0.20　　　　　　B. 0.80　　　　　　C. 1.00　　　　　　D. 0.50

14. 高密度聚乙烯与低密度聚乙烯的制备方法不同，若要合成高密度聚乙烯，应采用（　　）。
    A. BuLi　　　　　　B. $TiCl_4$-AlR_3　　　　C. BF_3-H_2O　　　D. BPO

15. 在通常的聚合反应中，从单体到聚合物总是发生体积收缩，但有一类单体聚合时，体积会膨胀，它是（　　）。
    A. 螺环原酸酯　　　　　　　　　　　　B. 四氢呋喃
    C. 环氧乙烷　　　　　　　　　　　　　D. 己内酰胺

16. 要求苯乙烯（S）和丁二烯（B）的 SBS 型嵌段共聚物，且分子量分布为单分散性，选择最适宜的引发体系是（　　）。
    A. RCH_2OH＋Ce^{4+}　　　　　　　　B. α-$TiCl_3$-$AlEt_3$
    C. $SnCl_4$-H_2O　　　　　　　　　　　D. 萘＋钠

17. 苯乙烯与二乙烯基苯进行共聚反应时，会发生（　　）。
    A. 初期交联　　　　　　　　　　　　　B. 后期交联
    C. 不发生共聚　　　　　　　　　　　　D. 不发生交联

18. 用强碱引发己内酰胺进行阴离子聚合反应时存在诱导期，消除方法是（　　）。
    A. 加入过量的引发剂　　　　　　　　　B. 适当提高反应温度
    C. 加入少量乙酸酐　　　　　　　　　　D. 适当加压

19. 同时可以获得高聚合速率和高分子量的聚合方法是（　　）。
    A. 溶液聚合　　　　B. 悬浮聚合　　　　C. 乳液聚合　　　　D. 本体聚合

20. 能用阳离子聚合和阴离子聚合获得高分子量聚合物的单体是（　　）。
    A. 环氧丙烷　　　　B. 三氧六环　　　　C. 环氧乙烷　　　　D. 四氢呋喃

三、简答题

1. 逐步聚合，链式聚合和活性聚合在分子量和转化率的关系上有何不同（以示意图加以解释）？

2. 什么是胶束成核和均相成核？胶束成核和均相成核分别在什么条件下才会发生？

3. 试写出下列聚合物的结构式和系统名称：

a. PET

b. 聚碳酸酯

4. 写出合成维尼纶的反应方程式，并注明引发体系及必要的条件。

5. 聚合物有哪些降解反应？热降解又有几种？进行"链式"热降解的聚合物结构有什么特点？

6. 为长时间储存活性聚合物阴离子，应该选择什么样的条件？

7. 为什么环氧丙烷阴离子开环聚合的产物分子量较低，试说明原因，如何获取高分子量的聚环氧丙烷？

8. 讨论无规、交替、接枝和嵌段共聚物在结构上的差别。

四、计算题

1. 60℃进行苯乙烯的溶液聚合，单体浓度为 1mol·L^{-1}，要得到分子量为 125000 的聚苯乙烯，使用引发剂过氧化苯甲酰（$k_d = 1.45 \times 10^{-6}$L·mol^{-1}·s^{-1}，60℃）的用量是多少？假设终止方式为偶合终止，无链转移反应，引发效率为 100%，$k_p = 1.76$L·mol^{-1}·s^{-1}，$k_t = 7.2 \times 10^7$L·mol^{-1}·s^{-1}。

2. 等摩尔的二元胺和二元酸在封闭体系中进行聚合，若平衡常数为 400，聚合反应所能达到的最大反应程度和聚合度分别为多少？假如二元胺的起始浓度为 1mol·L^{-1}。最后得到的聚合物平均重复结构单元数目为 100，那么体系中残留水的浓度应控制到怎样的水平？

五、综合题

1. 试解释丙烯能否进行自由基聚合反应，并给出原因。这一原因也是其他同类单体能否进行自由基聚合的原因吗？试给出一例说明。

2. 下述合成路线曾用于制备梳形聚合物，给出 A-D 各聚合物的结构。

3. 商品苯乙烯的自由基聚合，三聚甲醛的阳离子开环聚合和己内酰胺阴离子开环聚合皆存在诱导期，它们在本质上有什么不同？如何消除诱导期？

全真试题十三

一、让苯乙烯分别在 70℃ 和 30℃ 下进行悬浮聚合和乳液聚合，试问各选择什么引发剂最适宜（各列举两种引发剂）。如悬浮聚合时单体浓度 [M] = 4mol·L^{-1}，引发剂浓度 [I] = 0.2×10^{-9}mol·L^{-1}，引发效率 $f = 1$，$K_d = 1.2 \times 10^{-5}$s^{-1}，$K_p = 1800$L·mol^{-1}·s^{-1}，$K_t = 2.4 \times 10^7$L·mol^{-1}·s^{-1}，无链转移反应且双基结合终止，试求聚合速度、动力学链长和平均分子量。

二、己二酸与己二胺缩聚，试问要得到高聚合度的尼龙-66，应该采取哪些措施，为什么？

三、以萘钠为引发剂在 THF 中聚合的聚苯乙烯是双端增长的活性聚合物，写出这种活性聚合物与下列试剂反应所得的聚合物结构式，指出这些结构的聚合物的特征与用途。

(1) 加大量环氧乙烷，然后加水；

(2) 加过量二氧化碳，然后加水；

(3) 加适量 1,3-丁二烯，然后加水。

四、试用合适的单体和试剂合成下列聚合物（用方程式表示），并说明其用途。

1. 维尼纶　　2. 不饱和聚酯树脂　　3. 有机玻璃　　4. 丁基橡胶　　5. 聚芳砜

五、问答题

1. 已知在自由基聚合中，许多单体在 0.1～0.001s 之间就能生成分子量高达几万甚至几十万的聚合物大分子；那么为什么在聚合物的工业生产中，一些单体的聚合反应周期还往往长达几小时甚至十几小时？

2. 在相同的温度和相同的 $[S]/[M]$ 下，分别以甲苯和二氯甲烷作溶剂进行苯乙烯的溶液聚合，甲苯 C_s 为 1.25×10^{-5}，二氯甲烷 C_s 为 1.5×10^{-5}，假设两种情况下终止机理相同，问二者的聚合速率是否相同，为什么？所得聚合物的平均聚合度如何，为什么？

3. 等物质量的苯乙烯和丁烯二酸酐混合物在 60℃ 发生交替共聚，在 140℃ 发生无规共聚，为什么？

4. 为什么要对共聚物的组成进行控制？在工业生产上有哪几种控制方法？它们各针对什么样的共聚合反应？各举一个实例。

六、在下列各组聚合反应中，要获得尽可能高的分子量的产物，在实验技术上应采取哪些措施？并说明理由。

1. 对苯二甲酸二甲酯与乙二醇；

2. 甲苯二异氰酸酯与丁二醇；

3. 苯乙烯的自由基聚合。

七、计算题

1. 丁二醇与己二酸各 1mol 进行缩聚，欲制得 $M_n=5000$ 的产物，试计算：

a. 假定反应处于完全等当量，并忽略端基对分子量的影响，求反应程度 P，此时产物的多分散系数是多少？

b. 假如有 0.5%（摩尔分数）丁二醇在缩聚过程中损失，则反应进行到上述反应程度时，产物的 M_n 为多少？

c. 如何抵消（b）中损失，使 M_n 仍为 5000？

2. MMA 以 BPO 为引发剂，在 60℃ 下进行聚合，现欲在其他条件（单体浓度，引发剂浓度等）不变的情况下，使聚合时间缩短至 60℃ 时的反应时间的一半，求反应温度为多少度？（$E_d=29.7\text{kcal}\cdot\text{mol}^{-1}$；$E_p=6.3\text{kcal}\cdot\text{mol}^{-1}$；$E_t=2.8\text{kcal}\cdot\text{mol}^{-1}$）

3. 氯乙烯以 AIBN 为引发剂在 50℃ 下进行悬浮聚合，在该温度下引发剂的半衰期 $t_{1/2}=74\text{h}$，引发剂浓度 $[I]=0.01\text{mol}\cdot\text{L}^{-1}$，引发剂效率 $f=0.75$，试求：

（1）反应 10h，引发剂的残留浓度；

（2）初期生成的聚氯乙烯的聚合度，从计算中你得到什么启示？

（$K_p=12300\text{L}\cdot\text{mol}^{-1}\cdot\text{s}^{-1}$；$K_t=21\times10^9\text{L}\cdot\text{mol}^{-1}\cdot\text{s}^{-1}$；50℃ 下氯乙烯的密度为 $0.895\text{g}\cdot\text{mL}^{-1}$；50℃ 下氯乙烯的链转移常数 $C_M=1.35\times10^{-3}$；设双基终止为偶合终止）

全真试题十四

一、试用反应式表达出下列高分子化合物的制备方法

1. 醇溶性尼龙　　2. 耐水性磷脂　　3. 易染色聚酯　　4. 热塑性弹性体

二、问答题

1. 试述自由基聚合产生诱导期的原因，与阻聚剂的关系如何，应采取什么措施克服？

2. 甲基丙烯酸甲酯，苯乙烯，氯乙烯聚合时都存在自动加速效应，三者有何差别？

3. 以氯乙烯为例，写出自由基聚合反应全过程的反应式。一般来说，聚合物相对质量受引发剂的量影响较大，但聚氯乙烯相对分子质量受温度影响较大，试讨论其原因。

三、选择题

1. 根据①~③中的要求制备各种聚合物时，选择 A~D 中的哪种催化剂最有效？

① 异戊二烯→顺 1,4-聚异戊二烯

　　A. Na　　　　　　　　　　　　　B. AIBN

　　C. BPO　　　　　　　　　　　　D. C_4H_9Li

② n-丁基乙烯基醚→聚 n-丁基乙烯基醚

　　A. $SnCl_4$　　　　　　　　　　　B. AIBN

　　C. NaOH　　　　　　　　　　　 D. $Al(C_2H_5)_3$

③ 丙烯→等规聚丙烯

　　A. $TiCl_4$-Al $(C_2H_5)_3$　　　　　　　B. $TiCl_3$-Al $(C_2H_5)_2Cl$

　　C. $TiCl_3$-Al $(C_2H_5)Cl_2$　　　　　　D. $TiCl_3$-Zn $(C_2H_5)_2$

2. 只有在聚合后期才能得到高分子量聚合物的反应是（　　　）。

　　A. 阴离子聚合　　　　　　　　　　B. 自由基聚合

　　C. 缩聚反应　　　　　　　　　　　D. 配位聚合

3. 在一个乳液聚合配方中，得到了分子量 500000 的聚合物。今欲得分子量约为 250000 的聚合物，可将配方做如下修改（　　　）。

　　A. 单体增加 1 倍　　　　　　　　　B. 乳化剂增加 1 倍

　　C. 单体减少 $\dfrac{1}{2}$　　　　　　　　　D. 乳化剂减少 $\dfrac{1}{2}$

4. 决定引发剂活性的参数是（　　　）。

　　A. 分解温度　　　　B. 引发剂效率　　　　C. 半衰期　　　　　　D. 氧指数

5. 等当量的苯乙烯和甲基丙烯酸甲酯用阳离子催化剂进行共聚，反应初期共聚物中两者组分是（　　　）。

　　A. 苯乙烯占优势　　　　　　　　　B. 甲基丙烯酸甲酯占优势

　　C. 两者仍相等　　　　　　　　　　D. 不聚合

6. 不饱和聚酯固化机理是（　　　）。

　　A. 通过官能团间的反应　　　　　　B. 通过双键交联反应

　　C. 通过加硫黄反应　　　　　　　　D. 通过成环反应

7. 当线性聚合反应进行到反应程度为 95% 时，若延长反应时间，则（　　　）。

　　A. 反应程度迅速增加　　　　　　　B. 聚合度迅速增加

　　C. 分子量分布变窄　　　　　　　　D. 产生大量低分副产物

8. 热降解产物主要是单体的聚合物是（　　　）。

　　A. 聚丙烯　　　　　　　　　　　　B. 聚苯乙烯

　　C. 聚 α-甲基苯乙烯　　　　　　　　D. 聚氯乙烯

10

四、计算题

1.苯乙烯在偶氮二异丁腈引发下进行本体聚合，假设链终止为双基结合终止，$k_d = 9.5 \times 10^{-6} s^{-1}$，$f = 0.7$，$k_p = 176 L \cdot mol^{-1} \cdot s^{-1}$，$k_t = 7.2 \times 10^7 L \cdot mol^{-1} \cdot s^{-1}$，$C_M = 6 \times 10^{-5}$，苯乙烯密度为 $0.902 g \cdot cm^{-3}$。

（1）写出包含有引发剂浓度形式的初期聚合速率及产物聚合度；

（2）要得到聚合度为 2000 的聚苯乙烯，偶氮二异丁腈浓度为多少？

（3）该体系能得到的最高聚合度是多少？

2.苯乙烯（M_1）与丁二烯（M_2）在 5℃进行乳液共聚时，其竞聚率 $r_1 = 0.64$，$r_2 = 1.38$，已知苯乙烯、丁二烯的链增长速率常数 k_p 分别为 49，$25 L \cdot mol^{-1} \cdot s^{-1}$。

（1）计算共聚时的反应速率常数 k_{12} 及 k_{21}；

（2）比较两种单体及两种游离基反应活性的大小；

（3）做出大致的共聚物组成线（$F_1 \sim f_1$）图；

（4）要得到组分较均一的共聚物应采取什么措施？

全真试题十五

一、解释或回答下列问题

1.苯乙烯是活性很高的单体，但其自由基聚合速率并不高，试解释之。

2.判断下列单体可按何种机理聚合，并说明原因。

（1）$CH_2=CHC_6H_5$　　（2）$CH_2=CHOC_4H_9$　　（3）$CH_2=CHCl$　　（4）CH_2O

3.归纳体型缩聚中产生凝胶的充分必要条件。

二、讨论题

关于尼龙-66 的讨论：

（1）写出合成尼龙-66 的单体及聚合反应式；

（2）从理论上简要说明为得到高分子量产物应满足的条件；

（3）工业上通常采用什么措施来保证上述条件？

（4）为控制聚合物分子量的大小可采取什么措施？什么方法最好？

（5）用做纤维的尼龙-66，其分子量大致范围是多少？

三、合成题

～～～代表聚丁二烯链，试合成下列聚合物（写出适合的反应条件及步骤）

1.～～～OH；

$P = 50$

2. HOOC～～～COOH

$P = 50$

四. 计算题

1.某一偶合终止方式占 40％的自由基聚合反应，$[M \cdot] = 1 \times 10^{-8} mol \cdot L^{-1}$　$[M] = 10 mol \cdot L^{-1}$，$K_p = 150 L \cdot mol^{-1} \cdot s^{-1}$，$R_i = 3 \times 10^{-9} mol \cdot L^{-1} \cdot s^{-1}$，试求：

（1）聚合速率 R_p；

（2）聚合开始后第一小时的转化率；

（3）终止速率常数 K_t；

（4）自由基寿命 t；

（5）动力学链长；

（6）数均聚合度 P（不考虑链转移）。

2. 由己二酸与己二醇合成聚酯时，要求产物分子量为 18000，反应程度 0.998，试计算原料比。

全真试题十六

一、名词解释

1. 笼蔽效应　　2. 自动加速效应　　3. 邻近基团效应

二、问答题

1. 试述在自由基聚合反应中影响产物分子量的诸因素。要得到高分子量的产品，采用哪种聚合方法为最好？为什么？

2. 对 ω-氨基庚酸 $[H_2N(CH_2)_6COOH]$ 进行本体熔融缩聚时，如何控制它的分子量大小（有几种方法）？

3. 何谓遥爪聚合物？试用反应式表示制备分子量为 5400，两端带羧基的聚丁二烯（包括催化剂及其用量等）。

4. 已知两单体 M_1，M_2 的 Q 值和 e 值分别为 $Q_1=2.39$，$e_1=-1.05$；$Q_2=0.60$，$e_2=1.20$，试比较两单体及其相应的自由基的大小；两单体各自均聚时，哪种单体的增长速率常数较大，为什么？这两种单体的自由基共聚倾向如何？

5. 将聚甲基丙烯酸甲酯（PMMA）和聚氯乙烯（PVC）进行热降解反应，分别得到何种产物？利用热降解回收有机玻璃边角料时，若该边角料中混有 PVC，结果会如何？试用化学反应式说明其原因。

三、计算题

1. 用 BPO 作引发剂，在 60℃下进行苯乙烯聚合动力学研究，数据如下：$[M]=8.53\text{mol}\cdot L^{-1}$，$[I]=4.0\times10^{-3}\text{mol}\cdot L^{-1}$，$f=80\%$，$k_d=3.27\times10^{-6}s^{-1}$，$k_p=1.76\times10^2 L\cdot mol^{-1}\cdot s^{-1}$，$k_t=3.58\times10^7 L\cdot mol^{-1}\cdot s^{-1}$。试求 R_i、R_p、R_t 及平均聚合度和自由基寿命。

2. 多少苯甲酸加到等摩尔的己二酸和己二胺中能使聚酰胺分子量为 10000，反应程度为 99.5%？

3. 已知醇酸树脂配方为亚麻油酸 $[CH_3(CH_2)_4CH=CHCH_3CH=CH(CH_2)_7COOH]$/苯二甲酸酐/丙三醇/丙二醇的摩尔比为 0.8/1.8/1.2/0.4，试求凝胶点。

全真试题十七

一、解释或回答下列问题

1. 试说明顺丁烯二酸酐、醋酸烯丙基酯这两种单体不易进行自由基均聚的原因。

2. 醋酸乙烯酯中混入少量苯乙烯，对醋酸乙烯酯的聚合会造成什么影响？为什么？

3. 何为引发效率？引发效率小于 1 的主要原因是什么？在一个聚合体系中所用引发剂的引发效率在聚合过程中有无变化？为什么？

4. 乙二醇、顺丁烯二酸酐和邻苯二甲酸酐是制备不饱和聚酯树脂的原料，试说明三种原料各起什么作用？它们之间比例的调整是基于什么目的？采用苯乙烯固化的原理是什么？若考虑室温固化应选用何种固化体系？

5. 以正丁基锂为引发剂，分别采用硝基甲烷和四氢呋喃为溶剂，在相同条件下进行异戊二烯的聚合，试比较两个体系的聚合速率大小，并说明理由。

6. 如何判断苯乙烯（St）阴离子聚合是一活性聚合？形成活性聚合的必要条件是什么？如何计算用萘钠为引发剂时聚合产物（PSt）的分子量？

7. 写出下列特殊情况下，共聚物组成和原料组成间的函数关系式：

(1) $r_1 = r_2 = 1$　　　(2) $r_1 = 0, r_2 = 0$　　　(3) $r_1 r_2 = 1$

8. 从聚苯乙烯（PSt）废料中回收苯乙烯单体时，发现在 350℃ 真空系统中进行 PSt 热降解可收得 40% 的单体，若将热降解温度提高到 410℃，试问能否增加单体的回收百分率，并说明理由。

9. 聚乙烯醇缩甲醛（维尼纶）大分子链上是否还有羟基？为什么？

10. 聚酰胺有脂肪族和芳香族之分，试说明为什么合成前者通常采用熔融缩聚，而合成后者采用溶液缩聚，并比较两个体系对单体的要求。

二、讨论题

试讨论要合成分子链中含有以下特征基团的聚合物应选用何类单体，通过何种反应聚合得到。

(1) —OCO—　(2) —NHCO—　(3) —HNCOO—　(4) —OCH$_2$CH$_2$—

三、试回答关于自由基聚合实施方法中的几个问题

1. 本体聚合：为什么本体聚合易爆聚？要及时排除体系的反应热通常采用什么方法？

2. 溶液聚合：溶剂对聚合反应有何影响？如何选择溶剂？

3. 悬浮聚合：悬浮分散剂对体系的稳定性有重要作用，分散剂通常用的有几类？它们的作用机理如何？

4. 乳液聚合：为什么乳液聚合既有高聚合速率，又可获得高分子量产物？

四、简明回答下列问题

1. 苯乙烯和聚 α-甲基苯乙烯的热降解分别是属于哪种热降解形式？为什么？热降解的主要生成物是什么？

2. 缩聚反应是通过多官能团化合物间反复脱去小分子逐步形成聚合物的过程。按理有机反应中的官能团反应都能用来合成高分子，但实际情况却非如此。为什么？

3. 在自由基共聚中，

(a) 随着温度的升高，竞聚率和共聚行为的变化如何？

(b) 有哪些结构因素与反应速率常数有关？

(c) 在 Q-e 方程中，$K_{12} = P_1 Q_2 e^{-(e_1 e_2)}$，$P_1$、$Q_2$、$e_1$、$e_2$ 各表征什么？e 的正负号表明什么？

五、计算题

1.己二酸（N_a，mol）与己二胺（N_b，mol）反应得尼龙-66，试求 $N_a=N_b=1$mol 时，加多少摩尔苯甲酸方能得数均聚合度为 100 的尼龙-66？如果 $N_a=N_b=2$mol，反应程度达多大时生成聚合物的分散系数为 1.95？

2.某羟基酸在缩聚反应中消耗了 99% 的羟基，已知它的各个结构单元相对质量为 200，试求：

（a）所得聚酯的数均分子量及重均分子量；

（b）生成结构单元数为数均聚合度的 1/20 的 X 聚体的概率。

3.苯乙烯在苯中以 BPO 为引发剂在 80℃下聚合。已知 $K_d=2.5\times10^{-5}$ s^{-1}。$E_d=124.25$kJ·mol^{-1}，试求在 60℃下聚合的 K_d 值，并求 60℃时的引发剂的半衰期。

4.对苯二甲酸（N_a，mol）与乙二醇（N_b，mol）反应得到聚酯，试求：

（1）$N_a=N_b=1$mol 时，数均聚合度为 100 时的反应程度 P 及平衡常数 $K=4$ 时的生成水量（mol）；

（2）若 $N_a=1.02$，$N_b=1.00$，求反应程度 P 为 0.99 时的数均聚合度。

全真试题十八

一、填充题

1.在自由基聚合中，当反应体系的黏度升高时，引发剂效率会_____，这是因为_____。

2.链转移常数是指_____，它反映了_____反应和_____反应的竞争情况，温度升高，其值将_____。

3.欲合成分子量为 5400，端基为羟基的聚丁二烯遥爪聚合物应选用_____作催化剂，当单体的量为 54g 时，应加入的该催化剂的浓度为____，反应结束时应加入_____作为终止剂。

4.环氧值是_____，已知环氧值为 E，则环氧分子量 M_n 为_____，如用乙二胺作固化剂，并保证固化，则 10g 该环氧树脂所需要乙二胺的量的范围为_____。

5.苯乙烯与醋酸乙烯酯各自均聚时，_____聚合的速率更快，这是因为_____；当二者共聚时，在反应初期主要得到_____，这是因为_____。

6.在线形缩聚反应中，通常用_____的方法和_____的方法来控制产物的分子量，所涉及的计算公式分别为_____和_____。

二、解释下列现象

1.采用本体铸板聚合得到的有机玻璃板内有许多密集的气泡。

2.在癸二酰氯与己二醇的界面缩聚中，有机溶剂相采用四氯化碳时只能得到低分子量产物，而采用氯仿时可得高分子量产物。

3.在烷基锂和烷基钠引发的苯乙烯的阴离子聚合中，前者在四氢呋喃中引发聚合的速率大于同溶剂中后者引发聚合的速率，而改变溶剂后，前者在 1,4-二氧六环中引发聚合的速率却小于同溶剂中后者引发聚合的速率。

三、找出下列实验装置与实验步骤中的所有错误，简要说明理由，并回答所问问题。

将含有 0.2% 的聚乙烯醇的 300mL 水倒入 500mL 三颈瓶内，再加入 0.2% 的市售 BPO，180mL 苯乙烯，通氮，开动搅拌，加热，控制温度在 80℃反应 3h，95℃反应 1h，停止搅拌，移去热源后拆下装置，将产物过滤、洗涤，于烘箱中 100℃下干燥。若得到的产品颗粒大小不均匀，形状不规则，有粒子兼并现象，试分析其原因。

四、计算题

1. 苯乙烯在苯溶液中 60℃下 AIBN 引发聚合，已知 AIBN 浓度为 $0.01 mol \cdot L^{-1}$，60℃下半衰期为 48h，苯乙烯浓度为 $1 mol \cdot L^{-1}$，密度 $0.087 g \cdot mL^{-1}$，苯的密度为 $0.839 g \cdot mL^{-1}$，$f=0.8$，$K_p^2/K_t=1\times 10^{-2} L \cdot mol^{-1} \cdot s^{-1}$，$C_1=0$，$C_m=0$，$C_s=2\times 10^{-6}$，偶合终止，试求：

（1）10% 的单体转化为聚合物需要多少时间？

（2）反应初期生成聚合物的平均聚合度。

2. 用 BPO 引发苯乙烯聚合，试比较温度从 50℃增到 60℃时聚合反应速率和分子量的变化（$E_d=126 kJ \cdot mol^{-1}$，$E_p=33 kJ \cdot mol^{-1}$，$E_t=10 kJ \cdot mol^{-1}$）。

全真试题十九

一、基本概念题

1. 请给出下列聚合物的中文名称和英文缩写

（1）［图］　（2）$*\!+\!CH_2\!-\!\underset{\underset{O-CH_3}{\overset{|}{\underset{|}{C=O}}}}{\overset{CH_3}{|}}\!\!+_n*$　（3）$*\!+\!CH_2CH\!+_n*$（苯基）

2. 请写出下列聚合物的平均聚合度，它们的平均分子量约为 100000。

（1）$*\!+\!O\!-\!CH_2CHO\!-\!C\!-\!\text{（苯环）}\!-\!C\!+_n*$　（2）$*\!+\!NH\!+\!CH_2\!+_5\!C\!+_n*$

（3）$*\!+\!CH_2\underset{Cl}{\overset{Cl}{C}}\!+_n*$

3. 请给出下面单体的官能度

$$H_2N-CH_2 \quad CH_2 \quad O$$
$$H_2C=C-CH_2-C-CH_2CH_2C-OH$$

（1）在自由基或离子型聚合中；

（2）在可形成酰胺的反应中；

（3）在可形成酯基的反应中。

4. 请画出自由基聚合与逐步缩聚反应的分子量随时间变化的曲线，并说明各自产物分子量的范围及形成大分子所需的时间。

二、填充题

1.链转移反应的本质是＿＿＿＿＿＿＿＿＿。在自由基聚合中，C_s、C_m 和 C_1 分别表示＿＿＿＿＿＿＿＿＿，＿＿＿＿＿＿＿＿＿和＿＿＿＿＿＿＿＿＿。当体系发生链转移时，它对反应速率的影响是＿＿＿＿＿＿＿＿＿，对聚合物分子量的影响是＿＿＿＿＿。当 C_m 数值较大时，可以通过控制＿＿＿＿来控制产物的分子量。

2.单体的竞聚率 r 的定义是＿＿＿＿＿＿＿＿＿＿＿＿＿＿。当 r_1、r_2 的数值在＿＿＿＿＿＿＿时，出现交替共聚合，其共聚物组成曲线为＿＿＿＿＿＿＿；当 r_1、r_2 的数值在＿＿＿＿＿＿＿时，出现恒比共聚合，其共聚物组成曲线为＿＿＿＿＿＿＿。对二元共聚体系而言，单体 1 和单体 2 的相对活性可分别表示为＿＿＿＿、＿＿＿＿，～M_1· 和～M_2· 的相对活性可分别表示为＿＿＿＿、＿＿＿＿。当 $r_1 < 1$ 时，随着温度的升高，r_1 值有＿＿＿＿的趋势，当 $r_1 > 1$ 时，随着温度的升高，r_1 值有＿＿＿＿的趋势。现有带共轭取代基的单体 M_1 及不带共轭取代基的单体 M_2，其均聚反应分别为：

$$M_1 \cdot + M_1 \longrightarrow \sim\sim\sim M_1 M_1 \cdot$$

$$\sim\sim\sim M_2 \cdot + M_2 \longrightarrow \sim\sim\sim M_2 M_2 \cdot$$

其中 k_{11} 值要比 k_{22} 值＿＿＿＿，其理由是＿＿＿＿＿＿＿＿＿＿＿＿＿＿＿＿＿＿＿＿＿＿＿＿＿＿＿＿＿＿。

三、问答题

1.试讨论丙烯进行自由基聚合、阴离子聚合、阳离子聚合及配位聚合时，能否形成高分子量的聚合物，为什么？

2.何谓活性聚合？如何控制活性聚合产物的分子量？聚合物分子量与转化率有何关系？请画出关系曲线。

3.阳离子聚合中有哪几种主要的链终止方式？请列出三种链终止反应通式。与阴离子聚合相比，为什么阳离子聚合特别容易发生链转移反应？

4.缩聚反应通常多采用熔融本体聚合方法，为什么？在什么情况下可考虑采用溶液聚合方法？此时对体系中单体及溶剂分别有什么要求？试举例说明。

5.简述高分子的化学反应的特点以及会影响高分子化学反应进行的各种高分子效应（至少写出四种）。

6.聚合物在高温下会发生降解，试分析聚甲基丙烯酸甲酯、聚苯乙烯及聚氯乙烯发生热降解时可能出现的情况。

四、实验题

1.请画出制备 30g 左右的双酚 A 环氧树脂的装置（不包括纯化）。

2.生产双酚 A 环氧树脂时，双酚 A 与环氧氯丙烷的配比必须满足什么条件？

3.现制备得到 30g 环氧值为 0.58 的双酚 A 环氧树脂，在环氧树脂固化时，工业上常采用公式 $W = (M/H)$ EPV 来计算需加入固化剂的量（式中，W 为 100g 树脂所需固化剂的量，g；M 为固化剂的摩尔质量，$g \cdot mol^{-1}$；H 为固化剂分子中活性氢的数目；EPV 为树脂的环氧值），请计算固化所需固化剂用量，用 Carothers 法计算凝胶点。

（1）用乙二胺固化；

（2）用二亚乙基三胺（$H_2NCH_2CH_2NHCH_2CH_2NH_2$）固化。

五、计算题

1.苯乙烯在 60℃时用 1×10^{-3} mol·L^{-1} 的 AIBN 进行本体聚合，苯乙烯单体密度为 0.909g·cm^{-3}，已知苯乙烯的双基偶合终止常数 $k_{tc}=1.8\times10^{7}$L·mol^{-1}·s^{-1}，AIBN 的分解速率常数 $k_d=8.5\times10^{-4}$L·mol^{-1}·s^{-1}，$f=0.6$，$k_p=176$L·mol^{-1}·s^{-1}，求平均自由基寿命，稳态自由基浓度和聚合反应速率。

2.丁二烯（M_1）和苯乙烯（M_2）50℃下进行自由基共聚反应，如两种单体是等摩尔投料，试求共聚物的起始摩尔组成。（$r_1=1.35$，$r_2=0.58$）

全真试题二十

一、名词解释

1.理想共聚合　2.离子聚合中的异构化现象　3.自然降解型高分子　4. Ziegle-Natta 催化剂　5.大分子化学反应中产物的不均匀性　6.大分子单体　7.竞聚率

二、写出下列物质的结构式，讨论其特性并指出一种主要用途

1.乙丙橡胶　　　　2.全同聚丙烯　　　　3.浇注尼龙
4.聚乙烯醇缩丁醛　　5.萘-钠复合物　　　　6. N-酰基己内酰胺

三、判断下列叙述是否正确，并简要说明理由

1.聚氯乙烯在锌粉的催化下发生脱氯反应（氯以氯气的形式被除去，三个碳原子之间成环），但总有 13%～14% 的氯原子不能脱除，环化程度最高为 86.5%。

2.根据 Cossee-Artman 单金属活性中心机理，在配位聚合中降低聚合温度，有利于间规立构链的生成。

3.氢卤酸不能引发烯类单体阳离子聚合是因为不能解离出足够的氢离子。

4.在完全相同的自由基聚合条件下，单体 A 的聚合反应增长速率常数 K_p 远大于单体 B 的聚合反应增长速率常数 K_p，这意味着 A 的聚合活性高于 B 的聚合活性。

5.缩合聚合、自由基聚合、离子聚合等均要以抽真空或通氮气的方式来除水、除氧，而配位聚合则不需要。

6.异丁烯的阳离子聚合只有在低温下进行时，才能得到分子量比较高的产物。

四、填空并简略回答问题

（一）填空

由于阴离子聚合在适当的条件下可以不发生　(1)　反应，因此增长反应中的活性链直到单体完全耗尽后，仍可保持活性。这样所得的聚合物被称为"　(2)　"。当再加入（新）单体时，又继续发生链　(3)　反应。聚合物的分子量也进一步增加。借此阴离子聚合的特点，可有意识地控制聚合物主链的结构并控制聚合物的分子量和　(4)　，以达到聚合物分子设计的目的。以下是苯乙烯阴离子聚合的实施例子；取大试管一只，配上单孔橡皮塞、短玻管及一段听诊橡皮管，用注射器注入 8mL　(5)　（溶剂）和 2mL 苯乙烯，摇匀；用注射器先缓慢注入少量　(6)　色［为　(7)　的颜色］，试管在　(8)　℃浴中反应 30min 后取出，注入 0.5mL　(9)　终止反应。将聚合物溶液在搅拌下加到 50mL 甲醇中使其沉淀，抽滤得到　(10)　色的聚苯乙烯，产物被烘干、恒重、并计算转化率。

（二）回答问题

1.为何少量的 $n\text{-}C_4H_9Li$ 可以消除体系中残余杂质？

2.试写出本实验中存在的所有基元反应？

五、St（M$_1$）和 MMA（M$_2$）以质量比 70/30 组成共聚物时，能否得到组成基本均匀的共聚物？若不能，则以何种配料比能得到？并计算此时共聚物中各单元的摩尔数。$r_1=0.52$，$r_2=0.44$。

全真试题二十一

一、写出下列聚合物合成的引发剂及其分解和链引发反应

1.聚醋酸乙烯酯乳胶；

2.丙烯腈在 NaSCN 溶液中同丙烯酸甲酯和衣康酸共聚。

二、解释

1.在醋酸乙烯酯自由基聚合和苯乙烯阴离子聚合时加入少量的 MMA 会使聚合反应减缓或终止。

2.在任何温度下丙酮不能聚合，而三聚甲醛都能聚合。

三、问答题

1.弱碱性离子交换树脂的合成方法。

2.在户外使用的聚丙烯树脂需加入哪些助剂，写出它们的分子式。

3.等物质量（1mol·L^{-1}）己二醇同对苯二甲酸在酸作用下与 280℃进行缩聚反应，其酯化反应的速度常数为 0.097kg·mol^{-1}·min^{-1}。

（1）如达平衡时所得聚酯的分子量为 3630，问此时体系中反应程度？

（2）如再加入 0.1%（摩尔分数）的己二醇，求反应程度为 0.995 时的聚合度？

（3）如在原反应体系中加入 0.5mol 丙三醇和 0.8mol 对苯二甲酸，求凝胶点？

4.高分子合成中常用以下助剂：

①自由基聚合引发剂；②阴离子聚合引发剂；③阳离子聚合引发剂；④配位聚合催化剂；⑤乳液聚合乳化剂；⑥悬浮聚合稳定剂。

试指出下列化合物在高分子合成中作为哪种上述助剂使用？

①过氧化二苯甲酰；②十二烷基苯硫酸钠；③正丁基锂；④偶氮二异丁腈；⑤碳酸镁⑥三乙基铝-三氯化钛；⑦三氟化硼-乙醚。

5.写出苯乙烯自由基聚合形成聚苯乙烯的三个基元反应的名称及反应式。

6.尼龙-66 由 1,6-己二酸和 1,6-己二胺反应制得。

（1）写出该尼龙-66 的结构式；

（2）若要得到高分子量的尼龙-66 下列方法中，应采用哪一种？

①己二酸过量；②己二胺过量；③二者等当量比；④加入少量醋酸。

全真试题二十二

一、写出下列各组聚合反应的反应式，并简单讨论反应产物的不同。

1. $CH_2{=\!=}CH_2$ 　　　高压法

　　　　　　　　　　低压法

2. MMA＋St 　　　　自由基共聚

　　　　　　　　　　离子共聚

二、求线形缩聚反应中，为何要控制反应官能团的配比？为了保证反应时反应官能团等计量配比，通常采用哪三种措施？

三、什么是高分子的化学反应？影响高分子化学反应的主要因素有哪些？请举例说明。

四、以下是本体聚合法制备有机玻璃板的基本步骤，请在（　　　　）上填入恰当的词语并简要回答问题。

准确称取 0.03g （1），在 50g （2）中溶解并混合均匀，倒入配有搅拌器 （3） 和 （4） 的磨口三角瓶中，采用水浴恒温。开动搅拌，升温至 75～80℃，20～30min 后取样，若预聚物具有一定黏度［此时单体转化率均为 （5）%］，则移去热源，冷却至 50℃ 左右，预聚物被浇铸在用玻璃夹板作的模具内。在 55～60℃ 水浴中恒温 2h 硬化后，升温至 95～100℃ 保持 1h，撤除夹板，即可得一透明光洁的有机玻璃板。问题：

1. 为何在生产上一般先做成聚合物的预聚体？

2. 为何硬化期间，反应温度需较预聚时低？

3. 反应后期为何还要进一步加温？

全真试题二十三

一、名词解释

1. 杂链聚合物　2. 体型缩聚　3. 自动加速现象　4. 热固性聚合物　5. 竞聚率　6. 聚合度　7. 半衰期　8. 老化　9. 引发剂效率　10. 亲水亲油平衡值（HLB）

二、选择题

1. 对阴离子聚合的发展做出巨大贡献，提出"活性聚合"概念的科学家是（　　　）。

A. Staudinger　　　B. Flory　　　　C. Szwarc　　　　D. Merrifield

2. 高分子化合物的基本特征是（　　　）。

A. 分子链由碳氢组成　　　　　B. 分子是能结晶的

C. 分子是不能结晶的　　　　　D. 分子量通常大于 1000

3. 下列单体可以发生自由基聚合的是（　　　）。

A. 1,1-二苯基乙烯　　　　　　B. 2-丁二烯

C. 1,2-二氯乙烯　　　　　　　D. 三氟氯乙烯

4. 下列单体中进行自由基聚合时向单体的链转移常数最大的是（　　　）。

A. 丙烯腈　　　　　　　　　　B. 苯乙烯

C. 甲基丙烯酸甲酯　　　　　　D. 氯乙烯

5. 自由基聚合的特点是（　　　）。

A. 慢引发，快增长，速终止　　　　B. 快引发，快增长，易转移，难终止

C. 快引发，慢增长，无转移，无终止　　D. 慢引发，快增长，易转移，难终止

6. 聚合的上限温度是（   ）。

A. 聚合时的最高温度　　　　　　　B. 聚合物的分解温度

C. 聚合和解聚处于平衡状态的温度　D. 聚合物所能经受的最高温度

7. 推导自由基聚合动力学方程式所作的基本假定中没有（   ）。

A. 自由基等活性假定　　　　　　　B. 稳态假定

C. 引发剂引发效率为 1　　　　　　D. 聚合度很大假定

8. ε-己内酯开环聚合不一定需要加入（   ）。

A. 单体　　　B. 乳化剂　　　C. 催化剂　　　D. 引发剂

9. 自由基本体聚合的单体聚合场所在（   ）。

A. 胶束和乳胶粒内　　B. 溶液内　　C. 本体内　　D. 液滴内

10. 乳液聚合的产物特性是（   ）。

A. 分子量分布较宽，聚合物纯净

B. 留有乳化剂和其他助剂，纯净度较差

C. 较纯净，留有少量分散剂

D. 分子量较小，分布较宽，聚合物溶液可直接使用

11. 影响聚合物化学反应活性的主要因素为（   ）。

A. 聚合物形态　　B. 邻近基团　　C. 分子构型　　D. 均相溶液

12. 高抗冲击聚苯乙烯（HIPS）实际上主要成分是由（   ）构成的。

A. 丁二烯和苯乙烯无规共聚物

B. 聚丁二烯和聚苯乙烯的混合物

C. 以聚丁二烯为主链、聚苯乙烯为支链的接枝共聚物和均聚物聚苯乙烯、聚丁二烯的混合物

D. 聚丁二烯-聚苯乙烯两嵌段聚合物

13. 醋酸乙烯酯乳液聚合的成核机理主要是（   ）。

A. 胶束成核　　B. 均相成核　　C. 液滴成核　　D. 异相成核

14. 以下哪种单体只适用于阳离子聚合而不适用于阴离子聚合。（   ）

A. 苯乙烯　　B. 乙基乙烯基醚　　C. 丁二烯　　D. 环氧乙烷

15. 以下可用水作溶剂进行溶液聚合的是（   ）。

A. 丙烯酰胺的自由基聚合　　　　　B. 甲基丙烯酸甲酯的阴离子聚合

C. 环氧乙烷的阳离子开环聚合　　　D. 丁烯的配位聚合

16. 下列聚合物可表现出光学活性的是（   ）。

A. 全同聚丙烯　　　　　　　　　　B. 全同聚苯乙烯

C. 全同聚环氧乙烷　　　　　　　　D. 全同聚环氧丙烷

17. 二异氰酸酯与二醇的聚合反应属于（   ）。

A. 自由基聚合　　B. 缩聚　　C. 逐步聚合　　D. 配位聚合

18. 异丁烯和少量异戊二烯单体共聚，可制得丁基橡胶，在共聚反应中可采用的较合适的溶剂是（   ）。

A. 四氢呋喃　　　　　　　　　　　B. N,N-二甲基甲酰胺

C. 氯甲烷　　　　　　　　　　　　D. 石油醚

10

19. 聚对苯二甲酰对苯二胺（PPD-T）商品名为 Kevlar，属于溶致型液晶分子，其特点为（   ）。

A. 高强度，高模量，高密度　　　　　B. 高强度，高模量，低密度

C. 高强度，低模量，高密度　　　　　D. 低强度，高模量，高密度

20. 碱法 PF 树脂的醛/酚摩尔比为（   ）。

A. 0.5　　　　　　B. 0.8　　　　　　C. 1.0　　　　　　D. 1.5

三、判断题

1. 聚合物的重复单元就是单体单元。（   ）

2. 几乎所有的缩聚都是逐步聚合，但逐步聚合未必都是缩聚。（   ）

3. 聚合物各种分子量的关系为：重均分子量＞黏均分子量＞数均分子量。（   ）

4. 一般来说，自由基聚合链转移反应不影响反应速率，仅使得分子量增大。（   ）

5. 一对单体共聚合的竞聚率，r_1 和 r_2 值将随时间、聚合温度和单体配比变化而变化。（   ）

6. 能使丙烯配位聚合的引发体系一般都能使乙烯聚合，反之亦然。（   ）

7. 用 Carothers 法预测的凝胶点往往比实测值要高，用 Flory 法预测的则比实测值要低。（   ）

8. 对于能进行开环聚合的单体，环越大，开环聚合的活性越低。（   ）

9. 不同高分子材料应有合适的分子量分布，三大高分子材料中，合成纤维的分子量分布最窄，合成橡胶的分子量分布最宽。（   ）

10. 聚碳酸酯制备方法中，酯交换法得到的聚碳酸酯的分子量大于光气直接法。（   ）

四、问答题

1. 动力学链长的定义是什么？分析没有链转移反应时，动力学链长与平均聚合度的关系。

2. 试比较自由基聚合与逐步聚合的反应特征。

3. 苯乙烯是活性很高的单体，醋酸乙烯酯是活性很低的单体，但苯乙烯的自由基均聚速率常数却比醋酸乙烯酯的低，这是为什么？

4. 给出尼龙 6 和尼龙 66 以及相应单体的结构式以及名称，并简述合成方法。

5. 描述并画出如下反应物聚合所得聚酯的结构：

（1）HO—R—COOH

（2）HOOC—R′—COOH＋HO—R″—OH

6. 下列聚合物选用哪一类型反应进行交联？

（1）天然橡胶　　　（2）聚甲基硅氧烷　　　（3）PE 涂层　　　（4）乙丙橡胶

五、计算题

1. 计算等物质的量的对苯二甲酸与乙二醇反应体系，在反应程度分别为 0.500、0.750、0.950、0.995 时的平均聚合度和分子量。

2. 有下列所示三组分的混合聚合物体系：

成分 1：质量分数＝0.5，分子量＝1×10^4；

成分 2：质量分数＝0.4，分子量＝1×10^5；

成分 3：质量分数＝0.1，分子量＝1×10^6。

求这个混合体系的数均分子量、重均分子量。

六、综合题

1.某二元共聚体系 M1 和 M2 的竞聚率分别为 $r_1 = 0.41$、$r_2 = 0.04$，起始单体组成 $f_{10} = 0.30$。

（1）画出该体系的共聚物组成曲线示意图，求出恒比点组成。

（2）随转化率的提高，单体组成和共聚物的组成将如何变化？

（3）为获得组成较均一的共聚物，可采取哪种措施？

2.（1）简述 Ziegler-Natta 催化剂的两个主要组分。（2）乙烯和丙烯配位聚合所用的两组分有何区别？主要原因是什么？（3）简述 Ziegler-Natta 催化剂对高分子学科和高分子工业的重要意义。

全真试题二十四

一、名词解释

1.诱导期　2.邻近基团效应　3.连锁聚合　4.官能团等活性　5.热塑性聚合物　6.笼蔽效应　7.玻璃化转变温度　8.立构规整度　9.凝胶点　10.加聚反应

二、选择题

l.聚合物各种分子量的关系为（　　　）。

A.黏均＞重均＞数均

B.黏均＞数均＞重均

C.数均＞黏均＞重均

D.重均＞黏均＞数均

2.衡量配位聚合引发体系的主要指标是（　　　）。

A.分子量分布和等规度

B.溶解性和分子量大小

C.溶解性和分子量分布

D.聚合活性和等规度

3.苯乙烯-顺丁烯二酸由自由基交替共聚的倾向较大，主要是（　　　）。

A.Q 值相差较大的一对单体

B.e 值相差较大的一对单体

C.都含吸电子基团的单体

D.二者竞聚率接近

4.如下的反应体系中，反应产物为体型聚合物的是（　　　）。

A.$A_2 + B_2$　　　B.AB_2　　　C.$A + B$　　　D.$A_2 + B_3$

5.既能进行阴离子开环聚合又能进行阳离子开环聚合的环醚是（　　　）。

A.环氧乙烷　　　B.丁氧环　　　C.四氢呋喃　　　D.四氢吡喃

6.下列单体进行自由基聚合时，分子量与引发剂浓度基本无关，而仅取决于温度的是（　　　）。

A.苯乙烯

B.氯乙烯

C.甲基丙烯酸甲酯

D.异戊二烯

7.某一组单体对 M_1 和 M_2，其竞聚率 $r_1 = 1$、$r_2 = 1$，在自由基引发剂存在下能进行（　　　）反应。

A.嵌段共聚

B.交替共聚

C.理想恒比共聚

D.均聚

8.能采用阳离子、阴离子与自由基三种聚合机理聚合的单体是（　　　）。

A. 甲基丙烯酸甲酯   B. 苯乙烯

C. 异丁烯   D. 丙烯腈

9. 不可用于共轭二烯烃定向聚合的引发剂是（   ）。

A. BPO   B. 丁基锂

C. Ziegler-Natta 催化剂   D. π-烯丙基镍

10. 聚合的上限温度是（   ）。

A. 聚合时的最高温度   B. 聚合和解聚处于平衡状态时的温度

C. 聚合物所能经受的最高温度   D. 聚合反应自终止的温度

11. 聚合度基本不发生变化的化学反应是（   ）。

A. 聚氨酯的扩链   B. 聚醋酸乙烯酯的醇解

C. 聚乳酸的水解   D. 环氧树脂的固化

12. 固相聚合常用于制备（   ）。

A. 聚氨酯   B. 聚氯乙烯   C. 聚酰胺   D. 聚烯烃

13. 以下不可用作苯乙烯阴离子聚合引发剂的是（   ）。

A. 钠   B. 正丁基锂   C. 萘钠   D. 叔丁醇钾

14. 二异氰酸酯与二醇的反应属于（   ）。

A. 自由基聚合   B. 缩合聚合

C. 逐步聚合   D. 配位聚合

15. 下列聚合物可表现出光学活性的是（   ）。

A. PE   B. PP   C. PEO   D. PLLA

16. 在缩聚反应的实施方法中，对于单体官能团配比等物质量和单体纯度要求不是很严格的是（   ）。

A. 熔融缩聚   B. 溶液缩聚   C. 固相缩聚   D. 界面缩聚

17. 下列聚合物中属于杂链聚合物的是（   ）。

A. 聚己内酯   B. 聚乙烯   C. 聚苯乙烯   D. 天然橡胶

18. 用苯作溶剂，丁基锂作引发剂进行异戊二烯的阴离子聚合，所得聚合物的微结构主要为（   ）。

A. 1,2-加成结构   B. 3,4-加成结构

C. 顺式 1,4-加成结构   D. 反式 1,4-加成结构

19. 在三氯化钛的四种晶型中，对丙烯聚合的定向能力最低的是（   ）。

A. α   B. β   C. γ   D. δ

20. 以下聚合物商品中用阴离子聚合制备的是（   ）。

A. 丁基橡胶   B. 有机玻璃

C. 三元乙丙橡胶   D. SBS 热塑性弹性体

三、判断题

1. 带有供电子基团的烯类单体适用于阳离子聚合，带有吸电子基团的烯类单体适用于阴离子聚合。（   ）

2. 对于能够进行开环聚合的单体，开环聚合的活性低。（   ）

3. 所得到的聚合物具有较窄的分子量分布，这样的聚合就是活性聚合。（   ）

4. 世界上最早研制成功并商品化的合成树脂是酚醛树脂。（　　）

5. 一对单体共聚合的竞聚率 r_1 和 r_2 值，会随聚合时间、聚合温度以及单体配比的变化而变化。（　　）

6. 缩合聚合在聚合早期时单体转化率低，分子量高；而在聚合后期单体转化率逐步增加，分子量分布不大。（　　）

7. 聚乙烯醇可以通过乙烯醇的自由基聚合制备得到。（　　）

8. 一般而言，自由基聚合链转移反应不影响反应速率，但使得分子量减小。（　　）

9. 羟基酸缩聚时，单体浓度对成环或线型缩聚的倾向有影响：低浓度有利于线型缩聚，高浓度有利于成环。（　　）

10. 用阴离子聚合制备聚苯乙烯-聚（4-乙烯基吡啶）嵌段共聚物时，单体加入顺序为先 4-乙烯基吡啶随后苯乙烯。（　　）

四、问答题

1. 简述高分子学科中曾获得诺贝尔奖的科学家及其主要贡献。

2. 写出用逐步聚合和开环聚合制备聚二甲基硅氧烷的反应方程式及反应条件。

3. 简述传统自由基聚合的聚合方法。

4. 举例说明立构规整性对聚合物性能的影响。

5. 简要描述聚合物化学反应的特征。

6. 画出自由基聚合、阴离子聚合和缩合聚合的典型分子量-转化率关系图，分别给予一定的解释。

7. 以 BPO 为引发剂，试写出苯乙烯聚合的链引发、链增长和链终止基元反应的一般式。

8. 环氧乙烷阴离子开环聚合产物的分子量可达数万，而环氧丙烷阴离子开环聚合却只能得到三四千，这是为什么？试以简单的反应方程式和文字描述加以说明。

五、综合题

1. 用仲丁基锂引发 200mL 异戊二烯进行阴离子聚合，已知仲丁基锂溶液的初始浓度为 1.4mol/L，目标聚合度（单体完全反应时）为 1000，需加入仲丁基锂溶液的体积是多少？假设上午 9 点加入引发剂开始反应，下午 3 点经测试发现异戊二烯的转化率为 50%，欲获得分子量为 5×10^4 的聚合物，需要在何时终止反应？已知异戊二烯的摩尔质量为 68g/mol，密度为 0.68g/mL。

2. 写出对苯二甲酸与乙二醇聚合时所有可能的聚合产物（包括重复单元和端基），并计算等物质的量的对苯二甲酸与乙二醇的反应体系，在下列反应程度时的平均聚合度和分子量：0.500；0.750；0.950；0.995。

全真试题二十五

一、名词解释

1. 结构单元　2. 平均官能度　3. 聚合极限温度　4. 乳液聚合　5. 缓聚剂　6. 链转移常数　7. 恒比点　8. 遥爪聚合物　9. 配位聚合　10. 活性聚合物

二、选择题

1. 以下属于单分散物质的是（　　）。

A. 天然橡胶　　　　　B. 玉米淀粉　　　　　C. β-球蛋白　　　　　D. 聚乙烯

2. 单体 $H_2N(CH_2)_mCOOH$ 缩聚时，当 m 值为（　　）时，存在环化的倾向。

A. 1　　　　　B. 4　　　　　C. 7　　　　　D. 12

3. 涤纶聚合通常采用的聚合方法为（　　）。

A. 溶液聚合　　　　　B. 熔融聚合　　　　　C. 乳液聚合　　　　　D. 界面聚合

4. 主要以阴离子方式进行聚合的单体为（　　）。

A. 丙烯　　　　　B. 四氟乙烯　　　　　C. 乙酸乙烯酯　　　　　D. 硝基乙烯

5. 适于悬浮聚合的引发剂体系是（　　）。

A. AIBN　　　　　B. $K_2S_2O_8$　　　　　C. $(NH_4)_2S_2O_8$　　　　　D. FeO/H_2O_2

6. 适用于零下 10℃ 以下的引发剂为（　　）。

A. BPO　　　　　B. 二乙基铅　　　　　C. $K_2S_2O_8$　　　　　D. FeO/H_2O_2

7. 乳液聚合消耗单体的主要阶段是（　　）。

A. 加速期　　　　　B. 恒速期　　　　　C. 减速期　　　　　D. 成核期

8. 乳液聚合的主要反应场所为（　　）。

A. 胶束　　　　　B. 单体液滴　　　　　C. 溶剂　　　　　D. 乳化剂

9. 自由基聚合反应中，主要消耗单体的基元反应是（　　）。

A. 链引发　　　　　B. 链增长　　　　　C. 链终止　　　　　D. 链转移

10. 缓聚剂对自由基聚合反应聚合度产生的影响主要有（　　）。

A. 无影响　　　　　B. 增加　　　　　C. 降低　　　　　D. 终止反应

11. 容易发生自加速效应的聚合方法为（　　）。

A. 乳液聚合　　　　　B. 悬浮聚合　　　　　C. 本体聚合　　　　　D. 界面聚合

12. 玻璃钢制品加工过程中最主要的反应类型为（　　）。

A. 接枝反应　　　　　B. 扩链反应　　　　　C. 交联反应　　　　　D. 缩合反应

13. 属于连锁降解机理高分子材料的是（　　）。

A. 涤纶　　　　　　　　　　　　　B. 纤维素

C. 聚甲基丙烯酸甲酯　　　　　　　D. 聚乳酸

14. 具有自熄特性的高分子材料有（　　）。

A. 聚碳酸酯　　　　　B. 硝基纤维素　　　　　C. ABS 树脂　　　　　D. 聚氯乙烯

15. 聚丙烯腈可以采用的加工方法有（　　）。

A. 熔融挤出　　　　　B. 注塑成型　　　　　C. 溶液流延　　　　　D. 吹塑成型

16. 两个单体竞聚率 $r_1=r_2=0$ 的共聚产物为（　　）。

A. 嵌段共聚物　　　　　B. 接枝共聚物　　　　　C. 交替共聚物　　　　　D. 无规共聚物

17. 在自由基共聚中，e 值相差较大的单体容易发生（　　）。

A. 交替共聚　　　　　B. 理想共聚　　　　　C. 非理想共聚　　　　　D. 嵌段共聚

18. 一对单体的竞聚率将随（　　）的变化而变化。

A. 聚合时间　　　　　B. 单体配比不同　　　　　C. 引发剂浓度　　　　　D. 聚合温度

19. 制备分子量窄的聚苯乙烯，宜采用的聚合方法是（　　）。

A. 自由基聚合　　　　　B. 配位聚合　　　　　C. 阴离子聚合　　　　　D. 阳离子聚合

20. 主要通过温度控制分子量的聚合反应是（　　）。

A. 自由基聚合　　　B. 配位聚合　　　　C. 阴离子聚合　　　D. 阳离子聚合

三、判断题

1. 离子聚合反应存在自加速效应。（　　　）

2. 逐步聚合反应初期分子量增加较快，但单体转化率较低。（　　　）

3. 烯烃类单体聚合，当取代基具有推电子效应时，利于阳离子聚合反应的进行。（　　　）

4. 聚合物结晶对聚合物化学反应物无直接影响。（　　　）

5. 乳液聚合反应中，引发剂主要进入单体液滴，引发聚合反应形成聚合物。（　　　）

6. 决定单体参加自由基聚合反应活泼程度的最重要的因素是取代基与 π 键共轭的程度。（　　　）

7. 参与共聚反应的两种不同活性的单体的投料比决定产物的组成比。（　　　）

8. 丙烯单体通过自由基聚合反应能够得到高强度的聚丙烯。（　　　）

9. 具有弹性的橡胶通常为反式结构。（　　　）

10. 缩合聚合反应时，若体系中存在多官能团单体，则会发生交联反应。（　　　）

四、问答题

1. 写出（1）涤纶、（2）聚乙烯醇的聚合反应方程式，并标出相应的结构单元。

2. 简述获得高分子量缩聚物的基本条件。

3. 说明单体结构因素对烯烃类单体进行连锁聚合反应的聚合热产生的影响。

4. 在自由基聚合链增长反应中，是单体的活性对反应速率的影响大，还是自由基活性的影响大？

5. 在离子型聚合反应中，活性中心有哪几种存在形态？决定活性中心离子形态的主要因素有什么？

6. 简述反离子对阴离子聚合反应速率常数的影响。

7. 简要说明影响聚合物化学反应的因素。

8. 写出在密闭反应体系中进行的线型缩聚反应的聚合度公式，试解释为什么不能根据该公式得出"反应程度越高则聚合度越高"的结论。

五、计算题

1. 将 1mol 己内酰胺 ［分子式：$NH(CH_2)_5CO$］置于密闭反应容器中进行开环聚合，反应器中加入催化剂及分子量调节剂，其中，水 0.37mL，乙酸 0.205mmol。反应结束后，采用端基分析方法测出产物的氨基和羧基含量分别为 2.3mmol 和 19.8mmol。试计算其数均分子量（H=1，O=16，C=12，N=14）。

2. 已知苯乙烯和甲基丙烯酸甲酯的 Q 值分别为 1.00 和 0.74，e 值分别为 -0.80 和 0.40，试计算两种单体进行共聚时的竞聚率，并说明共聚类型。

全真试题二十六

一、选择题

1. 以下已商品化的聚合物中，采用阳离子聚合机理合成的是（　　　）。

A. ABS　　　B. 乳聚丁苯橡胶　　　C. 高抗冲聚苯乙烯　　　D. 丁基橡胶

2. 以下聚合物中，由配位聚合制得且不涉及立体异构的是（　　）。

A. 低密度聚乙烯　B. 高密度聚乙烯

C. 溶聚丁苯橡胶　D. 全同聚丙烯

3. 下列单体进行自由基聚合反应时，最难获得高分子链均聚物的单体是（　　）。

A. 四氟乙烯　　　B. 苯乙烯　　　　C. 马来酸酐　　　　D. 丙烯酸甲酯

4. 无定形态聚合物与小分子的化学反应中，控制反应速率的主要因素是（　　）。

A. 小分子在聚合物中的扩散速率　　　B. 小分子中官能团的反应活性

C. 聚合物中官能团的反应活性　　　　D. 反应温度

5. 应用活性阴离子聚合制备苯乙烯、甲基丙烯酸甲酯、丙烯酸甲酯的三嵌段共聚物，正确的加料顺序是（　　）。

A. 甲基丙烯酸甲酯、丙烯酸甲酯、苯乙烯

B. 苯乙烯、甲基丙烯酸甲酯、丙烯酸甲酯

C. 丙烯酸甲酯、甲基丙烯酸甲酯、苯乙烯

D. 苯乙烯、丙烯酸甲酯、甲基丙烯酸甲酯

6. 某聚合体系的配方为：苯乙烯 50g，水 250g，过氧化苯甲酰 0.3g，聚乙烯醇 2g，碳酸钙 3g。以下关于该聚合体系的描述，正确的是（　　）。

A. 该体系进行的是溶液聚合，PVA 和碳酸钙起聚合活性剂作用

B. 该体系进行的是乳液聚合，PVA 和碳酸钙起乳化作用

C. 该体系进行的是悬浮聚合，PVA 和碳酸钙起分散作用

D. 该体系进行的是悬浮聚合，PVA 和碳酸钙起乳化作用

7. 下列聚合物属于杂链聚合物的是（　　）。

A. 聚丙烯　　　　B. 聚硅氧烷　　　　C. 聚苯乙烯　　　　D. 天然橡胶

8. 外加酸催化聚酯化反应的平均聚合度（$\overline{X}_n$）与时间 t 的关系为（　　）。

A. $\overline{X}_n$ 与 t 成线性关系　　　　B. $\overline{X}_n$ 与 $t^{1/2}$ 成线性关系

C. $\overline{X}_n$ 与 t^2 成线性关系　　　　D. $\overline{X}_n^2$ 与 t 成线性关系

9. 下列单体可以发生自由基聚合反应的是（　　）。

A. 1,2-二氯乙烯　　　　　　　　　B. 2-丁烯

C. 1,1-二苯基乙烯　　　　　　　　D. 四氟乙烯

10. 在缩聚反应的实施方法中，对于单体官能团配比和单体纯度没有严格要求的是（　　）。

A. 熔融缩聚　　　B. 溶液缩聚　　　　C. 界面缩聚　　　　D. 固相缩聚

11. 下列四种组合中，可以制备无支链线型高分子缩聚物的是（　　）。

A. 1-2 官能度体系　　　　　　　　B. 2-2 官能度体系

C. 2-3 官能度体系　　　　　　　　D. 3-3 官能度体系

12. 阳离子聚合的特点是（　　）。

A. 慢引发、快增长、有转移、速终止　　　B. 快引发、快增长、易转移、难终止

C. 快引发、慢增长、无转移、速终止　　　D. 慢引发、快增长、无转移、无终止

13. 能采用阳离子聚合、阴离子聚合与自由基聚合三种聚合机理聚合的单体是（　　）。

A. α-氰基丙烯酸辛酯　　　　　　　B. 苯乙烯

C. 乙基乙烯基醚　　　　　　　　D. 丙烯腈

14. 不可用于共轭二烯烃定向聚合的引发剂是（　　　）。

A. AIBN　　　　　　　　　　　　B. BuLi

C. $TiCl_3$-$Al(C_2H_5)_3$　　　　　D. α-烯丙基卤化镍

15. 聚合度基本不发生变化的化学反应是（　　　）。

A. 聚异戊二烯的硫化　　　　　　B. 聚甲基丙烯酸甲酯的水解

C. 聚 D，L-乳酸的水解　　　　　D. 聚二甲基硅氧烷的室温固化

二、判断题

1. 乳液聚合可实现反应速率快、聚合物分子量高，自由基本体聚合中也会出现反应速率快及分子量增大的现象，这两种现象的原因是一样的。（　　　）

2. 乙烯可进行自由基聚合或配位聚合，若两种聚合所制得产物的分子量基本一致，则其产物的性质也基本一致。（　　　）

3. 聚丙烯的工业聚合中，常用烷烃为溶剂，以 Ziegler-Natta 引发剂引发聚合，但由于产物（等规聚丙烯）不溶于溶剂而出现产物悬浮在介质中的现象，故这种聚合也被称为"淤浆聚合"或"悬浮聚合"。（　　　）

4. 四氟乙烯由于取代基太多，空间位阻太大，故很难与其他单体进行共聚。（　　　）

5. 丙烯腈具有较强的吸电子侧基，其 e 值约为 1.20；异丁烯带有推电子的侧基，其 e 值约为 -1.0。由于上述两种单体的极性相差较大，故二者进行自由基共聚时，易于得到交替共聚物。（　　　）

6. 共轭效应对单体和自由基的活性均有影响。共轭效应会使单体活性下降，会使自由基的活性增加。（　　　）

7. 四氢呋喃具有稳定的五元环结构，不能进行开环聚合，故常用作聚合反应的溶剂。（　　　）

8. 立体规整性聚合物的结晶度和密度一般高于相应的无规聚合物。（　　　）

9. 以三氟化硼为主引发剂，水为共引发剂，可引发 α-氰基丙烯酸乙酯进行阳离子聚合。（　　　）

10. 在常见的高分子平均分子量中，一般有：黏均分子量＞重均分子量＞数均分子量。（　　　）

三、填空题

1. 丙烯的溶液聚合不会出现自动加速效应，其本质原因是_____。

2. 控制共聚物组成的方法有：_____、连续补充活性单体或连续补充混合单体，这些方法的实质在于_____。

3. 以乳液聚合的方式进行自由基聚合反应时，增加乳化剂的用量，乳胶粒的数目将_____，聚合速率将_____。

4. 异戊二烯进行配位聚合反应，可有三种聚合方式：1,2-聚合、_____和 3,4-聚合。分别可获得立构规整聚合物包括：全同 1,2-聚异戊二烯、间同 1,2-聚异戊二烯、全同 3,4-聚异戊二烯、间同 3,4-聚异戊二烯、_____、_____。

5. 聚合物的化学反应中，交联和支化反应使分子量_____，而聚合物的热降解使分子量_____。

6. 在下表中，请补充聚合物名称、单体名称、聚合机理和聚合实施方法等内容：

聚合物名称	单体名称	聚合机理	聚合实施方法
丁基橡胶	异丁烯、 ①	阳离子聚合	②
PET	对苯二甲酸、 ③	④	本体聚合
⑤	苯乙烯、聚丁二烯	自由基聚合	溶液聚合

四、问答题

1. 下列三种引发剂能引发以下哪些单体聚合？说明反应类型。

引发剂：（1）过氧化苯甲酰＋亚铁离子；（2）三氟化硼＋水；（3）萘＋Na。

单体：A. 苯乙烯；B. 异丁烯；C. 甲基丙烯酸甲酯；D. 1,1-二氰基乙烯；E. 丁基乙烯基醚；F. 苯酚。

2. 单体 M_1 和 M_2 按初始投料比为 1/9（质量比）进行自由基聚合，已知以下聚合反应参数：$k_{11}=145$，$k_{12}=3.9$，$k_{22}=2300$，$k_{21}=230000$。请分析聚合完成后，最终产物中的聚合物组成。

3. 实验室合成化学组成均一的甲基丙烯酸甲酯-苯乙烯共聚物（简称 MS 树脂）的过程简述如下：在装有机械搅拌器、温度计、回流冷凝器和氮气导管的 500mL 四口烧瓶中加入：150mL 蒸馏水、100mL 浆状碳酸钙（内含固体碳酸钙粉末约 2.5g），开动搅拌，使碳酸钙分散均匀，并快速加热至 95℃，0.5h 后在氮气保护下降温至 70℃。一次性向反应瓶中加入用氮气除氧后的单体混合液（甲基丙烯酸甲酯 28g、苯乙烯 33g 和过氧化苯甲酰 0.6g），通入氮气，开动搅拌，物料的温度保持在 70～75℃，1h 后将反应体系的温度缓慢升至 95℃，继续反应 3h。聚合结束后，静置、冷却，将反应混合物上层清液倒出，向反应器中加入适量稀盐酸，使体系 pH 值达到 1～1.5，待大量气泡冒出，静置 0.5h 后，过滤，用大量蒸馏水洗涤珠状产物至中性，干燥、称重，计算产率。

请依据上述短文回答以下问题：

（1）本实验采用的是哪种聚合实施方法？

（2）浆状碳酸钙的作用是什么？

（3）聚合完成后，加入稀盐酸的作用是什么？

（4）为什么要控制搅拌速度？

（5）加入单体前，反应体系快速加热至 95℃并保持 0.5h，以及反应过程中通氮气的作用是什么？

（6）为什么选择 28g 甲基丙烯酸甲酯、33g 苯乙烯的投料比（已知竞聚率 $r_{MMA}=0.46$，$r_{St}=0.52$）？

五、计算题

1. 以丁基锂为引发剂、环己烷为溶剂，合成线型苯乙烯-异戊二烯-苯乙烯三嵌段共聚物（SIS），单体总量为 100g，丁基锂的环己烷溶液浓度为 0.2mol/L，单体转化率为 100%，若共聚物的组成为 S/I=60/40（质量比），分子量为 2×10^5，试计算：

（1）需要苯乙烯和异戊二烯各多少克？需要丁基锂多少毫升？

（2）若反应前体系中含有 1.8mg 水没有除去，计算此体系所得聚合物的实际分子量。

2. 等物质的量的二元醇和二元酸缩聚，另加醋酸 1.0%（相对于二元酸的摩尔分数），

当反应程度 $p=0.990$ 或 0.998 时，聚酯的聚合度分别是多少？

全真试题二十七

一、简答题

1. 根据名称写出下列聚合物重复结构单元的化学结构简式。

（1）聚四氟乙烯；（2）涤纶；（3）聚异戊二烯；（4）马来酸酐与醋酸 2-氯烯丙基酯（自由基聚合）；（5）聚碳酸酯。

2. 功能高分子的两种主要制备方法是什么？试设计一种两端带有羟基的大分子试剂。

3. 简述悬浮聚合和乳液聚合的主要不同之处。

4. 什么是单体的竞聚率？若分别以 r_1、r_2 代表单体 M_1 和 M_2 的竞聚率，则当 $r_1=r_2=0$ 和 $r_1>1$、$r_2>1$ 时，各得到何种类型的共聚物？

5. 均相茂金属催化剂近年来发展迅速，其主要优点是什么？

二、图解题

1. 对于常规的自由基本体聚合反应，试画出体系中自由基浓度随着单体转化率变化的曲线，并简要说明作图的依据。

2. 假设某一自由基聚合反应同时存在偶合终止和歧化终止，试以聚合度为横坐标、质量分布（W_x/W）为纵坐标画图说明两种终止方式对聚合物质量分布曲线的影响。

3. 画出聚 α-烯烃的立构图像。

三、资料题

1. 阅读以下实验步骤，依据短文内容回答问题（1）～（5）。

甲基丙烯酸甲酯-苯乙烯（简称 MS 共聚物）是制备透明高抗冲塑料 MBS 的原料之一，MS 共聚物的折射率可以通过调节甲基丙烯酸甲酯-苯乙烯的组成而改变，因此化学组成的均一性是重要的指标。实验室合成化学组成均一的 MS 的过程如下：在装有搅拌器、温度计、回流冷凝器和氮气导管的 500mL 四颈瓶中，加入 150mL 蒸馏水、100g 浆状碳酸镁，开动搅拌使碳酸镁分散均匀，并快速加热到 95℃。0.5h 后，在氮气保护下冷却系统到 70℃。一次性向反应瓶内加入用氮气除氧后的单体混合液（28g 甲基丙烯酸甲酯，33g 苯乙烯和 0.6g 过氧化苯甲酰）。通入氮气，开动搅拌，控制转速在 1000～1200r/min，烧瓶内温度保持在 70～75℃。1h 后，取少量烧瓶内的液体滴入盛有清水的烧杯，若有白色沉淀生成，则可以将反应体系缓慢升温到 95℃，继续反应 3h，使珠状产物进一步硬化。结束后，将反应混合物上层清液倒出，加入适量稀硫酸，使 pH 值达到 1～1.5，待大量气体冒出，静置 30min，倾去酸液。用大量蒸馏水洗涤珠状产物至中性。过滤、干燥、称重，计算产率。

（1）本实验采用的是自由基聚合的四大聚合方法中的哪一种？

（2）为什么选择 28g 甲基丙烯酸甲酯（MMA）和 33g 苯乙烯（St）的投料比（已知竞聚率 $r_{MMA}=0.46$、$r_{St}=0.52$）？

（3）通氮气的目的是什么？

（4）反应 1h 后，取少量烧瓶内的液体滴入盛有清水的烧杯，若有白色沉淀生成，则可以将反应体系缓慢升温到 95℃，这样做的理由是什么？

（5）怎样检验合成的 MS 的化学组成是否符合所要求的均一性？

2. 阅读下面英文资料，回答问题（1）～（3）。

Over the past decades, chemists have continuously explored novel synthetic approaches for the preparation of functional polymers and materials with improved properties. Various well-known reactions in the field of organic chemistry have been transformed into polymer chemistry, which has led to the development of, for instance, atom transfer radical polymerizations (ATRP) from the atom transfer radical addition reaction. The development and the perfection（优化）of a variety of other living/controlled polymerization techniques has enabled the synthesis of a large variety of well-defined (co) polymer structures as depicted in Fig. 1.

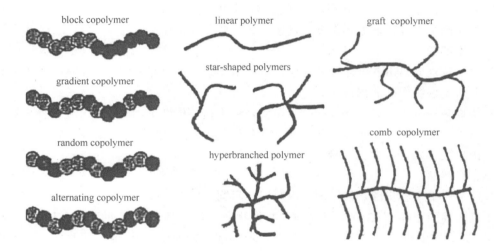

Fig. 1 Schematic overview of seleted (co) polymerarchitectures.

In this respect, the concept of click chemistry that was introduced by Sharpless seems to be the ideal method to couple preformed polymer structures. Click chemistry comprises a number of organic heteroatom（杂原子）coupling procedures that comply with the stringent criteria as defined by Sharpless. The preparation of well-defined polymeric building blocks with one or two azide（叠氮化合物）and/or alkyne（炔烃）functionalities at the chain-end has received significant attention in the last several years, whereby especially the ATRP mechanism was often exploited for the synthesis of azide-functionalized polymers by exchange of the halogen chain ends using sodium azide（Fig. 2）. The resulting well-defined azide functionalized polymers have been used for the quantitative preparation of polymers with otherwise difficultly accessible functional groups at the chain ends via click chemistry. This approach was explored by Lutz et al. for the end-functionalization of PS. The copper（I）catalyzed cycloaddition（环加成）of several functional acetylenes（乙炔）withazide-PS allowed the quantitative formation of PS end-functionalized with a primary alcohol, a carboxylic acid or avinylic group as depicted in Fig. 2.

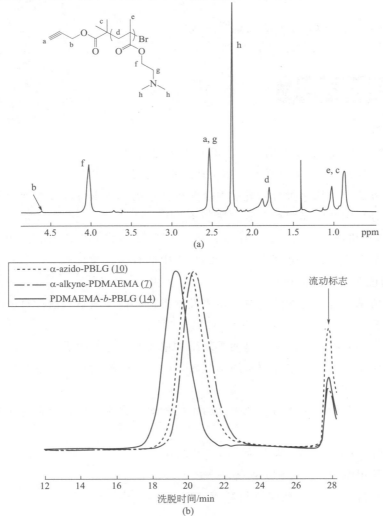

Fig. 2 Preparation of end-chain functionalized PS via a combination of ATRP and click chemistry.

（1）写出图 1 中各种聚合物的中文名称。

（2）写出图 2 中与 ⟋●，━，━○和 ⬠○对应的化学结构。

（3）写出 ATRP 和 clickchemistry 的中文名称。

3. 下面是近期发表在 Macromolecules 杂志上（PublishedonWeb06/22/2007）的研究论文中作者给出的聚合物结构的表征结果。请根据图回答问题。

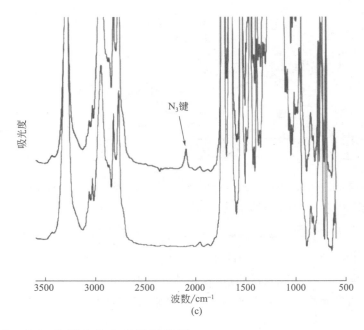

（c）

（1）图（a）、（c）分别是什么光谱学手段？

（2）图（b）是用什么表征手段得到的？

全真试题二十八

一、简答题

1. "聚合物"和"大分子"两个概念的根本区别是什么？

2. "超支化聚合物"和"交联聚合物"在结构上有什么不同？

3. 在聚合方法上，悬浮聚合与乳液聚合两种体系的基本组分构成有何异同？

4. 功能高分子主要由哪两种合成方法制备？

5. 从聚合反应机理的角度探讨，为什么乙烯单体可以采取自由基聚合而丙烯单体则不可以？

6. 在自由基聚合得到的低密度聚乙烯的结构中会有一定数量的—CH_2—CH_2—CH_2—CH_3支链，请说明其产生的机理。

7. 活性自由基聚合反应的研究在近年来发展迅速，请写出下列活性自由基聚合英文缩写名称的中英文全称：（1）ATRP；（2）RAFT。

8. 根据聚合物名称，写出聚合物的重复结构单元和单体的化学结构。

（1）聚异戊二烯；（2）聚异丙基丙烯酰胺；（3）聚碳酸酯；（4）甲基硅橡胶；（5）尼龙-66。

9. 下面有 5 对共聚合单体对，请根据给出的相对竞聚率常数，指出各对共聚合单体的共聚行为类型。

（1）丁二烯（$r_1 = 1.39$）-苯乙烯（$r_2 = 0.78$）；

（2）丙烯酸甲酯（$r_1 = 0.84$）-丙烯腈（$r_2 = 0.83$）；

（3）马来酸酐（$r_1 = 0$）-醋酸 2-氯烯丙基酯（$r_2 = 0$）；

（4）丁二烯（$r_1=0.41$)-丙烯腈（$r_2=0.04$）；

（5）甲基丙烯酸甲酯（$r_2=1.91$)-丙烯酸甲酯（$r_1=0.5$）。

二、图表题

1. 图中展示的是用 1,1-二苯基-3-甲基戊基锂在四氢呋喃中在 $-50℃$ 下引发的 N,N-甲基丙烯酰胺的聚合反应产物的分子量及其分布的曲线。曲线 $A \sim F$ 给出的信息如下：

A. 反应时间 6.0min，转化率 21%，$\overline{M}_n=5300$，$\overline{M}_w/\overline{M}_n=1.10$；

B. 反应时间 29min，转化率 41%，$\overline{M}_n=7500$，$\overline{M}_w/\overline{M}_n=1.07$；

C. 反应时间 62min，转化率 62%，$\overline{M}_n=10000$，$\overline{M}_w/\overline{M}_n=1.06$；

D. 反应时间 125min，转化率 80%，$\overline{M}_n=12000$，$\overline{M}_w/\overline{M}_n=1.05$；

E. 反应时间 210min，转化率 91%，$\overline{M}_n=14000$，$\overline{M}_w/\overline{M}_n=1.03$；

F. 反应时间 300min，转化率 96%，$\overline{M}_n=15000$，$\overline{M}_w/\overline{M}_n=1.03$。

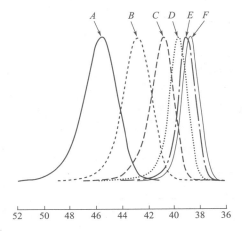

请根据以上信息回答：

（1）单体转化率、分子量和分子量分布与反应时间有什么关系？

（2）请判断这是一个什么类型的聚合反应？为什么？

（3）图中所示的曲线来自哪一种聚合物表征技术？

2. 下表中给出一系列自由基聚合反应的链增长动力学参数，请根据表中的数据回答后面的问题。

（1）请定量说明 α-取代基的体积大小对 Arrhenius 方程中 A 的影响。

（2）试讨论 k_p(60℃) 与 E_a 之间的关系。

（3）α-甲基丙烯酸酯，酯基烷基链长度对 k_p 有怎样的影响？

（4）结合所学过的自由基聚合动力学知识，根据表中的数据，试分析和总结其他你认为有规律的信息（阐明一点即可，请尽可能说明理由）。

表　本体中（有溶剂时溶剂特别标出）自由基聚合链增长动力学参数[①]

α-取代基	单体	k_p(60℃)/ $(L \cdot mol^{-1} \cdot s^{-1})$	$A/(L \cdot mol^{-1} \cdot s^{-1}) \times 10^6$	$E_a/(kJ/mol)$
H	MA	28000	16.6	17.7
H	BA	31000	15.8	17.3

续表

α-取代基	单体	$k_p(60℃)/$ $(L \cdot mol^{-1} \cdot s^{-1})$	$A/(L \cdot mol^{-1} \cdot s^{-1}) \times 10^6$	$E_a/(kJ/mol)$
H	DA	39000	17.9	17.0
H	VAc	8300	14.7	20.7
H	S[②]	340	42.7	32.5
H	B	200	80.5	35.7
CH₃	MAA	1200	—	—
CH₃	MAA(在甲醇中)[③]	1000	0.6	17.7
CH₃	MAA(在水中)[④]	6700	1.72	15.3
CH₃	MMA[②]	820	2.67	22.4
CH₃	EMA[②]	870	4.06	23.4
CH₃	n-BMA[②]	970	3.78	22.9
CH₃	i-BMA	1000	2.64	21.8
CH₃	EHMA	1200	1.87	20.4
CH₃	HEMA	3300	8.88	21.9
CH₃	GMA	1600	4.41	21.9
CH₃	MAN	59	2.69	29.7

① 数据从 Arrhenius 方程计算得到；② IUPAC 标准值；③ MAA 的体积分数为 33%；④ MAA 的体积分数为 15%。

注：MA—丙烯酸甲酯；BA—丙烯酸正丁酯；DA—丙烯酸十二烷基酯；VAc—醋酸乙烯酯；S—苯乙烯；B—丁二烯；MAA—甲基丙烯酸；MMA—甲基丙烯酸甲酯；EMA—甲基丙烯酸乙酯；n-BMA—甲基丙烯酸正丁酯；i-BMA—甲基丙烯酸异丁酯；EHMA—甲基丙烯酸 2-乙基己酯；HEMA—甲基丙烯酸 2-羟乙酯；GMA—甲基丙烯酸缩水甘油酯；MAN—丙烯腈。

全真试题二十九

20 世纪 80 年代开始，在发展中国家不断建成几十万吨通用高分子产品的生产装置的同时，发达国家的高分子工业正经历着一场变革。一系列新型的高分子材料被推向市场，这些高分子材料具有如下特点：(1) 用于特殊领域，如生物医用、电子、信息等；(2) 生产规模小，有些品种年产仅几百吨；(3) 附加价值高，生产成本仅占销售价的很小比例；(4) 科技含量高，由此形成技术壁垒和市场垄断。

例一：杜邦（Dupont）和壳牌（Shell）公司研发出一种新型聚酯 PTT [poly (trimethyleneterephthalate)]。这种聚酯在结构上与通用聚酯——涤纶（PET）很相似，只是一种聚合单体采用了 1,3-丙二醇（PDO），但是在产品性能上却有很大不同。用 PTT 制成的 Sorona 纤维是 Dupont 先进聚合物平台上的明星产品，与 PET 纤维相比，PTT 纤维更易于染色、手感更柔软、耐磨性更好。尤其受市场欢迎的是，PDO 具有环境友好的特点。PDO 以往通过石油精加工制备，而 Dupont 则成功地利用生物发酵的方法高效地制成了 PDO，从而革命性地为化纤领域注入了环保的新概念。从玉米中获得葡萄糖，在经过基因改造的细菌作用下，发酵生成 PDO，再经蒸馏，PDO 被脱水并提纯。将 PDO 与对苯二甲酸反应，即可制得 PTT。

例二：荷兰 DMS 公司于 1990 年推出名为 Stanyl 的尼龙新品种，即尼龙-46。它是由 1,6-己二酸和 1,4-丁二胺缩合聚合而成。Stanyl 于 1991 年获得 ISO 9001 的认证，该产品结晶速度快，熔点更高（295℃），热变形温度高，长期使用温度（5000h）可达 163℃。这些特性使 Stanyl 比其他工程塑料如 PA6、PA66、PPA 和聚酯在耐热、高温下的机械强度、耐磨等方面具有优势，并且成型周期短，加工更经济，因此在电气、电子以及汽车工业得到重用。到 2010 年，DMS 及其分公司的 Stanyl 生产能力已经达到 4 万吨/年，成为现今为数不多的破万吨的先进高分子材料，为该公司 90 亿欧元的年销售业绩提供了强有力的支撑。

例三：陶氏化学（Dow）于 1997 年推出间同立构的聚苯乙烯（PS），商品名为 Questra。聚合物链结构的精确控制使 PS 从通用高分子材料跻身特种高分子材料，被运用到医疗、汽车和电子行业。实现对 PS 立构规整性的控制的核心机密是催化剂。该催化体系被称为可溶性立构规范催化剂（soluble steroregulating catalysts），它能够在每个苯乙烯单体加成到增长的聚苯乙烯链上时，固定并且重复其几何构型，因此实现了立构规整度的可控。以这些新型催化剂为基础，Dow 研发了若干基于普通聚合单体的新型高分子，其中一种被称作"乙苯互聚物"（ethylene-styrene interpolymer），其性能可与 SBS 树脂相媲美。

例四：2000 年，GE 公司一种基于间苯二酚芳香酯的新型聚碳酸酯，市场上称为 Sollx。这种高光泽的树脂用于 A 级汽车主体板，以及其他的户外用品如 SegwayHuman-Transporter 的防护漆，具有优良的耐候、耐刮擦、抗化学腐蚀性能。如今，它已发展成为 Lexan SLX。直到最近，GE 公司才公开其化学成分，并清楚解释了这种不含色素和其他添加成分的单一色彩的树脂为什么可以自由调配装饰色泽，并且可以保持 10 年不褪色。这种树脂是由聚碳酸酯（PC）基团和 ITR 基团聚合而成。其中起到保护作用的是共聚物中的 ITR 基团，但是其单体不具备这种性质。暴露在日光中的初期阶段，Lexan SLX 能让紫外光自由通过。但是在户外的第一天中，这种树脂即可储存足够的太阳能来进行下一步的化学变化。ITR 基自行重排，形成羟基二苯甲酮进入聚合物链中，它可以吸收几乎所有的紫外光以及近紫外光。这个反应只发生于聚合物表面几微米深的区域内。随着表层 ITR 的逐步销蚀，下层几微米继续发生这种光化学反应。

仔细阅读上述材料，回答下列问题：

（1）写出 PDO 与对苯二甲酸反应制备 PTT 的聚合反应方程式。要提高 PTT 的分子量，在实施聚合反应时可以采取哪些措施？简述理由。

（2）试从结构与性能的关系角度说明为什么 Stanyl 比尼龙-66 结晶速度快、熔点高、热变形温度和长期使用温度高。

（3）图示全同立构、间同立构和无规聚苯乙烯的链结构。

（4）基于前面提供的素材，简述对"interpolymer"这个词汇的理解。

（5）简述 LexanSLX 树脂的装饰色泽调配和长期保持不褪色的机理。

（6）试从化学的角度分析例一、例三和例四中的高分子产品的高技术所在。

全真试题三十

一、用化学式或反应式解释下列概念

1. 涤纶

2. 头尾加成

3. 歧化终止

4. 间规聚合物

5. 一种阴离子聚合引发剂

二、简答题

1. 如何制备纯净的聚苯乙烯？

2. 为什么聚合热大小成为聚合反应的决定因素？

3. 如何区分分子链间转移及分子内转移。

4. 为什么乙烯可以自由基聚合而丙烯不可以？

三、问答题

单体1	单体2	r_1	r_2
A	B	0.6	1.2
A	C	0.8	0.7
A	D	2.3	0.7

1. 上述三组聚合物哪组有恒比点？并求出。

2. 与 A·反应，A 单体还是 B 单体反应快？

3. 与 A·反应，B、C、D 三种单体哪个反应活性大？请排序。

四、计算题

用己二酸和己二胺制备聚酰胺。要求当反应程度为 0.996 时数均聚合度为 200，求：

1. 单体比及聚合物中端氨基和端羧基的比例；

2. 重均分子量和分子量宽度指数。

全真试题三十一

一、苯乙烯是一种常见的聚合单体，请回答：

1. 该单体可以通过哪些不同的机理进行聚合？

2. 如果发现聚苯乙烯链中存在"头-头"或"尾-尾"键接的苯乙烯单元，请说明产生这种结构可能的途径。

3. 请图示等规、间规、无规苯乙烯的链结构。

4. 采用何种方法可以制备等规和间规聚苯乙烯？

5. 如何制备高纯度的聚苯乙烯，使其杂质含量达到最低？

二、1. 自由基的活性是与其链长有关的，链长越长活性越小，为什么在研究自由基聚合动力学时可以采用等活性假设？

2. 自由基聚合在转化率较高的时候会发生加速效应，即聚合速率增加。如果向聚合体系中加入链转移剂，是否可以抑制自动加速效应？为什么？

3. 离子聚合会不会发生加速效应？为什么？

三、已知乙烯基单体的自由基聚合反应中：①引发反应为两分子单体反应生成两个单体，反应速率常数为 k_i。②增长反应为自由基与双键的加成反应，反应速率常数为 k_p。③终止反应为自由基的双基终止反应，反应速率常数为 k_t，无其他反应。

1. 请导出引发、增长和终止反应的速率表达式。

2. 在稳态假定的前提下，推导出聚合反应速率。

四、提出一个可验证推导得到聚合反应速率与单体浓度之间关系的简单实验方案。

五、应用高分子化学知识合成具有如下结构的两嵌段共聚物。

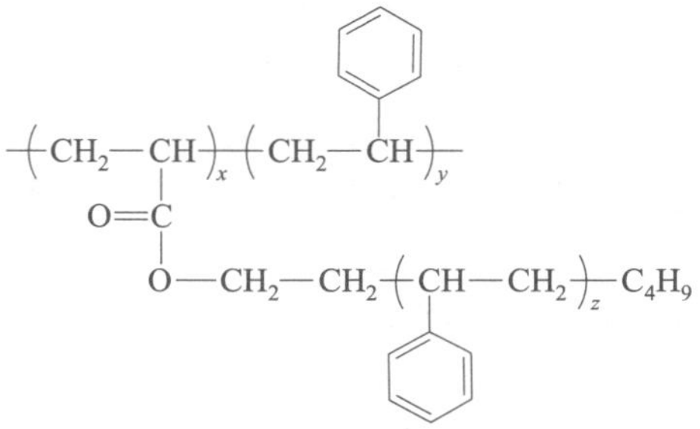

全真试题三十二

一、简答题

1. 请用图示的方法表示连锁聚合和逐步聚合中转化率和平均分子量随反应时间的变化。

2. 齐格勒和纳塔为什么能获得诺贝尔奖？

3. 如何从含有支链的聚合物结构中辨别是由分子间还是分子链内转移造成的？

4. 自由基活性是与链增长有关系的，链越长活性越小，为什么在研究自由基聚合动力学的时候可以采用等活性假设？

5. 为什么离子聚合不会发生自动加速效应？

6. 本体聚合与悬浮聚合有什么异同？

7. 用乙二醇酯聚合或环氧乙烷开环聚合都可以得到聚氧乙烯，请问这两种不同的方法制备得到的聚合物结构上有什么异同？

8. 有三种聚合物经检测，其重复单元都是丙烯，但其熔点有明显差异，请解释可能的原因。

9. 对于苯乙烯（M_1）-马来酸酐（M_2）共聚体系，分别采用 f_1（摩尔比）为 0.3 和 0.7 的投料比时，两种情况下的聚合物产物是否相同？为什么？

10. 通过聚合物的核磁共振分析发现，自由基本体聚合所得的苯乙烯中含有少量的头-头键接结构，请问头-头结构可能由哪些不同的方式产生？采用哪些方法可以区分产生这种头-头键接的不同方式？

二、计算题

将 $8.0×10^{-4}$ mol 的丁基锂溶于四氢呋喃中，然后迅速加入 2.0mol 的苯乙烯，使溶液总体积为 1L，假设单体立即均匀混合，反应 4000s 时单体转化率为 50%，试计算聚合进行 4000s 时聚合物的数均分子量。如果要使聚合物数均分子量为 200000，需要聚合多长时间？

全真试题三十三

一、名词解释

1.动力学链长　2.凝胶点　3.聚合上限温度　4.异构化聚合　5.结构预聚物

二、画出聚合物的结构式，根据结构式给出中文命名或按照题意写出反应式

1.聚（苯乙烯-b-丙烯酸甲酯）

2.反-1,4-聚异戊二烯

3.涤纶聚酯

4.聚苯硫醚

5.写出一个具体的聚合反应式，其聚合物主链中含有—NHCOO—特征基团

三、填空题

1.环状单体发生开环聚合的难易程度主要取决于_____、_____和_____三个因素。

2.聚合物的热降解主要有_____、_____和_____三种类型。

3.乳液聚合最简单的配方主要有_____、_____、_____和_____。

四、判断题

1.立构规整聚合物一般具有高结晶性，反之亦然。（　　）

2.若某一聚合体系的聚合物分子量随转化率的提高而逐渐增大，则可断定此聚合物按照逐步聚合机理进行。（　　）

3.凝胶点可利用 Carothers 方程和统计法预测，实测的凝胶点通常介于两个预测值之间。（　　）

4.环氧丙烷阴离子开环聚合只能得到分子量 3000~4000 的聚醚产物，其主要原因是向单体链转移。（　　）

5.在适量甘油存在的情况下，羟基乙酸聚酯化反应可形成体型缩聚物。（　　）

五、简答题

1.醋酸乙烯酯（$CH_2 = CHOCOCH_3$）能否进行阴离子或阳离子聚合？为什么？

2.乙丙弹性体（EPR）是如何合成的？

3.传统的 Ziegler-Natta 引发剂（如 $TiCl_4$-AlR_3）在"陈化"过程中发生的重要反应是什么？

4.由己二酸和己二胺缩聚制备尼龙-66，如何提高分子量？如何控制分子量？

5.苯乙烯可进行自由基、阳离子和阴离子聚合。如何用简单的实验方法判断这三种不同类型的聚合？

六、计算题

1.已知羟基戊酸 $HO(CH_2)_4COOH$ 在某一条件下经缩聚反应得到的聚酯其重均分

子量为 18400g/mol。试计算：

（1）羟基酯化百分数；

（2）该聚酯的数均聚合度（$\overline{X}_n$）；

（3）该聚合物的结构单元数。

2.已知丙烯腈-苯乙烯共聚体系的竞聚率 $r_1=0.04$，$r_2=0.40$。若丙烯腈（M_1）和苯乙烯（M_2）的投料质量比为 24：76，在生产中采用单体一次投料的聚合工艺，且在高转化率下终止反应。试回答：

（1）画出 F_1-f_1 的关系示意图；

（2）计算恒比点，并讨论所得共聚物组成的均匀性；

（3）若希望获得共聚物中含苯乙烯单体单元的质量分数为 70%，问：起始单体配料比为多少？

全真试题三十四

一、填空题

1.在自由基聚合反应中，发生偶合终止还是歧化终止取决于_____和_____。温度越高，越易发生_____终止。甲基丙烯酸甲酯易发生_____终止，其原因是_____。

2.在自由基聚合反应中，C_s 定义为_____，其值等于_____与_____的比值。v 定义为_____，其值等于_____与_____的比值。t 定义为_____，其值等于_____与_____的比值。

3.Ziegler-Natta 催化体系是由主催化剂_____和助催化剂_____组成。为提高络合催化剂的活性，常加入_____，它们通常是_____的化合物。在丙烯的 Ziegler-Natta 配位定向聚合中，为调节产物的分子量，常采用_____的方法。

4.在自由基共聚反应中，r 定义为_____，其值等于_____与_____的比值；当 $r_1<1$、$r_2>1$、$r_1r_2=1$ 时，其共聚物组成曲线为_____；当 $r_1<1$、$r_2<1$、$r_1=r_2$ 时，其共聚物组成曲线为_____；当 $r_1\approx0$、$r_2\approx0$ 时，其共聚物组成曲线为_____；当 $r_1=1$、$r_2=1$ 时，其共聚物组成曲线为_____。

5.对共聚单体而言，共单体的活性_____非共单体的活性，活性越大的单体生成的自由基活性越_____；对共聚速率而言，自由基的贡献_____单体的贡献。

6.在高分子的化学反应中，当大分子链上相邻基团发生无规成对反应时，按统计规律，总有_____%的残基团留下，这称作_____效应；当甲基丙烯酸酯碱性水解时，邻近羧基阴离子的亲核性使酯基活化而形成_____，从而使水解反应速率_____，这称作_____效应；当聚乙烯采用溶解法进行氯化时，由于其_____性被破坏，得到的产物的 T_g 比由悬浮法在相同氯含量时产物的 T_g_____。

7.聚乙烯醇的结构式为_____，它是由_____水解得到，其侧基可发生醇类化合物所能进行的许多反应。当与金属钠反应时可生成_____（写出结构式）；与环氧乙烷作用可生成_____（写出结构式）；与丙烯腈作用可生成_____（写出结构式）。

8. ATRP 英文全称为＿＿＿＿＿，中文含义为＿＿＿＿＿。ATRP 以＿＿＿＿＿为引发剂，以＿＿＿＿＿为催化剂，通过氧化还原反应，在＿＿＿＿＿和＿＿＿＿＿之间建立可逆的动态平衡，使反应体系中＿＿＿＿＿维持在一个极低的水平，从而大大抑制了自由基的＿＿＿＿＿反应，实现了对聚合反应的控制。

二、问答题

1. 何谓自动加速效应？何因引起？分析甲基丙烯酸甲酯和苯乙烯在 50℃下各自进行的本体聚合中，哪个体系自动加速效应明显？何因造成？

2. 试写出 A～D 的结构式。涉及的聚合反应分别属于何种聚合机理？分别给出聚合反应中所得聚合物分子量与单体转化率的关系示意图。

$$CH_2=CH \xrightarrow{BuLi} A \xrightarrow{\overset{CH_2\ CH_2}{\underset{O}{\diagup\diagdown}}} B \xrightarrow{CH_2=C-COCl \atop |\ CH_3} C \xrightarrow{AIBN} D$$

3. 离子型聚合体系中，活性种的形式有哪几种？受哪些因素影响？

4. 在阳离子聚合的链增长反应中常伴有异构化过程，试分析其原因。

5. 为什么缩聚产物的分子量一般都不高？所得聚合物的强度为什么通常并不逊于加聚产物？

6. 体型缩聚中如何采用？Carothers 公式预测凝胶点？给出反应体系官能团配比在等物质量及不等物质量时的计算公式。现有分子量为 500 的环氧树脂 500g，如采用二乙三胺（$H_2NCH_2CH_2NHCH_2CH_2NH_2$）作固化剂，要保证环氧树脂固化至少要加多少固化剂？

三、计算题

1. 以 BPO 为引发剂，在 60℃下进行苯乙烯聚合。已知 $[M]=8mol/L$，$[I]=4.0\times10^3 mol/L$，$f=0.8$，$K_d=3\times10^{-6}s^{-1}$，$K_p=1\times10^2 L/(mol\cdot s)$，$k_t=3\times10^7 L/(mol\cdot s)$，动力学链长为 600（无链转移，全双基终止）。试求 R_i、R_p、R_t 及平均聚合度和自由基寿命。

2. 在一定条件下异丁烯聚合以向单体链转移为主要终止方式，所得聚合物末端为不饱和端基。现有 8g 聚异丁烯可恰好使 8mL 浓度为 0.05mol/L 的溴-四氯化碳溶液褪色，试求该聚异丁烯的分子量。

全真试题三十五

一、写出下列各级单体生成聚合物的反应方程式；假设各种聚合物的聚合度为 1000，试计算它们的分子量。

1. 羟基己酸

2. 癸二酸和癸二胺

二、连锁聚合反应中采用引发剂（或催化剂）引发聚合的讨论：

1. 写出自由基、阴离子及阳离子聚合中链引发的反应通式；

2. 分析自由基与离子型聚合中链引发过程的异同点；

3. 写出引发剂半衰期的定义及其与引发剂分解速率常数之间的关系；

4. 讨论造成自由基聚合中引发剂效率降低的原因。

三、连锁聚合反应中与链增长有关的问题问答

1. 在自由基聚合中，为什么聚合物链中单体单元大部分按头-尾方式连接，且所得的聚合物多为无规立构？

2. 为什么在阳离子聚合增长过程中易发生异构化反应？

3. 采用离子型聚合得到的聚合物链为什么比自由基聚合得到的聚合物链具有更高的规整性？

四、叙述题

1. 试叙述丙烯进行自由基聚合、离子型聚合及配位聚合形成高分子量聚合物的可能性，并说明其原因。

2. 试叙述在自由基聚合实施方法中，乳液聚合能得到高分子量的产物且能通过提高乳化剂浓度同时提高聚合速率及产物平均分子量的原因。

五、填空题

1. 竞聚率 r_1 的意义是_____，$1/r_1$ 表示_____。已知下列四组单体对进行自由基共聚的竞聚率分别为：A 组 M_1、M_2，$r_1 = 0.23$，$r_2 = 0.68$；B 组 M_1、M_2，$r_1 = 0.38$，$r_2 = 0.1$；C 组 M_1、M_2，$r_1 = 1.0$，$r_2 = 1.0$；D 组 M_1、M_2，$r_1 = 0.01$，$r_2 = 0$。根据这些数据可粗略画出它们的共聚物组成曲线分别为：

在 A 组中，M_1 同 M_2 及 M_1 反应，活性较大的单体为_____。

2. 在 $Q\text{-}e$ 公式中，$k_{12} = P_1 Q_2 e^{(-e_1 \cdot e_2)}$ 表示_____，P_1，Q_2，e_1、e_2 分别表征_____、_____、_____和_____。e 值为正值表明_____，Q 值大于 1 表明_____。在自由基共聚中，e 值相差较大的单体易发生_____；在连锁均聚反应中，e 值为正值的单体易发生_____，e 值为负值的单体易发生_____。

3. 已知共聚单体组 M_1 和 M_2 的 $Q_1 = 2.39$，$e_1 = -1.05$，$Q_2 = 0.60$，$e_2 = 1.20$，比较两单体的共轭稳定性是_____。比较两单体的活性是_____。两自由基的稳定性是_____。估计两单体分别均聚时，k_p 关系为_____。

六、判断下列说法是否正确并说明理由

1. 官能团等当量的己二酸和己二胺进行缩聚反应，单体转化率达 99.5% 时可得高分子量的产物。（　　）

2. 从热力学上判断单体能否聚合的主要参数是聚合温度。（　　）

3. 在离子型聚合中，采用极性大的溶剂有利于离子对的离解，从而有利于聚合反应速率的增大。（　　）

4. 在体型缩聚反应中，只要有多官能团的单体参与，就一定能得到体型聚合物。（　　）

5. 在自由基本体聚合中，升高温度会导致自动加速效应的出现而发生爆聚。（　　）

七、计算题

在苯溶液中用 AIBN 引发浓度为 1mol/L 的苯乙烯聚合，已知聚合初期引发速率为 3.0×10^{-11} mol/(L·s)，聚合反应速率为 1.2×10^{-7} mol/(L·s)，若全部为偶合终止，

试求：

1. 数均聚合度（忽略链转移）；

2. 若嫌（1）中所得的聚苯乙烯分子量太高，欲将数均分子量降低为83200，试求链转移剂正丁硫醇（$C=21$）加入的浓度；

3. （2）中聚苯乙烯聚合度下降，体系的聚合速率有无改变？为什么？

全真试题三十六

一、解释下列各组术语，并说明它们之间的关联及区别

1. 偶合终止与歧化终止

2. 配位聚合与定向聚合

3. 阻聚剂与链转移剂

4. 半衰期和诱导期

5. 解聚与降解

二、问答题

1. 四氢呋喃的介电常数为 7.6，电子给予指数为 20.0；硝基苯的介电常数为 34.5，电子给予指数为 4.4。请比较甲基丙烯酸甲酯分别在这两种溶剂中用萘钠引发聚合时的聚合速率大小并说明理由。

2. 许多烯烃能很容易地通过自由基聚合机理实现其聚合，而异丁烯却只能通过阳离子聚合机理实现其聚合，试解释之。

3. 试比较连锁聚合和逐步聚合中，平均分子量、单体含量、反应程度随时间的变化情况，并以简图示之。

三、讨论题

1. 关于自动加速效应的讨论：

（1）试解释自动加速效应及其起因；

（2）试述温度对自动加速效应的影响；

（3）比较自动加速效应在本体、溶液及悬浮聚合中出现的可能性，并说明理由；

（4）比较 60℃下醋酸乙烯酯（$C_m=2.5\times10^{-4}$）和苯乙烯（$C_m=0.79\times10^{-4}$）本体聚合时出现自动加速效应时的转化率高低，并说明理由。

2. 关于缩合聚合实施方法的讨论：

（1）合成芳香族和脂肪族的聚酰胺时，对实施方法有无要求？为什么？对单体结构有无要求？为什么？

（2）熔融缩聚在实施过程中常采取相对低温、常压下反应→高温、负压下反应，试述在上述不同反应阶段时体系中反应的主要物种是什么？为何要采用上述分段反应的方式？

（3）在采用顺丁烯二酸酐（0.1mol）、邻苯二甲酸（0.1mol）和丙二醇（0.23mol）制备不饱和聚酯树脂时，说明加入丙二醇官能团略微过量的原因。

（4）二元酰氯和二元胺在界面缩聚时须在水相中加入适量无机碱，试述其作用并说明不加无机碱时对反应可能造成的影响。

四、填空题

1. 在自由基共聚反应中，对同一个自由基而言，k_{12} 越大，表明共聚单体的活性_____。共聚单体双键上的取代基结构对单体和自由基的活性的影响主要表现为_____效应、_____效应和_____效应。Q 值表征单体_____效应的大小，其值大，表示单体的活性_____，其相应的自由基活性_____。苯乙烯和醋酸乙烯酯不能很好地共聚，在此起支配作用的是单体的_____效应；苯乙烯和醋酸乙烯酯都能和顺丁烯二酸酐进行交替共聚，此时起支配作用的是单体的_____效应。

2. 聚酰胺可通过_____聚合制备，例如：_____。也可通过阴离子_____聚合制备，例如：_____。还可通过_____聚合制备，例如：酸催化_____。

3. 聚合物进行交联固化时因分子结构不同而需采取不同的交联方式，如天然橡胶采用_____，环氧树脂采用_____，氢碳化聚乙烯采用_____，不饱和聚酯采用_____。不饱和聚酯与玻璃纤维复合固化得到的增强材料俗称_____。

五、计算题

1. 已知某自由基聚合的 $k_t = 3.58 \times 10^{-7}\,L/(mol \cdot s)$，$k_d = 3.28 \times 10^{-6}\,s^{-1}$，单体浓度 $[M] = 8.53\,mol/L$，引发剂浓度 $[I] = 3.10 \times 10^{-3}\,mol/L$，测得聚合速率 $R_p = 2.55 \times 10^{-4}\,mol/(L \cdot s)$，引发效率 $f = 0.8$，试求：

（1）k_p；（2）v（假设无链转移）；（3）自由基寿命。

2. 在 2.0mol/L 苯乙烯四氢呋喃溶液（500mL）中加入 5×10^{-3} mol/L 的丁基锂溶液 100mL，当苯乙烯完全聚合后，加入 85g 异戊二烯，完全聚合后加水终止反应，求最后聚合物的分子量（苯乙烯分子量 104，异戊二烯分子量 68）。

3. 计算下列缩聚体系的凝胶点：

（1）邻苯二甲酸酐 1.5mol，甘油 1.5mol；

（2）邻苯二甲酸酐 3.0mol，甘油 1.5mol；

（3）邻苯二甲酸酐 3.0mol，甘油 2.0mol；

（4）邻苯二甲酸酐 3.0mol，甘油 2.0mol，乙二醇 0.25mol；

（5）邻苯二甲酸酐 3.0mol，甘油 2.0mol，乙二醇 0.50mol。

请总结从上述体系的计算中得到的数据所给予我们的启示。

全真试题三十七

一、写出下列反应式中的 A～X 代表的意义填上，并说明反应属于哪种类型。

1.   反应类型：D

$$A \xrightarrow{\;B\;} \begin{array}{c} H_2\ H \\ \!\!\!-\!\!C\!-\!C\!-\!\!\!\\ | \\ OH \end{array}\!\!\!\Big]_n \xrightarrow{CH_2O} C$$

2.   反应类型：G

$$E \xrightarrow{\;F\;} \begin{array}{c} H_2\ H_2\ CH_3 \\ \!\!\!-\!\!C\!-\!C\!-\!C\!-\!\!\!\\ | \\ CH_3 \end{array}\!\!\!\Big]_n$$

3.   反应类型：I

$$H + HO(CH_2)_4OH \longrightarrow \Big[\!\!-\!\!\overset{H}{\underset{O}{C}}\!-\!N\!-\!\!\!-\!\!\!N\!-\!\overset{H}{\underset{O}{C}}\!O(CH_2)_4O\!-\!\!\Big]_n$$

10

4.

$$\underset{\underset{CN}{\overset{CH_3}{|}}}{H_3C-\overset{}{\underset{}{C}}}-N=N-\underset{\underset{CN}{\overset{CH_3}{|}}}{\overset{}{\underset{}{C}}}-CH_3 \longrightarrow 2J + K$$

反应类型：M

$$J + \underset{}{H_2C=CH}\text{（苯乙烯）} \longrightarrow L$$

5.

$$HO-\text{（苯环）}-\underset{\underset{CH_3}{\overset{CH_3}{|}}}{C}-\text{（苯环）}-OH + N \longrightarrow \left[CO-\text{（苯环）}-\underset{\underset{CH_3}{\overset{CH_3}{|}}}{C}-\text{（苯环）}-O\right]_n$$

反应类型：O

6.

$$\underset{O}{H_2C-CHCH_3} \xrightarrow{P} Q$$

反应类型：R

7.

$$\underset{}{H_2C=CH}\text{（苯基）} + \underset{O \quad O}{HC=CH}\text{（顺丁烯二酸酐）} \xrightarrow{S} T$$

反应类型：U

8.

$$\left[\underset{\underset{COOCH_3}{}}{\overset{H_2}{C}}\overset{CH_3}{\underset{}{C}}\right]_n \xrightarrow{\text{高温}} V + W$$

反应类型：X

二、判断下列说法的正确性，若有错误，请指出原因。

1. 从药库领来的苯乙烯（由乙苯脱氢制成）其折射率经测定为 1.5439（100％含量的苯乙烯折射率为 1.5439），故可认为该单体已达聚合级，无须精制即可使用。（　　）

2. 制作玻璃钢的第一步合成不饱和聚酯树脂时，为了降低成本，常在顺丁烯二酸酐中加入部分邻苯二甲酸酐。（　　）

3. 在无链转移的情况下，动力学链长即聚合物的平均分子量。（　　）

4. 尼龙 610 是由己二酸和癸二胺制备得到。（　　）

5. 苯乙烯自由基聚合时，若以乳液法进行，聚合速率和产物聚合度随乳化剂浓度增加而增加，但若以溶液法进行时，聚合速率和产物聚合度随溶剂量增加而下降。（　　）

三、讨论题

1. 在实际进行聚合反应时，常用控制方法使聚合物的分子量符合所需之要求。请说明下列聚合反应中聚合物分子量是否能得到控制，若能控制试举例解释所用控制方法及其原理。

（1）烯类单体的自由基加成聚合；

（2）二元胺与二元酸的脱水缩聚反应；

（3）丙烯的 Ziegler-Natter 聚合；

（4）氯乙烯的悬浮聚合；

（5）酚与醛类单体的加成缩合。

2.以萘钠为引发剂在 THF 中聚合的聚苯乙烯是双向增长的活性聚合物,写出这种活性聚合物与下列试剂反应所得的聚合物结构式,并指出这些结构的聚合物的特性与用途。

（1）加大量环氧乙烷然后加水；

（2）加过量二氧化碳然后加水；

（3）加适量 1,3-丁二烯然后加水。

3.已知四组共聚单体的竞聚率如下：

项目	A	B	C	D
r_1	2.0	1.7	0.5	2
r_2	0.5	0.3	0.8	0.5

（1）分别画出各组共聚体系的共聚物组成曲线示意图；

（2）分别描述它们的共聚特征；

（3）如有恒比点,请给出恒比点的值；

（4）如四组共聚体系的单体投料组成中 f_1 均为 0.6,问随转化率增加,各组的 F_1 的变化方向是增大还是减小？

4.现有 A、B、C 三种单体混合物,其分子数分别为 N_a、N_b、N_c,其官能度分别为 f_a、f_b、f_c,A 和 C 含有相同官能团（如 A）,且 A 官能团总数少于 B 官能团数。

（1）试写出平均官能度及 Carothers 凝胶点 P_c 的求解公式；

（2）计算所得的凝胶点的值与实验值相比有何差别？为什么？

四、计算题

1.在自由基聚合反应中,若用实验测得了聚合反应速率 R_p、引发速率 R_i 或数均聚合度 X_n 以及单体浓度 $[M]$,试问还需测定什么参数才能把链增长反应速率常数 k_p 和链终止速率常数 k_t 的个别值求出？若已知某一单体聚合体系中 $[M]=2mol/L$,测得 $R_p=6.5\times10^{-5}mol/(L\cdot s)$,产物数均聚合度 $\overline{X}_n$ 为 2000（全偶合终止,无链转移）,$k_p/k_t=5.5\times10^{-5}$,试求该参数值应是多少？k_p,k_t 各为多少？

2.某引发剂在 40℃苯中的分解速率常数 $k=1.29\times10^{-5}s^{-1}$,设该引发剂的分解反应为一级反应,试计算此时的分解半衰期 $t_{1/2}$。

全真试题三十八

一、解释或回答下列问题

1.苯乙烯是活性很高的单体,但其自由基聚合速率并不高,试解释之。

2.判断下列单体可按何种机理聚合,并说明原因。

$CH_2=CHC_6H_5$ $CH_2=CHOC_4H_9$ $CH_2=CHCl$ CH_2O

3.归纳体型缩聚中产生凝胶的充分必要条件。

二、讨论题

关于尼龙-66 的讨论：

（1）写出合成尼龙-66 的单体及聚合反应式。

（2）从理论上简要说明为得到高分子量产物应满足的条件。

（3）工业上通常采用什么措施来保证上述条件？

（4）为控制聚合物分子量的大小可采取什么措施？什么方法最好？

（5）用作纤维的尼龙-66，其分子量大致范围是多少？

三、合成题

～～代表聚丁二烯链，试合成下列聚合物（写出合适的反应条件及步骤）：

1. ～～OH；$F=50$

2. HOOC～～COOH；$P=50$

四、计算题

1. 某一偶合终止方式占 40% 的自由基聚合反应，$[M \cdot]=1 \times 10^{-8} \, mol/L$，$[M]=10 mol/L$，$K_p=150 L/(mol \cdot s)$，$V_i=3 \times 10^{-9} \, mol/(L \cdot s)$，试求：

（1）聚合速率 V_p；

（2）聚合开始后第 1h 的转化率；

（3）终止速率常数 K_t；

（4）自由基寿命 t；

（5）动力学链长 v；

（6）数均聚合度 P（不考虑链转移）。

2. 由己二酸与己二醇合成聚酯时，要求产物分子量为 18000，反应程度 0.998，试计算原料比。

全真试题三十九

一、合成下列聚合物（用反应方程式表示，注明反应条件）

1. 聚乙烯醇

2. 丁基橡胶

3. 双酚 A 型聚碳酸酯

4. 尼龙 3

5. 聚苯并咪唑

二、填空题

1. 聚甲基丙烯酸甲酯热裂解的主要产物是_____。

2. 交替共聚的竞聚率是_____；恒比共聚的竞聚率是_____。

3. 产生自动加速效应的必要条件是_____。

4. 氯乙烯进行悬浮聚合时控制分子量的主要措施是_____。

5. 缩聚物分子量的多分散系数极限值为_____。

6. 高分子的化学反应中，由于几率效应的影响，在反应不可逆情况下，官能团的反应率的理论值是_____。

三、问答题

1. 等物质的量苯乙烯和丁烯二酸混合物在 60℃产生交替共聚，140℃产生无规共聚，为什么？

2. 在自由基聚合中，当引发剂浓度增大 4 倍时，聚合速率有何变化？

3.逐步聚合和连锁聚合中，分子量对时间的关系、单体浓度对时间的关系有何差别？请用图示表示。

4.从分子运动学的影响角度来看，要提高聚合物的耐热性，可通过哪些途径来实现？

四、计算题

1.苯乙烯在苯中以 BPO 为引发剂 60℃下聚合，$[M]=4.0mol/L$，$[I]=0.01mol/L$，稳态时 $V_i=4.8\times10^{-8}mol/(L\cdot s)$，$f=0.8$，$V_p=2.4\times10^{-5}mol/(L\cdot s)$，无歧化终止，$K_t=3.7\times10^7 L/(mol\cdot s)$，求 K_d、K_p、$[M\cdot]$ 和 v。

2.在严格纯化后并有氮气保护的聚合瓶中加入 50mL 环己烷，5g 苯乙烯，1.5mL 四氢呋喃，现需制备 10^4 分子量的聚苯乙烯，应加入浓度为 0.25mol/L 的正丁基锂溶液多少毫升？说明为什么要加入四氢呋喃。

3.丙烯腈（M_1）和丁二烯（M_2）50℃聚合，已知 $r_1=0.05$，$r_2=0.35$，试问何种配料比时共聚物组成与配料比组成相等？

4.计划生产一种醇酸树脂，按甘油（分子量 92）130 份，苯酐（分子量 164）350 份和长链脂肪酸（分子量 300）300 份（质量比）投料可否得到体型聚合物？

全真试题四十

一、名词解释

1.笼蔽效应　　2.自动加速效应　　3.邻近基团效应

二、问答题

1.试述在自由基聚合反应中影响产物分子量的诸因素。要得到高分子量的产品，采用哪种聚合方法最好？为什么？

2.对 $H_2N(CH_2)_6COOH$ 进行本体熔融缩聚时，如何控制它的分子量大小（有几种方法）？

3.何谓遥爪聚合物？试用反应式表示制备分子量为 5400、两端带羧基的聚丁二烯（包括催化剂及其用量等）。

4.已知两单体 M_1、M_2 的 Q 值和 e 值分别为 $Q_1=2.39$，$e_1=-1.05$；$Q_2=0.60$，$e_2=1.20$。试比较两单体及其相应的自由基的活性大小。两单体各自均聚时，哪种单体的增长速率常数较大？为什么？这两种单体的自由基共聚倾向如何？

5.将聚甲基丙烯酸甲酯（PMMA）和聚氯乙烯（PVC）进行热降解反应，分别得到何种产物？利用热降解回收有机玻璃边角料时，若该边角料中混有 PVC 杂质，结果会如何？试用化学反应式说明其原因。

三、填空题

自由基聚合属_____机理，随反应时间延长，转化率_____，聚合物的平均分子量_____；随着反应温度的增加，聚合反应速率_____，聚合物的平均分子量_____；当温度升高到_____，体系发生解聚。缩聚反应属_____机理，在反应初期，转化率_____，随反应时间延长，反应程度_____，聚合物的平均分子量_____。

四、计算题

1.用 BPO 作引发剂，在 60℃下进行苯乙烯聚合动力学研究，数据如下：$[M]=8.53mol/L$，$[I]=4.0\times10^{-3}mol/L$，$f=80\%$，$K_d=3.27\times10^{-6}s^{-1}$，$K_p=1.76\times10^2 L/$

$(mol \cdot s)$，$K_t = 3.58 \times 10^7 L/(mol \cdot s)$，试求 V_i、V_p、V_t 及平均聚合度和自由基寿命。

2. 多少苯甲酸加到等物质的量的己二酸和己二胺中能使聚酰胺分子量为 10000，反应程度为 99.5？

3. 已知醇酸树脂的配方及摩尔比为亚麻油酸 $[CH_3(CH_2)_4CH=CHCH_2CH=CH(CH_2)_7COOH]$: 邻苯二甲酸酐 : 丙三醇 : 丙二醇 = 0.8 : 1.8 : 1.2 : 0.4，试求凝胶点。

全真试题四十一

一、简答题

1. 试说明顺丁烯二酸、醋酸烯丙基酯这两种单体不易进行自由基均聚的原因。

2. 醋酸乙烯酯中流入少量苯乙烯，对醋酸乙烯酯的聚合会造成什么影响？为什么？

3. 何为引发效率？引发效率小于 1 的主要原因是什么？在一个聚合体系中所用引发剂的引发效率在聚合过程中有无变化？为什么？

4. 乙二醇、顺丁烯二酸酐和邻苯二甲酸是制备不饱和聚酯树脂的原料，试说明三种原料各起什么作用？它们之间比例的调整是基于什么目的？采用苯乙烯固化的原理是什么？

5. 以正丁基锂为引发剂，分别采用硝基甲烷和四氢呋喃为溶剂，在相同条件下进行异戊二烯的聚合，试比较两个体系的聚合速率大小，并说明理由。

6. 如何判断苯乙烯（St）阴离子聚合是活性聚合？形成活性聚合的必要条件是什么？如何计算用萘钠为引发剂时聚合产物（PSt）的分子量？

7. 写出下列特殊情况下，共聚物组成和原料组成间的函数关系式：

(1) $r_1 = r_2 = 1$；

(2) $r_1 = 0$，$r_2 = 0$；

(3) $r_1 r_2 = 1$。

8. 从聚苯乙烯（PSt）废料中回收苯乙烯单体时，发现在 350℃ 真空系统中进行 PSt 热降解可收得 40% 的单体，若将热降解温度提高到 410℃ 时，问能否增加单体的回收百分率，并说明理由。

9. 聚乙烯醇缩甲醛（维尼纶）大分子链上是否还有羟基？为什么？

10. 聚酰胺有脂肪族和芳香族之分，试说明为什么合成前者通常采用熔融缩聚，而合成后者采用溶液缩聚，并比较两个体系对单体的要求。

二、计算题

对苯二甲酸（N_a mol）与乙二醇（N_b mol）反应得到聚酯，试求：

(1) $N_a = N_b = 1$ mol、数均聚合度为 100 时的反应程度 P 及平衡常数 $K=4$ 时的生成水量（mol）。

(2) 若 $N_a = 1.02$，$N_b = 1.00$，求反应程度 P 为 0.99 时的数均聚合度。

全真试题四十二

一、试讨论要合成分子链中含有以下特征基团的聚合物应选用何类单体，通过何种反应聚合得到。

1. —OCO—　　2. —NHCO—　　3. —HNCOO—　　4. —OCH$_2$CH$_2$—

二、试回答关于自由基聚合实施方法中的几个问题。

1. 本体聚合：为什么本体聚合易爆聚？要及时排除体系的反应热通常采用什么方法？

2. 溶液聚合：溶剂对聚合反应有何影响？如何选择溶剂？

3. 悬浮聚合：悬浮分散剂对体系的稳定性有重要作用，分散剂常用的有几类？它们的作用机理如何？

4. 乳液聚合：为什么乳液聚合既有高聚合速率，又可获得高分子量产物？

三、简答题

1. 苯乙烯和聚 α-甲基苯乙烯的热降解分别属于哪种热降解形式？为什么？热降解的主要生成物是什么？

2. 缩聚反应是通过多官能团化合物间反复脱去小分子逐步形成聚合物的过程。按理有机反应中的官能团反应都能用来合成高分子，但实际情况却非如此。为什么？

3. 在自由基共聚中：

(1) 随着温度的升高，竞聚率和共聚行为的变化如何？

(2) 有哪些结构因素与反应速率常数有关？

(3) 在 Q-e 方程中，$k_{12}=P_1Q_2e^{-e_1e_2}$，P_1、Q_2、e_1、e_2 各表征什么？e 的正负号表明什么？

四、计算题

1. 己二酸（N_a mol）与己二胺（N_b mol）反应得尼龙 66，试求 $N_a=N_b=1$mol 时，反应程度多大，方能得数均聚合度为 100 的尼龙 66？如果 $N_a=N_b=2$mol，反应程度达多大时生成聚合物的多分散系数为 1.95？

2. 某羟基酸在缩聚反应中消耗了 99% 的羟基，已知它的各个结构单元相对质量为 200，试求所得聚酯的数均分子量及重均分子量。

3. 苯乙烯在苯中以 BPO 为引发剂在 80℃ 下聚合。已知 $K_d=2.5\times10^{-5}\text{s}^{-1}$，$E_d=124.25$kJ/mol，试求在 60℃ 下聚合的 K_d 值，并求 60℃ 时的引发剂的半衰期。

全真试题四十三

一、填空题

1. 在自由基聚合中，当反应体系的黏度升高时，引发剂效率会_____，这是因为_____。

2. 链转移常数是指_____，它反映了_____反应和_____反应的竞争情况，温度升高，其值将_____。

3. 欲合成分子量为 5400、端基为羟基的聚丁二烯遥爪聚合物应选用_____作催化剂，当单体的量为 54g 时，应加入的该催化剂的浓度为_____，反应结束时应加入_____作为终止剂。

4. 环氧值是_____，已知环氧值为 E，则环氧分子量 $\overline{M}_n$ 为_____，如用乙二胺作固化剂，并保证固化，则 10g 该环氧树脂所需乙二胺的量的范围为_____。

5. 苯乙烯与醋酸乙烯酯各自均聚时，_____聚合的速率更快，这是因为_____；当二者共聚时，在反应初期主要得到_____，这是因为_____。

6.在线型缩聚反应中，通常用_____的方法和_____的方法来控制产物的分子量，所涉及的计算公式分别为_____和_____。

二、解释下列现象

1.采用本体铸板聚合得到的有机玻璃板内有许多密集的气泡。

2.在烷基锂和烷基钠引发的苯乙烯的阴离子聚合中，前者在四氢呋喃中引发聚合的速率大于同溶剂中后者引发聚合的速率，而改变溶剂后，前者在1,4-二氧六环中引发聚合的速率却小于同溶剂中后者引发聚合的速率。

3.制备氯化聚乙烯时，在相同温度和通氯速率下，悬浮法总比溶液法所获得的产物含氯量低。

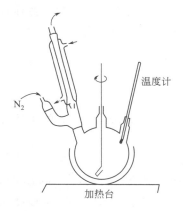

三、问答题

找出下列实验装置与实验步骤中的所有错误，简要说明理由，并回答所问问题。

将含有 0.2% 聚乙烯醇的？300mL 水倒入 500mL 三颈瓶内，再将加了 0.2% 市售 BPO 的市售 180mL 苯乙烯加入瓶内，通氮，开动搅拌，加热，控制温度在 80℃ 反应 3h，95℃ 反应 1h，停止搅拌，移去热源后拆下装置，将产物过滤、洗涤，于烘箱中 100℃ 下干燥。

若得到的产品颗粒大小不均，形状不规则，有粒子兼并现象，试分析其原因。

四、计算题

1.苯乙烯在苯溶液中 60℃ 下 AIBN 引发聚合，已知 AIBN 浓度为 0.01mol/L，60℃ 下半衰期为 48h，苯乙烯浓度为 1mol/L，密度 0.887g/mL，苯的密度为 0.839g/mL，$f=0.8$，$k_p/k_{t1/2}=1\times10^{-2}$ L/(mol·s)，$C_1=0$，$C_m=0$，$C_s=2\times10^{-6}$，偶合终止，试求：

（1）10% 的单体转化为聚合物需要多少时间？

（2）反应初期生成聚合物的平均聚合度。

2.用 BPO 引发苯乙烯聚合，试比较温度从 50℃ 增到 60℃ 时聚合反应速率和分子量的变化（$E_d=126$kJ/mol，$E_p=33$kJ/mol，$E_t=10$kJ/mol）。

全真试题四十四

一、概念题

1.请给出下列聚合物的中文名称和英文缩写。

$$-\!\!\!\left[OCH_2CH_2OC \underset{O}{\|} -\!\!\!\left\langle\!\!\!\bigcirc\!\!\!\right\rangle\!-C \underset{O}{\|}\right]_n-, \quad -\!\!\!\left[CH_2\underset{COOCH_3}{\overset{CH_3}{\underset{|}{C}}}\right]_n-, \quad -\!\!\!\left[CH_2CH \underset{\langle\bigcirc\rangle}{|}\right]_n-$$

2.请写出下列聚合物的平均聚合度，其平均分子量均为 100000。

3.请给出下面单体的官能度。

$$-\!\!\left[OCH_2CH_2OC-\!\!\raisebox{-1mm}{}\!\!-C\right]_n \qquad -\!\!\left[NH(CH_2)_5C\right]_n \qquad -\!\!\left[CH_2C\right]_n$$

（上式中含：苯环，两端 O 双键；第二式 O 双键；第三式含两个 Cl）

$$H_2N-CH_2\quad CH_2$$
$$H_2C=C-CH_2-C-CH_2CH_2-C-OH$$
$$\hphantom{H_2C=C-CH_2-C-CH_2CH_2-C}\,O$$

（1）在自由基或离子型聚合中；

（2）在可形成酰胺的反应中；

（3）在可形成酯基的反应中。

4.请画出自由基聚合与逐步缩聚反应的分子量随时间变化的曲线，并说明各自产物分子量的范围及形成大分子所需的时间。

二、填空题

1.链转移反应的本质是_____。在自由基聚合中，C_{57}、C_m 和 C_1 分别表示_____、_____和_____。当体系发生链转移时，它对反应速率的影响_____，但会导致聚合物的分子量_____。当 C_m 数值较大时，我们可以通过控制_____来控制产物的分子量。

2.单体竞聚率 r 的定义是_____。当 r_1、r_2 的数值为_____时，出现交替共聚合，其共聚物组成曲线为_____；当 r_1、r_2 的数值为_____时，出现恒比共聚合，其共聚物组成曲线为_____。对二元共聚体系而言，单体1和单体2的相对活性可分别表示_____、_____，$\sim\!M_1\cdot$ 和 $\sim\!M_2\cdot$ 的相对活性可分别表示为_____、_____。当 $r_1<1$ 时，随着温度的升高，r_1 值有_____的趋势，当 $r_1>1$ 时，随着温度的升高，r_1 值有_____的趋势。现有带共轭取代基的单体 M_1 及不带共轭取代基的单体 M_2，其均聚反应分别为：

$$M_1^\cdot + M_1 \xrightarrow{k_{11}} \sim\!\!M_1M_1^\cdot$$

$$\sim\!\!M_2^\cdot + M_2 \xrightarrow{k_{22}} \sim\!\!M_2M_2^\cdot$$

其中，k_{11} 值要比 k_{22} 值_____。其理由是_____
_____。

三、问答题

1.试讨论丙烯进行自由基聚合、阴离子聚合、阳离子聚合及配位聚合时，能否形成高分子量的聚合物？为什么？

2.何谓活性聚合？如何控制活性聚合产物的分子量？聚合物分子量与转化率有何关系？

3.阳离子聚合中有哪几种主要的链终止方式？请列出三种链终止反应通式。与阴离子聚合相比，为什么阳离子聚合特别容易发生链转移反应？

4.缩聚反应通常多采用熔融本体聚合方法，为什么？在什么情况下可考虑采用溶液聚合方法？此时，对体系中单体及溶剂分别有什么要求？试举例说明。

5.试用至少两种不同的聚合反应来制备下列聚酰胺，写出聚合反应式。

10

$$—\negthickspace[CCH_2—\!\!\bigcirc\!\!—CH_2CNH(CH_2)_6NH]_n$$

（图上方标注两个 O，分别位于两个 C 上方）

6. 简述高分子化学反应的特点以及会影响高分子化学反应进行的各种高分子效应（至少写出 4 种）。

7. 聚合物在高温下会发生降解，试分析聚甲基丙烯酸甲酯、聚苯乙烯及聚氯乙烯发生热降解时可能出现的情况。

四、计算题

1. 苯乙烯在 60℃ 时用 1×10^{-3} mol/L 的 AIBN 进行本体聚合，苯乙烯单体密度为 0.909g/cm^3，已知苯乙烯的双基结合终止速率常数 $k_{tc}=1.8\times10^7$ L/(mol·s)，AIBN 的分解速率常数 $k_d=8.5\times10^{-4}$ s^{-1}，$f=0.6$，$k_p=176$ L/(mol·s)，求平均自由基寿命、稳态自由基浓度和聚合反应速率。

2. 丁二烯（M_1）和苯乙烯（M_2）50℃ 下进行自由基共聚反应，如两种单体是等物质的量投料，试求共聚物的起始摩尔组成（$r_1=1.35$，$r_2=0.58$）。

全真试题四十五

一、选择题

1. 苯乙烯乳液聚合达到恒速阶段，欲提高反应速率，可以采用（　　）办法。

A. 升高温度
B. 加入单体
C. 加入引发剂
D. 加入单体及乳化剂

2. 下列体系进行聚合时，聚合物的数均聚合度与引发剂用量无关的体系是（　　）。

A. 丙烯腈 + $\bigcirc$—N(CH$_3$)$_2$ + BPO
B. 丙烯腈＋AIBN

C. MMA + $\bigcirc$—N(CH$_3$)$_2$ + BPO
D. 氯乙烯＋BPO

3. 下列单体对进行自由基共聚时，较不易发生聚合的体系是（　　）。

A. 95％醋酸乙烯酯＋5％苯乙烯
B. 95％苯乙烯＋5％醋酸乙烯酯
C. 95％醋酸乙烯酯＋5％乙烯
D. 95％乙烯＋5％醋酸乙烯酯

4. 用对甲苯磺酸催化 ω-羟基酸 HO—(CH$_2$)$_n$—COOH 进行缩聚反应时（　　）。

A. 羟基和羧基等物质的量配比，必能得到高分子量的聚酯
B. 只要把反应的副产物除去，必能得到高分子量的聚酯
C. 只有在高温下反应，才能得到高分子量的聚酯
D. 当 $n>5$ 时，才可能得到高分子量的聚酯

5. 发生调聚反应的条件是（　　）。

A. $k_p\gg k_{tr}$，$k_a\approx k_p$
B. $k_p\ll k_{tr}$，$k_a\approx k_p$
C. $k_p\gg k_{tr}$，$k_a<k_p$
D. $k_p\ll k_{tr}$，$k_a<k_p$

二、写出下列化合物的结构，并说明其用途。

1. 双酚 A   2. 聚苯硫醚

3. 聚 N-异丙基丙烯酰胺   4. 过氧化二苯甲酰（BPO）

5. 甲苯二异氰酸酯   6. 聚偏二氯乙烯

7. 三聚氰胺   8. Kevlar

三、简答题

1. 自由基聚合反应动力学常数（k_p）的测定常采用膨胀计法，它依据的基本原理是什么？试简述如何进行膨胀计法的实验操作？

2. 苯乙烯（$r_1=0.52$）与甲基丙烯酸甲酯（$r_2=0.46$）进行自由基共聚合，画出共聚物组成（$F_1\text{-}f_1$）曲线，试问能否生成恒比共聚物？在怎样的条件下才能实现？

3. 下述合成路线曾用于制备梳形聚合物，给出 A～D 各聚合物的结构，并简要说明之。

$$CH_2=CH \xrightarrow{BuLi} A \xrightarrow[H^+]{\overset{CH_2-CH_2}{\underset{O}{}}} B \xrightarrow{CH_2=\overset{CH_3}{C}-COCl} C \xrightarrow{AIBN} D$$

四、论述题

写出并描述下列聚合反应所形成的聚酯的结构。

（1）　HOOC—R—COOH ＋ HO—R′—OH

（2）　HOOC—R—COOH ＋ HO—R′—OH
　　　　　　　　　　　　　　　　　　|
　　　　　　　　　　　　　　　　　　OH

（3）　HOOC—R—COOH ＋ HO—R′—OH ＋ HO—R″—OH
　　　　　　　　　　　　　　　　　　　　　　　　　|
　　　　　　　　　　　　　　　　　　　　　　　　　OH

（4）　HOOC—R—COOH
　　　　　　　|
　　　　　　　OH

试问聚酯的结构与反应物的相对量有无关系？若有关系，请说明差别。

全真试题四十六

一、选择题

1. 聚氯乙烯热分解模式为（　　）。

A. 侧链消除　　　B. 侧链环化　　　　C. 无规裂解　　　　D. 解聚

2. 下列方法中（　　）是通过外推的方法求算高聚物的分子量。

A. 黏度法　　　B. 沸点升高　　　C. 膜渗透压　　　D. GPC 法　　　E. 光散射法

3. 氨基酸 $H_2N(CH_2)_m COOH$，当 m 为（　　）时易于环化，而不发生缩聚。

A. 2　　　　B. 3　　　　C. 4　　　　D. 5

4. 3mol 对苯二甲酸和 2mol 甘油进行缩聚反应时，用 Carothers 方法求得凝胶点 $P_c=$（　　）。

A. 0.833　　　B. 0.810　　　C. 0.707　　　D. 1.0

5.硝基乙烯连锁聚合的引发剂应选（　　　）。

A. AIBN　　　　　　B. $BF_3 + H_2O$　　　　　　C. NR_3　　　　　　　　D. 过硫酸钾

6.M_1、M_2 两单体共聚，$r_1 = 0.75$，$r_2 = 0.20$，起始 $f_1^0 = 0.80$，若体系中加入少量的正丁硫醇，共聚物组成 F_1 将（　　　）。

A. 变大　　　　　　B. 变小　　　　　　　C. 不变　　　　　　　　D. 无法确定

7.用萘钠引发阴离子聚合合成 SBS 树脂，应（　　　）。

A. 先引发苯乙烯　　　B. 先引发丁二烯　　　C. 同时引发

8.在下列四种嵌段共聚物（B 代表丁二烯，S 代表苯乙烯，I 代表异戊二烯）中，是热塑弹性体的有（　　　）。

A. B-S-B 型　　　B. S-B-S 型　　　　　C. S-I-S 型　　　　　　　　D. I-S-I 型

二、以适当的单体合成下列聚合物，注明引发剂，指出聚合条件和反应机理。

1. PET-PSt-PET 嵌段聚合物

2.聚对苯二甲酰对苯二胺

3.维尼纶

三、简答题

1.判断下列说法是否正确，并简要说明之。

（1）乳液聚合中可同时提高反应速率和产物的分子量；

（2）AIBN 的引发效率小于 1，其原因是诱导分解。

2.下列烯类单体适于何种机理聚合（自由基聚合、阳离子聚合或阴离子聚合）？并说明理由。

（1）$CH_2 = CHCl$　　　（2）$CH_2 = CHCN$　　　　　（3）$CH_2 = C(CH_3)_2$

（4）$CH_2 = CHC_6H_5$　　（5）$CH_2 = CH(CN)_2$

3.根据下面的现象判断聚合反应的类型，并简要说明之：

（1）反应在 80℃，需要 N_2 保护和散热机制，防止爆聚；

（2）聚合反应速率对溶剂非常敏感，可以用 N_2 保护，但不能用 CO_2 来保护反应；

（3）反应对水敏感，适量水可以作为发泡剂；

（4）反应对溶剂、水敏感，但适量水可以作为共引发剂。

4.乙酸乙酯聚合、水解，再与丁醛反应得到可溶聚合物，试问：

（1）可否先水解再聚合？

（2）这三步反应产物各有什么性质和用途？

四、论述题

如何用实验测定：

（1）苯乙烯自由基本体聚合动力学；

（2）己二酸和乙二醇缩聚反应动力学，写出简要的实验方法、原理和步骤。

全真试题四十七

一、选择题

1.下列单体进行自由基聚合时，分子量仅由温度来控制，而聚合速率由引发剂用量来调节的是（   ）。

    A. 丙烯酰胺   B. 苯乙烯   C. 氯乙烯   D. 醋酸乙烯酯

2. 开发一种聚合物时，单体能否聚合需从热力学和动力学两方面进行考察，热力学上判断聚合倾向的主要参数是（   ）。

    A. 聚合熵 ΔS B. 聚合焓 ΔH C. 聚合温度   D. 聚合压力

3. 在高分子合成中，容易制得有实用价值的嵌段共聚物的方法是（   ）。

    A. 配位阴离子聚合   B. 阴离子活性聚合   C. 自由基共聚

4. 以环己烷为溶剂，分别以 RLi、RNa、RK 为引发剂，在相同条件下使苯乙烯聚合，判断采用不同引发剂时聚合速度的大小顺序是（   ）。

    A. RK＞RLi＞RNa   B. RLi＞RNa＞RK

    C. RK＞RNa＞RLi   D. RNa＞RK＞RLi

二、写出下列化合物的结构，并说明其用途

    1. 聚乳酸   2. 聚 2,6-二甲基苯醚

    3. 聚丙烯酰胺   4. 偶氮二异丁腈（AIBN）

    5. 甲苯二异氰酸酯   6. 聚异戊二烯

    7. 三聚氰胺   8. Kevlar

    9. 聚酰亚胺   10. 双酚 A

三、简答题

1. 在尼龙 6 和尼龙 66 生产中为什么要加入醋酸或己二酸作为分子量控制剂？

2. 在涤纶生产中为什么不加分子量控制剂？在涤纶生产中是采用什么措施控制分子量？

3. 判断下列化合物能否聚合，若能聚合指出是哪一类机理的聚合？

四氢呋喃；丁内酯；醋酸乙烯酯；1,1-二苯基乙烯；硝基乙烯；己内酰胺。

4. 如何提高高分子材料的耐热性？聚醚醚酮（PEEK，polyetheretherketone）的分子

结构为：，试简要分析其性能。

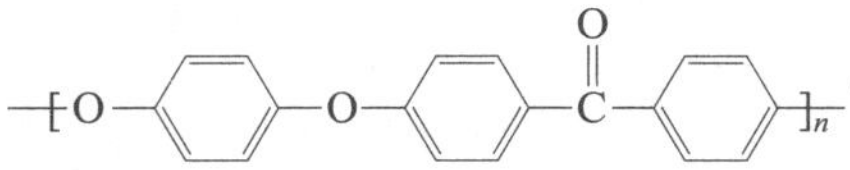

四、综合题

等物质的量的乙二醇和对苯二甲酸于 280℃下进行缩聚，其平衡常数为 $K=4.9$，请回答：

1. 写出该平衡反应方程式及所得聚合物的结构单元。

2. 当反应在密闭体系中进行，即不除去产物水，其反应程度和聚合度最高可达到多少？

3. 若要获得数均聚合度为 20 的聚合物，体系中含水量必须控制在多少？列举两种以上的控制方法。

全真试题四十八

一、选择题

1. 1,4-丁二烯聚合物可以形成顺式和反式两种构型的聚丁二烯橡胶，它们被称为（   ）。

A. 旋光异构体　　　　　B. 几何异构体　　　　　C. 间同异构体

2. 下列容易均聚得到高分子量聚合物的单体是（　　　）。

A. $H_2N(CH_2)_3COOH$　　　　　　　　B. $CH_2 \!=\! CHCH_2Cl$

C. $CF_2 \!=\! CF_2$　　　　　　　　　　D. $CH_2 \!=\! C(C_6H_5)_2$

3. 既能进行阳离子聚合，又能进行阴离子聚合的单体是（　　　）。

A. 异丁烯　　　　　　B. 甲醛　　　　　　C. 环氧乙烷　　　　　　D. 乙烯基醚

二、从常用单体出发合成下列聚合物，用化学式表示合成反应，并注明单体名称、聚合反应类型及必要的反应条件。

1. 单分散的聚苯乙烯

2. 聚乙烯醇缩甲醛

3. 阳离子交换树脂

4.

$$\begin{matrix} & & O & & & O & \\ \text{—} & OCH_2CH_2O & \text{—}\overset{\|}{C}\text{—} & CH=CH & \text{—}\overset{\|}{C} & \text{—} \end{matrix}\Big]_n$$

三、简答题

1. LDPE、HDPE、LLDPE 在制备方法和微观结构方面的差别是什么？

2. 在醋酸乙烯酯的自由基聚合中，加入少量的苯乙烯会出现什么现象？为什么？写出反应式。

3. 苯乙烯（St）的 $pK_d = 40 \sim 42$，甲基丙烯酸甲酯（MMA）的 $pK_d = 24$，如果以金属 Na 作引发剂则其聚合的机理是什么？若要制备 St-MMA 嵌段共聚物应先引发哪一种单体？为什么？

4. 某一单体在某种引发体系存在下聚合，发现：

（1）聚合度随温度增加而降低；

（2）聚合度与单体浓度一次方成正比；

（3）溶剂对聚合度有影响；

（4）聚合速率随温度增加而增加。

试回答这一聚合是按自由基、阳离子还是阴离子机理进行？并简要说明原因。

全真试题四十九

一、选择题

1. 苯乙烯（St）的 $pK_d = 40 \sim 42$，甲基丙烯酸甲酯（MMA）的 $pK_d = 24$，如果以金属 Na 作引发剂，若要制备 St-MMA 嵌段共聚物应（　　　）。

A. 先引发苯乙烯　　　　　　　　B. 先引发甲基丙烯酸甲酯

C. 同时引发这两种单体　　　　　D. 用共聚的方法

2. 高密度聚乙烯与低密度聚乙烯的制备方法不同，若要合成高密度聚乙烯，应采用的催化剂是（　　　）。

A. BuLi　　　　　B. $TiCl_4\text{-}AlR_3$　　　　C. $BF_3\text{-}H_2O$　　　　D. BPO

3. 当乳液聚合反应进入第二阶段后，若补加一定量的引发剂，将会出现（　　　）。

A. 聚合速率增大   B. 聚合速率不变

C. 聚合物分子量增大   D. 聚合物分子量不变

4. 聚氯乙烯的分解模式为（   ）。

A. 侧基消除   B. 侧链环化   C. 无规裂解   D. 解聚

二、要合成分子链中有以下特征基团的聚合物，应选用哪类单体？通过何种反应聚合而成？

1. —NH—CO—

2. —NH—CO—O—

3. —NH—CO—NH—

4. —OCH$_2$CH$_2$—

三、选择合适的原料，合成下列聚合物。

1. 端羟基聚苯乙烯

2. SBS 弹性体

3.

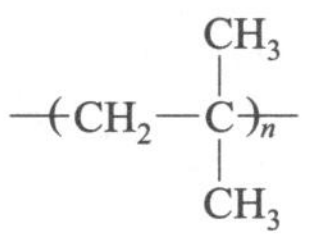

$$-\!\!\left(CH_2\!-\!\underset{\underset{CH_3}{|}}{\overset{\overset{CH_3}{|}}{C}}\right)_{\!\!n}\!-$$

四、下列各聚合反应中，单体转化率与聚合物分子量的关系分别对应图中的哪一个？并说明理由。

10

1.过氧化二苯甲酰（BPO）引发的苯乙烯聚合；

2.丁基锂引发的 MMA 聚合；

3.水引发的己内酰胺聚合。

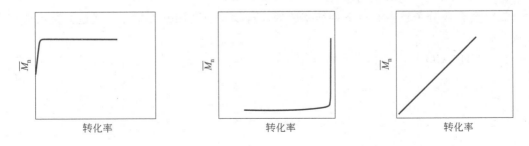

五、论述题

1.在自由基聚合反应中，调节分子量的措施有哪些？试以氯乙烯悬浮聚合、苯乙烯本体聚合、醋酸乙烯酯溶液聚合和丁二烯乳液聚合中分子量调节方法为例来阐述。

2.连锁聚合反应中，聚合速率可用单位时间内单体的消耗速率来表示。简述膨胀计的基本构造和利用膨胀计测定聚合速率的基本原理。

全真试题五十

一、选择题

1.当下列两种单体进行自由基聚合反应时，最不易发生交联反应的是（　　）。

A.苯乙烯-丁二烯　　　　　　　　B.丙烯酸甲酯-双丙烯酸乙二醇酯

C.丙烯酸甲酯-二乙烯基苯　　　　D.苯乙烯-二乙烯基苯

2，以下聚合物中耐热性最差的是（　　）。

A.聚甲基丙烯酸甲酯　　　　　　B.聚 α-甲基苯乙烯

C.聚四氟乙烯　　　　　　　　　D.聚苯乙烯

3.本体聚合至一定转化率时会出现自动加速现象，这时体系的自由基浓度［M·］和寿命 τ 的变化规律是（　　）。

A.［M·］增加，τ 延长　　　　　B.［M·］增加，τ 缩短

C.［M·］减少，τ 延长　　　　　D.［M·］减少，τ 缩短

二、写出合成下列聚合物的聚合反应式，注明引发剂，指出聚合反应机理。

1.聚醋酸乙烯酯

2.尼龙-6

3.丁基橡胶

4.聚硝基乙烯

5.强酸性的阳离子交换树脂

三、解释下列现象

1.自由基聚合中会出现自动加速现象，而离子型聚合也同样是连锁聚合，却没有自动加速现象。

2.在涤纶生产中，到反应后期往往要在高温、高真空下进行。

3.当不活泼的单体发生爆聚时，只要加入少量苯乙烯就能阻止爆聚。

4.试分别比较自由基聚合中：

（1）单体、引发剂和自由基浓度的相对大小。

（2）引发剂分解、链增长和链终止反应速率常数的相对大小。说明为什么可通过自由基聚合反应合成高分子量的聚合物。

5.在缩合聚合反应中如何控制聚合物的分子量？在自由基聚合反应中如何调节聚合的分子量？

6.乳液聚合的特点是反应速率快，产物分子量高，在本体聚合中也会出现反应速率变快，分子量增大的现象。试分析造成上述现象的原因。

全真试题五十一

一、选择题

1.两种单体的 Q 值和 e 值越相近，就越（　　）。

A.难以共聚　　　　　　　　B.倾向于理想共聚

C.倾向于交替共聚　　　　　D.倾向于嵌段共聚

2.聚氨酯通常是由两种单体反应获得，它们是（　　）。

A.己二胺-二异氰酸酯　　　　B.己二醇-二异氰酸酯

C.己二胺-己二酸二甲酯　　　D.三聚氰胺-甲醛

3.自由基本体聚合反应时，会出现自加速效应，而离子聚合反应则不会，原因在于（　　）。

A.链增长方式不同　　　　　B.引发反应方式不同

C.终止方式不同　　　　　　D.聚合温度不同

4.醋酸乙烯酯和氯乙烯均可以进行（　　）。

A.自由基聚合　　　　　　　B.阴离子聚合

C.配位聚合　　　　　　　　D.阳离子聚合

5.开口体系中的线型缩聚反应，为得到最大聚合度的产品，应该（　　）。

A.选择平衡常数大的有机反应

B.选择适当高的温度和较高的真空，尽可能去除小分子副产物

C.尽可能延长反应时间

D.尽可能提高反应温度

二、写出合成下列聚合物的反应式，注明引发剂，指出聚合反应机理。

1.聚甲基丙烯酸甲酯

2.涤纶

3.聚异丁烯

4.聚丙烯

5.单分散性聚苯乙烯

三、简答题

1. 为什么高压聚乙烯比低压聚乙烯的密度低？形成这两种聚合物的聚合机理有何不同？低密度聚乙烯的长支链结构和短支链结构是怎样产生的？

2. 试比较乳液聚合和悬浮聚合的区别。

全真试题五十二

一、简答题

1. 高分子化合物具有哪些有别于小分子化合物的主要特征？

2. 当两种单体等物质的量，在密闭反应器中进行线形平衡缩聚反应时，能否得出反应程度越低、聚合度越高的结论？为什么？

3. 为什么马来酸酐不能进行自由基均聚合，却能够与苯乙烯自由基共聚合？共聚合组成如何？

4. 为制备得到热塑性酚醛树脂和热固性酚醛树脂，分别应如何设计聚合反应？

5. 为合成尼龙-66，首先要合成尼龙-66 盐，然后再由尼龙-66？盐与少量醋酸进行聚合，且要经过加压、常压和减压聚合三个阶段，请说明采取这些措施的理由。

6. 在聚合反应中，爆聚是一种有害现象，其起因是什么？有什么方法可以避免？

7. 为什么乳液聚合中聚合反应速率与聚合度可以同时提高？

8. 何谓聚合物的立构规整性？对聚合物性能有何影响？如何评价？

9. 完成下列单体的聚合反应方程式，写出聚合物的名称，说明聚合机理。

（1）对苯二甲酸＋乙二醇　　（2）$OCNRNCO—HOR'OH$　　（3）甲基丙烯酸甲酯

10. Z-N 引发剂通常由哪部分组成？Z 引发剂与 N 引发剂有什么区别？试举一例 Z 引发剂和 N 引发剂。

二、计算题

1. 在自由基聚合反应中，若测得每个大分子含 1.5 个引发剂残基，且无链转移反应，试计算歧化和耦合终止的相对含量。

2. 用 Carothers 计算凝胶点：

1.2mol 乙酸　　1.5mol 邻苯二甲酸酐　　0.7mol 1,3-丙二醇　　1mol 丙三醇

3. M_1 和 M_2 两单体共聚合，50℃时，$r_1＝4.4$，$r_2＝0.12$。请问：

（1）极性相差不大、位阻不显著，单体取代基的共轭效应哪个大？为什么？

（2）开始生成的聚合物 $F_1＝0.5$，问起始单体组成是多少？

全真试题五十三

一、名词解释

1. 官能度　2. 均聚物　3. 单体转化率　4. 聚合度　5. 笼蔽效应　6. 竞聚率　7. 界面缩聚　8. 动力学链长

二、由适当单体出发合成聚合物，请写出反应方程式。

1. 涤纶

2. 聚偏氟乙烯

3. 尼龙-6

4. ABS 树脂

三、简答题

1. 丙烯单体采用何种聚合方法才能得到高分子量的聚丙烯？为什么？

2. 请说明乳液聚合中的胶束成核和均相成核过程。

3. 什么是活性聚合的基本特征？有何用途？请举例说明。

4. 以 BPO 为引发剂，试写出苯乙烯聚合中的链引发、链增长和链终止基元反应的一般式。

四、计算题

用萘钠为引发剂，制备分子量为 354000 的聚 α-甲基苯乙烯 1.77kg，计算需要多少克钠（钠的原子量为 23）。

五、论述题

请描述有机玻璃板通常采用何种聚合方法制备？其合成过程如何？反应过程中为何容易产生气泡？各阶段反应温度为何不同？

全真试题五十四

一、由适当单体出发合成聚合物，请写出反应方程式。

1. 有机玻璃

2. 腈纶

3. 尼龙-610

4. 聚碳酸酯（PC）

二、名词解释

1. 凝胶点　2. 引发剂效率　3. 歧化终止　4. 反应程度　5. 稳态假定　6. 自动加速现象　7. 热塑性　8. 环氧值

三、简答题

1. 什么是配位聚合？用于配位聚合的 Ziegler-Natta 引发体系如何组成？

2. 图示法比较自由基聚合与线型逐步聚合中，单体转化率 p 和聚合物分子量分别与时间 t 的关系。并简要说明。

3. 为什么高压聚乙烯比低压聚乙烯的密度低？聚合物结构有何差异？

4. 请各举一例说明自由基聚合中的水溶性和油溶性引发剂的工作原理及合适应用的聚合反应方法。

四、计算题

将 4mol 甘油与 6mol 邻苯二甲酸酐进行缩聚反应，试求平均官能度，按 Carothers 法求凝胶点。

五、论述题

1. 请对比说明阴离子聚合与自由基聚合反应的不同特点（包括单体、引发剂、活性种、反应温度、阻聚剂、聚合机理等特点）。

10

2.采用悬浮法聚合苯乙烯时，为何在水中加入一定量的聚乙烯醇并要求搅拌平稳？聚乙烯醇的作用是什么？如果聚合中后期搅拌有中断的现象会对产物的形状有何影响？

全真试题五十五

一、由适当单体出发合成聚合物，请写出反应方程式。

1.涤纶（PET）

2.聚乙烯醇

3.ABS 树脂

4.尼龙-66

二、名词解释

1.诱导分解   2.偶合终止   3.官能度   4.笼蔽效应   5.竞聚率   6.界面聚合   7.动力学链长   8.自动加速现象

三、简答题

1.三大高分子合成材料是什么？分别有何特点？

2.单体丙烯适合哪种聚合反应方式？

3.AIBN 为引发剂，苯乙烯自由基聚合中的链引发、链增长、链终止基元反应一般式。

4.氧化还原引发体系有何好处？举一例说明其属水溶性还是油溶性。

四、计算题

将 1.0×10^{-3} mol 的萘钠溶于四氢呋喃中，然后迅速加入 1L 1.0mol 苯乙烯溶液，假如单体立即均匀混合，发现 1000s 内已有一半单体聚合。计算在聚合了 1000s 和 2000s 时的聚合度。

五、论述题

请对比说明连锁聚合与逐步聚合反应的不同特征。